全国电力行业岗位胜任力单元制培训教材

电网调度自动化主站运维

国网河北省电力有限公司培训中心　组织编写

中国建材工业出版社

图书在版编目（CIP）数据

电网调度自动化主站运维/国网河北省电力有限公司培训中心组织编写．--北京：中国建材工业出版社，2021.3

全国电力行业岗位胜任力单元制培训教材

ISBN 978-7-5160-3110-0

Ⅰ.①电… Ⅱ.①国… Ⅲ.①电力系统调度—自动化技术—岗位培训—教材 Ⅳ.①TM734

中国版本图书馆 CIP 数据核字（2020）第 228566 号

电网调度自动化主站运维

Dianwang Diaodu Zidonghua Zhuzhan Yunwei

国网河北省电力有限公司培训中心　组织编写

出版发行：中国建材工业出版社

地　　址：北京市海淀区三里河路 1 号

邮　　编：100044

经　　销：全国各地新华书店

印　　刷：北京雁林吉兆印刷有限公司

开　　本：787mm×1092mm　1/16

印　　张：18.5

字　　数：460 千字

版　　次：2021 年 3 月第 1 版

印　　次：2021 年 3 月第 1 次

定　　价：98.00 元

本社网址：www.jccbs.com，微信公众号：zgjcgycbs

编 委 会

编 审 组

主　　编：易克难　王亚军

编写人员：李均强　贾鹏洲　梁彦萍　张　宁

张　烨　智勇亮　范　伟　倪玮强

曹　曼　孙东如　申永辉　贺建明

主　　审：杨立波　马　斌

前　　言

调度自动化主站系统是保证电网安全稳定运行的重要基础。随着智能电网调度控制系统在各级调度主站的深化应用，调控机构对主站运维技术及管理水平提出了更高的要求。目前自动化新技术、新设备不断涌现，新人员不断补充，迫切需要一本系统阐述电网调度自动化主站调试检修实用技术的培训教材，以提高主站系统的运维水平。为适应调度自动化形势发展的需要，我们特组织有关专家和调度自动化专业人员编写《电网调度自动化主站运维》一书。

本书所选内容涵盖河北南网地县一体化智能电网调度控制系统，归纳实际运维经验，系统讲解了调度自动化主站端设备调试检修技术，主要内容包括基础平台、SCADA 应用、FES 应用、高级应用、网络基础及调度数据网、UPS 电源及运维等，旨在突出重点、理论联系实际，引导学员主动思考，提高学员实操技能，为后期开展模块化教学与针对性培训发挥支撑作用。

本书由杨立波、马斌任主审，易克难和王亚军任主编，负责全书的统稿和各章节内容的初审。本书共分 12 章，第一、七章由贾鹏洲、易克难编写；第二、八章由梁彦萍、王亚军编写；第三、六章由张宁、孙东如编写；第四、十章由张烨、李均强编写；第五、十一章由智勇亮、申永辉编写；第六、十二章由范伟、倪玮强、曹曼、贺建明编写。

本书的编写得到了国网河北各供电公司和河北电科院的大力支持，在此表示衷心的感谢！

由于编者水平有限，书中难免出现疏漏和不当之处，恳请各位同行和读者给予指正。

编者

2021 年 1 月

目　录

第一篇

Ⅱ级技能

第一章　基础平台

模块一　服务器

一、服务器概述

服务器是一种在网络中为客户端提供不同服务的高性能计算机。它在操作系统的控制下，将与其相连的硬盘、磁带机、打印机、Modem 及专用通信设备提供给网络上各个客户端共享，也能为网络用户提供集中计算、信息发布及数据管理等服务。

服务器在调度自动化系统中得到了广泛的应用，例如能量管理系统中的前置服务器、SCADA 服务器和数据服务器等在硬件上均采用服务器设备。

二、服务器的分类

（一）按照体系架构分类

根据体系结构不同，服务器可以分成两大重要的类别：RISC 服务器和 IA 架构服务器。这种分类标准的主要依据是两种服务器采用的处理器体系结构不同。

1. 精简指令集（Reduced Instruction Set Computer，RISC）计算机架构服务器（中高端服务器）

RISC 架构服务器采用所谓的精简指令集的处理器，使用 RISC 芯片并且采用 UNIX 操作系统。

精简指令集 CPU 的主要特点：一是采用定长指令；二是它的指令系统相对简单，只要求硬件执行很有限并且最常见的部分，大部分复杂的操作则使用成熟的编译技术，由简单指令合成；三是使用流水线执行指令，这样一个指令的处理可以分成几个阶段，处理器设置不同的处理单元执行指令的不同阶段。这种指令的流水线处理方式使得 CPU 有并行处理指令的能力，使处理器能够在单位时间内执行更多的指令。

RISC 架构服务器采用的主要是封闭发展的策略，即由单个厂商提供垂直的解决方案，从服务器的系统硬件到系统软件都由这个厂商完成。

中档服务器基本上都采用共享存储 SMP 结构，处理器可达 24 个。8 个以下处理器的机型一般采用单一的总线结构，8 个以上的机型普遍采用纵横交叉开关。

2. IA 架构服务器（中低端服务器）

IA 架构服务器采用的 CPU 是复杂指令集（Complex Instruction Set Computer，CISC），也就是通常所说的 PC 服务器。这种体系结构的特点是指令较长，指令的功能较强，单个指令可执行的功能较多，这样可以通过增加运算单元，使一个指令所执行的功能能够同时并行执行来提高运算能力。但是在 CISC 微处理器中，程序的各条指令是按顺序串行执行的，每条指令中的各个操作也是按顺序串行执行的。顺序执行的优点是控制简单，但计算机各部分的利用率不高，执行速度慢。

IA 架构的服务器采用了开放体系结构，因而有大量的硬件和软件的支持者，在近年有了长足的发展，在这个阵营中主要的技术领头羊是最大的 CPU 制造商 INTEL，国内主要的 IA 架构服务器的制造商有浪潮、联想等，国外著名的 IA 服务器制造商有 IBM、HP 等。

（二）按规模分类

根据服务器的规模不同可以将服务器分成三种类型：工作组级服务器或称为入门级服务器、部门级服务器和企业级服务器。

三、服务器重要技术介绍

（一）RAID 技术

RAID 是英文 Redundant Array of Independent Disk 的简称，可以翻译为独立磁盘冗余阵列或廉价磁盘冗余阵列。实际上也是经常所说的“磁盘阵列”。这种技术可以让多个独立的硬盘通过不同方式组合成一个硬盘组，硬盘组的性能比单个硬盘在性能上有大幅度的提升，并且硬盘组里还提供数据恢复功能，当硬盘组内的某个硬盘出现故障时，其他硬盘会将这些数据进行恢复，极大地保护了数据的安全。通过 RAID 技术实现的硬盘组可以将它看成一个硬盘，可以对它进行分区、格式化等操作。简而言之，RAID 是一种把多块独立的硬盘按不同方式组合起来形成一个硬盘组，从而提供比单个硬盘更高的存储性能和提供数据冗余技术。

RAID 技术发展到今天，已经形成了多种磁盘阵列方式。其中包括 RAID0-RAID7，以及 RAID0＋1 等组合方式。其中比较常见的为 RAID0、RAID1、RAID10（RAID0＋1）、RAID5、RAID6。下面对这几种常见的磁盘组合方式来做一下简单介绍。

实现 RAID0 磁盘阵列需要至少两个硬盘，推荐等容量，也可以不等容量。工作原理是将硬盘并联在一起，在存储数据时候将数据分成容量相同的小数据块，然后并发地存储到磁盘阵列的磁盘中。若 4 个圆柱代表 4 个硬盘，在存储数据的时候，数据被分割成小数据块同时存储到 4 个硬盘中，这样一来，比起传统的串行存储来说大大提升了存储的速度，速度可以提高 50％以上。需要注意的是，RAID0 模式不提供数据的冗余容错，因为数据是分散地存储到磁盘阵列中的所有硬盘上，一旦其中一块硬盘损坏，其他硬盘上的数据也将不能连贯，导致数据的全部报废。若组成 RAID0 模式的硬盘容量不同，会造成存储空间的浪费。

RAID1 磁盘阵列需要至少两个硬盘，彼此作为备份。在向磁盘阵列进行存储时，同时向磁盘阵列中的硬盘写入相同的数据。以两块硬盘做成的 RAID1 阵列举例，两块硬盘容量内容完全相同，如果其中一块硬盘数据出现问题，立刻可以利用第二块硬盘中的备份的数据进行恢复。RAID1 阵列具备强大的冗余容错功能，是很安全的。这种磁盘阵列模式可以显著提升磁盘子系统的读取速度。但是这种磁盘阵列模式也存在显著的缺陷，只能提供冗余而不能提升存储性能，而且需要一笔不小的开支来购买镜像硬盘提供冗余。

RAID5 既可以极大地提高磁盘性能，还可以提供数据冗余平衡，因为不需要单独的硬盘来提供冗余，所以大大节省了冗余所付出的成本，但是 RAID5 模式设计复杂，需要计算校验值而占用系统的运算资源。

以每个圆柱代表一块硬盘，在存储数据时，类似于 RAID0，数据被分割成小块同时存储到前四块硬盘上，而将综合前面四块数据得出的校验值存储在第五块硬盘上。以此类推，每次并发存储时，总有一块硬盘存储校验值，这些校验值存在于每一块硬盘上，所以如果其中一块硬盘损坏，可以通过其他四块硬盘上的数据和校验值计算出这块硬盘上的数据，使损坏的数据可以尽快恢复。

选择哪种 RAID 级别不只是成本问题，容错能力和读写性能的考虑，以及未来之可扩充性都应该符合应用的需求。表 1-1 所示是从容错性、磁盘利用率、读写性能等对各类 RAID 级别进行比较。

表 1-1　RAID0 级别性能对比

RAID 级别	RAID0	RAID1	RAID5	RAID6
容错性	没有	有	有	有
冗余类型	没有	复制	奇偶校验	双重奇偶校验
读性能	高	低	高	中间
写性能	高	低	低	低
最少磁盘数	2	2	3	4
可用容量	磁盘总容量	磁盘总容量的 50%	磁盘总容量 N-1（N 为磁盘数）	磁盘总容量 N-2（N 为磁盘数）

（二）服务器集群

集群就是两台或多台计算机节点，作为一整体提供比这些计算机单独工作时更高的可用性和可扩展性。集群中的每一个节点拥有自己的资源并为自己的用户提供服务。集群通过错误恢复功能提供了高可用性。当一个节点出错，它的应用将转移到集群中其他的一个或多个节点，一旦这个节点恢复，以前在它上面运行的应用可以手工或自动地换过来。可扩展性是通过在不中断业务的情况下在线添加处理能力或硬盘容量来实现的。实际上，升级可以通过上面提及的将一台服务器上的应用转移到集群中的其他机器上来实现的。先将应用从这台机器上转移到其他机器，对这台机器添加部件进行升级，然后重新启动这台机器，再把应用从其他机器上切换过来。

集群中的每一个节点必须运行集群软件，该软件提供错误侦测功能、恢复功能和设法将多台服务器集成为一台的功能。集群内的每个节点必须清楚其余节点的状态，是通过使用专一网络接口卡来保证节点间通信，该网络接口卡来传播系统间的“心跳”信号，如果一个节点坏掉后就没有心跳信号，错误接管进程开始运行。实际上，同时使用多种不同通信连接方式进行心跳侦测冗余，能最大限度地保证由通信错误引起的错误接管不会发生。

模块二　工作站的启动和停止

一、工作站的启动方法

1. 开机

接通工作站的电源，按下开机键，直到显示器上可打开终端，开机过程结束。

2. 系统应用程序的启动

以 D5000 系统为例，在 D5000 用户下使用“sys _ ctl start fast”脚本启动工作站上所有系统应用进程。

二、工作站的停止方法

1. 停止系统应用程序

在 D5000 用户下使用“sys _ ctl stop”脚本停止工作站上的所有系统应用进程。

2. 关机或重启

用 ssh 命令远程登录到工作站，在 D5000 用户下停止应用系统（sys _ ctl stop），然后切换到 root 用户执行 shutdownry 0 或 reboot（重新启动），shutdownhy 0（关机）。

模块三　服务器的启动和停止

一、服务器的启动

1. 开机

接通服务器的多路电源，按下开机键，直到显示器上可打开终端，开机过程结束。

2. 数据库的启动

若本机是数据库服务器，则在系统启动之前需先启动数据库。在 root 用户下，执行/etc/init. d/klsd start。

3. 系统应用程序的启动

启动数据库完毕后可以启动应用软件。以 D5000 系统为例，在 D5000 用户下使用“sys _ ctl start down”命令启动所有系统应用程序。down 代表从数据库下装数据表到实时库，若不需下装，使用“sys _ ctl start fast”命令启动会更快。

二、服务器的停止

1. 停止系统应用程序

使用“sys _ ctl stop”批处理命令首先停止服务器上的所有应用程序。

2. 停止数据库

在 root 用户下，执行/etc/init. d/klsd stop。必须看到“kingbase 例程已经关闭”的提示，才能说明数据库实例正常关闭，否则应耐心等待。

3. 注意事项

如果数据库是磁盘阵列方式，那么应注意停止服务器前必须关闭磁盘阵列软件，否则可能导致重启机器后 kingbase 无法再次启动。

4. 关机或重启

用 ssh 命令远程登录到服务器，在 D5000 用户下停止应用系统（sys _ ctl stop），然后切换到 root 用户执行 shutdownry 0 或 reboot（重新启动），shutdownhy 0（关机）。

模块四　系统常见进程的介绍及启动和停止

系统常见进程的启动和停止是自动化运维人员最为重要也是最为常用的操作。本模块将从系统常见进程启动和停止的操作方法和其注意事项两个方面做以介绍。

一、系统常见进程

1. 启动总控台：sys _ console &
2. 查看系统各节点应用运行情况：/home/d5000/hebei/showservice
3. 调用检索器程序：/home/d5000/hebei/bin/search
4. 重启某进程：/home/d5000/hebei/kp 进程名
5. 远程调阅某工作站图形：
(1) 在本机工作站上输入：xhost +
(2) 从终端远程登录想调阅图形的工作站：ssh hd-stnXX
(3) 在登录的工作站上输入：disp
(4) 调阅图形：GExplorer login
6. 启动告警窗：iapi
7. 遥控监护命令：sca _ guard
8. 通过终端窗口切换主备调：sys _ switch _ zd 切主调 sys _ switch _ bd 切备调
9. 语音告警进程：alarm _ client _ ifly
10. 挂载 U 盘：
(1) 打开终端，在 root 用户下，输入 fdisk-1，在显示的信息中查看本 U 盘名称：例如 /dev/sdc1。
(2) 输入 mount /dev/sdc1 /mnt，/mnt 此时即为挂载上的 U 盘。
(3) 可进行复制剪切工作，在/mnt 下输入 cp 文件名 拷贝路径。
(4) 不用该挂载 U 盘时，一定要卸载下来，不能直接插拔，否则会造成工作站文件堆积，影响使用速度。
(5) 卸载 U 盘：打开终端，在 root 用户模式下，输入 umount /mnt。卸载完毕后，查看/mnt 目录下是否为空，为空则说明 U 盘卸载成功。
11. 查看工作站运行在主调还是备调上：
打开终端窗口，输入 conf 回车，输入 cat domain. sys 回车，看工作站连接的各服务器是主调还是备调。

二、系统常见进程启动和停止的操作方法

停止系统中某个进程可使用 UNIX 操作系统命令“kill-9 ”加上进程识别号。一般应用的常驻进程被杀掉后，应用系统管理会在很短时间内把这个进程重新拉起，或者人工启动。进程识别号可通过 UNIX 命令“ps-ef | grep 进程名”获得。

三、注意事项

停止一个进程时要特别慎重，一些系统关键进程即使在停止后立刻启动，也会导致系统故障。

模块五　商用数据库与实时数据库

一、D5000系统商用数据库服务

1. 商用数据库服务框架（图1-1）

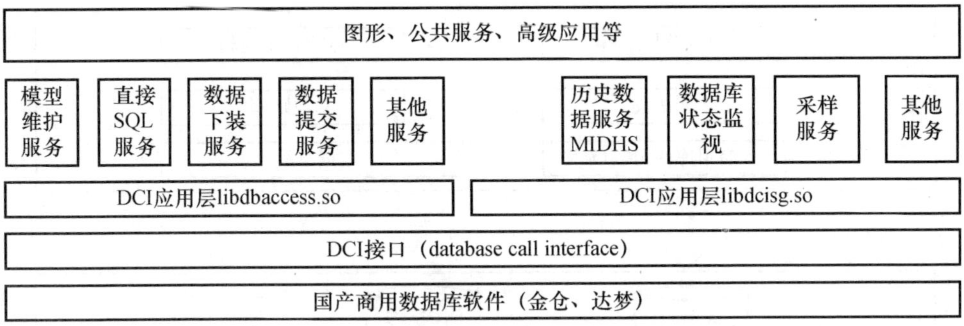

图1-1　商用数据库服务架构图

2. 商用数据库存储结构

EMS：模型数据、系统配置信息等。

ALARM：告警数据。

HISDB：历史采样，包括秒级采样和分钟级别采样。

STATICS：应用数据统计信息。

YXFX：运行分析统计数据。

CONTEXT、SYSCONFIG：人机配置维护信息。

HISREPORT：报表管理信息。

DCI（Database Call Interface）接口由一组API接口函数和内部数据结构组成，是联系D5000中关系库服务和关系库的桥梁。原则上，任何对关系库的访问都需通过DCI进行。接口统一，易于扩展。主流国产数据库均支持DCI标准，可以方便地增加新接口兼收并蓄，易于移植。和其他商用库厂家接口高度兼容，代码移植工作方便快捷。

3. 商用数据服务

（1）模型维护服务

主要功能：对厂站设备信息、静态参数、前置参数、公式定义等模型数据以及系统配置信息进行维护；修改商用库数据后，通过发送消息修改实时库；在线维护与离线维护功能。技术特点：同时更新商用库和实时库；支持通过表格方式和SQL语句方式更新数据；具有离线验证和回退功能。

（2）模型离线维护技术

模型离线维护技术特点：

1）可定制的模型验证规则；

2）基于应用级日志的回退和启用功能；

3）向导式的流程控制界面；

4）分用户验证、启用机制。

模型离线维护技术框架及流程如图 1-2 和图 1-3 所示。

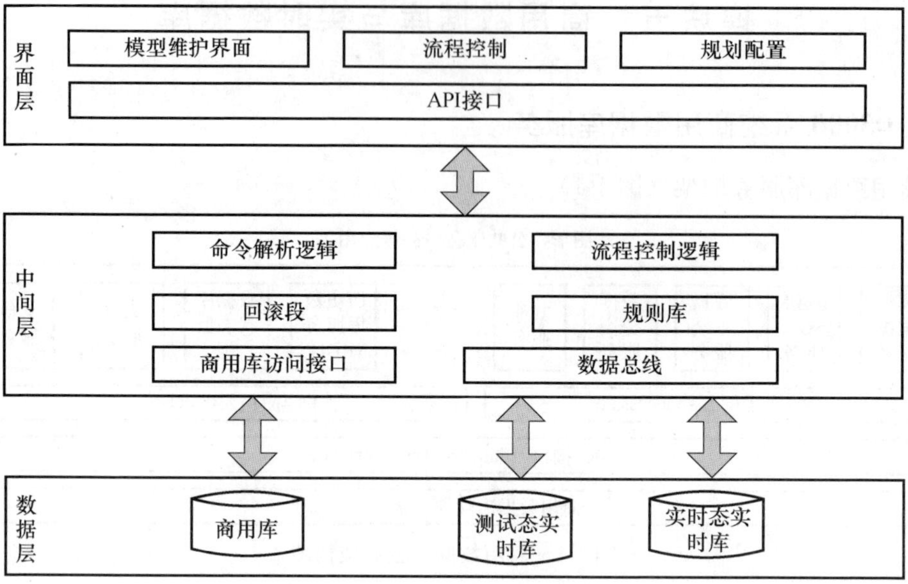

图 1-2　模型离线维护技术框架图

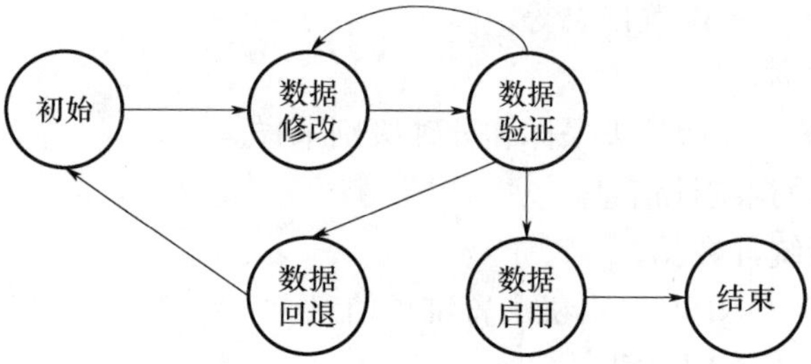

图 1-3　模型离线维护流程图

（3）模型数据维护服务

服务进程：model _ modify

动态库：libmodel _ modify _ client. so，Libdbclient. so

接口函数：

ModifyTableNoCheck；

ModifyTableBySqlsNoCheck；

ModifyTable；

ModifyTableBySqls；

ModifyTableSmart；

ModifyTableBySqlsSmart。

（4）直接 SQL 服务

主要功能：负责完成针对 EMS 库的操作，结果不会影响实时数据。

技术特点：接收商用库支持的任何 SQL 语句；支持批量 SQL 语句；支持绑定变量功能。

服务进程：sql _ sp _ server

动态库：libsqlspclient. so。

（5）数据提交服务

主要功能：负责接收其他进程的数据提交请求，完成更新商用库操作。

技术特点：接收商用库支持的任何 SQL 语句，只更新商用库，异步更新模式，支持按优先级和按时序提交。

服务进程：db _ commit

动态库：libdb _ commit _ client. so。

（6）数据下装服务

主要功能：负责客户端请求，将商用库中的数据根据所属应用返回给客户端，客户端再将数据写入到相应应用的实时库中。

技术特点：其本质是数据查询，支持行级下装，支持根据 case _ id 下装。

服务进程：download _ server

动态库：libdownloadclient. so。

（7）历史数据服务

历史数据服务分为服务端和客户端两个部分。服务端负责接收客户端发来的对商用数据库的请求，进行分析后将请求发到相应的商用数据库中，并将结果传回客户端；客户端力求达到用最简单的接口和协议与服务端进行请求和数据集合的传递。表 1-2 为进程及维护表，表 1-3 为常用接口及功能。

表 1-2　进程及维护表

项目	内容
服务端执行程序	/home/d5000/project/bin/midhs
客户端动态库	home/d5000/project/lib/libmidhc. so
配置文件	/home/d5000/project/conf/curve. conf /home/d5000/project/conf/db _ conf. xml
日志文件	/home/d5000/project/var/log/midhs _ yyyymmdd. log

表 1-3　常用接口及功能

功能	接口名称
读取 sql 语句	GetHisFromBaseUsingSingleSql
执行单条 sql 语句	ExecHisBaseUseSingleSql
绑定执行 sql 语句	ExecHisBaseUseBindSql
异步执行 sql 语句	ExecuteSqlAsyncEx

（8）采样服务

商用数据库采样服务分为分钟级别的采样服务和秒级别的采样服务。分钟级别的采样服务是以每分钟为存储周期，根据 PUBLIC 应用中域信息表中每个设备量的“自动生成量测类型”选项进行自动采样的。自动采样菜单中包括 SCADA、AGC 等应用的遥测、遥信选项。程序根据域信息定义从各个应用模块下的实时库表断面中获取历史数据。秒级采样需要通过“秒级存储定义表”进行定义。采样周期分为 1 秒和 5 秒两种。

分钟级采样服务的主要特点：统一采样周期，1443 列×n 行结构，存取效率高，数据库异常时采样不丢失，支持多态、多应用采样。服务进程：hissample，启动参数：hissample 态名 应用名。例如：hissample realtime scada。

秒级采样服务的主要特点：实时库缓存机制，支持多应用环境下的秒级采样，支持1秒和5秒两个存储周期的数据存储。服务进程：hissecond；启动参数：hissecond 态名 应用名。例如：hissecondrealtime scada。

(9) 国产数据库 isql 命令行登录方式

达梦数据库 isql 登录方式：

1）进入 isql 所在目录（一般在 ：$HOME/dm/dmClient/bin)；

2）输入：./isql 用户名/密码 @ 数据库服务名；

3）常用用户登录举例：

d5000：./isql d5000/d5000@mdb；

alarm：./isqlALARM/ALARM@his；

hisdb：./isql HISDB/HISDB@HIS。

4）执行 SQL 脚本命令：\filename. sql。

金仓数据库 isql 登录方式：

1）进入 isql 所在目录（一般在：$HOME/kingbase/KingbaseES/bin)；

2）输入：./isql -U 用户名 -W 密码 -S 数据库服务名（用户名需要大写，数据库服务名不区分大小写)；

3）常用用户登录举例：

d5000：./isql -U D5000 -W d5000 -S mdb；

alarm：./isql -U ALARM -W ALARM -S his；

hisdb：./isql -U HISDB -W HISDB -S his。

4）执行 SQL 脚本命令：\ ifilename. sql。

二、D5000 系统实时数据库

实时数据库是在内存缓冲区保存电力系统运行的实时数据，以提高系统的响应速度和处理能力，在各应用服务器（逻辑）下装实体，为其他客户端提供数据访问服务。

实时库的设计原则：基于 CIM、面向设备、简化关系、重在效率。实时库文件由 down _ load 生成，保存在目录 $D5000 _ HOME/data/rtdbms 下，实时库控制文件是：system. dat，涉及多个态，多个应用，如/context01/scada，应用的控制文件是：scada. dat，表文件是：breaker. dat。

实时库下装进程如下：down _ load [应用名] < [表号 1] [表号 2] …> [-ctx 态号]，例如：down _ load scada；down _ load scada-ctx 2；down _ load scada 405 407；down _ load scada 405 407-ctx 2。实时库下装时，客户端执行 down _ load 命令，服务器端是 data _ srv 应用主机，服务进程为：download _ server。download _ server 根据请求从商用库中获取满足条件的数据，发给 down _ load，由 down _ load 创建实时库文件。实时库下装的特点：具有下装的限制；文件映射机制的局限性；表最大记录个数改变；域个数发生改变；域类型改变；文件删除的命令：del _ table。

实时库动态下装进程如下：dy _ download [应用名] < [表号 1] [表号 2] …> [-ctx 态号]，例如：dy _ download scada；dy _ download scada-ctx 2；dy _ download scada 405

407；dy _ download scada 405 407-ctx 2。实时库动态下装时，客户端执行 dy _ download 命令，服务器端是 data _ srv 应用主机，服务进程为：download _ server。download _ server 根据请求从商用库中获取满足条件的数据，发给 dy _ download，由 dy _ download 修改实时库。动态下装的特点：动态下装最重要的功能是保留下装前的所有方式数据；对离线模型维护的支持；支持表最大记录个数修改后的动态下装，但是不推荐使用该方法。

实时库的在线修改的客户端是：实时库维护界面 DBI，商用库服务端是：data _ srv 主机，实时库服务端是：各个应用服务器，商用库修改进程是：model _ modify，实时库修改进程是：rtdb _ modify。

实时库的接口包括：本地接口 CTableOp 类，网络接口 CTableNet 类，通用接口 CApiOp 类、CApiNet 类以及 C 接口。实时库服务进程是基于服务总线的，按态过滤，对调用频发的应用 SCADA、PUBLIC 单独处理，并且支持远程调阅。例如：rtdb _ server；rtdb _ server SCADA；rtdb _ server PUBLIC。

模块六　PUBLIC 常用实时库表

1. 节点信息表

表号：160。节点信息表是对系统中所有节点的具体描述，配置系统中各机器节点的名称、ID 和类型节点名称，要求要与 mng _ priv _ app. ini、net _ config. sys 以及 /etc/hosts 中要一致。

表 1-4　节点信息表

节点名称	用于标识系统中各节点的名称，可根据工程实际情况修改。无节点命名要求
节点类型	工作站：对于一般节点，不做服务器的节点，定义为工作站 服务器：该节点属于各应用服务器，如定义 SCADA 应用服务器时，就需要将节点类型定义为服务器。 需要被动监视节点：对于没有安装 D5000 系统应用的节点，如果需要监视其网络状态或 CPU 状态，需要定义为需要被动监视节点，由 PUBLIC 主机监视其性能。一般针对安装数据库的节点，可以监视其数据库状态
是否使用标志位	该域暂未使用
区域号	节点所属区域，与区域信息表关联
警铃警笛区域信息	该域暂未使用
节点状态	由系统管理进程自动更新： 离线/在线/应用异常/所有应用异常
网络状态	由系统管理进程自动更新： 中断：当系统退出后或者机器两块网卡均中断后，网络状态为中断； 正常：系统应用正常启动，且至少有一块网卡为正常
1 号网卡状态	由系统管理进程自动更新：中断/正常
2 号网卡状态	由系统管理进程自动更新：中断/正常
数据库状态	描述数据库的状态：DB 未知、正常、异常、网络异常

2. 系统应用分布表

表号：163。系统应用信息分布表是用来定义系统各应用服务器分布的表，表示各个应用在系统节点上的运行情况，见表 1-5。应用服务器按照不同系统号，不同态，不同应用分别配置。

表 1-5　系统应用分布表

系统号	实时系统 /DTS 系统 /WEB 系统
运行 CONTEXT	运行态 1-实时态 2-研究态 3-规划态 4-测试态 5-反演态 6-培训态
应用号	应用编号，如 SCADA：1000
应用名	应用名称，如：SCADA
运行节点个数	配置该应用的热备服务器节点个数
节点 1～16	定义应用热备服务器的节点名称（1～16）
冷备节点个数	配置该应用的冷备服务器节点个数
冷备节点 1～16	定义应用冷备服务器的节点名称（1～16）
应用所属模式	实时模式 / 研究模式 / 未来模式； 一般为实时模式，即其一个该应用； 研究模式，启动了该应用后，会启动 6 个小应用，如 scada _ sim，scada _ sim1，…，scada _ sim6

3. 系统应用分布扩展表

表号：183。系统应用信息分布扩展表适用于地县一体化或者系统服务器节点过多的项目，表内容与系统应用分布表（163）类似，其中应用节点和冷备节点分别可以最多定义 256 个。如果系统应用分布表中的某条记录的节点数和冷备节点数都小于等于 16，则该记录就使用系统应用分布表中的定义；否则该记录则使用系统应用分布扩展表中的定义。

4. 进程信息表

表号：164。进程信息表包括所有的系统进程信息，见表 1-6。

表 1-6　进程信息表

应用 id	进程所属应用名称
进程别名	提交给系统管理的进程名称
命令名	执行命令名称
启动类型	分为常驻可选进程、常驻关键进程、仅运行一次进程、等待完成进程、应用退出时清理进程。 常驻可选进程——该进程是常驻进程，并且调用注册接口，若退出，系统管理会重新将该进程启动，该进程异常不会影响应用。 常驻关键进程——该进程是常驻进程，并且调用注册接口，若退出，系统管理会重新将该进程启动，但是，该进程异常会使整个应用变为故障。 仅运行一次进程——应用启动时，初始化调用相关程序，不会等待该程序运行结束。 等待完成进程——应用启动时，初始化调用相关程序，并且等待程序运行结束。 应用退出时清理进程——应用退出时，调用相关程序，等待程序运行结束

续表

是否自动运行	系统启动时是否自动运行，是：1
运行方式	0 表示后台输出不打印到文件；1 表示后台输出会打印到一个文件中 $proc_alias.out 中
运行参数	进程的启动命令后面要跟参数，如 rtdb_server scada，那么 scada 就是运行参数
文件路径名	进程的启动命令所在路径，一般在 bin 目录下面，该域暂未使用
所属态	定义进行所属的态（上下文）。目前有实时态、培训态、研究态、web 实时态、web 培训态、web 研究态

5. 交换机信息表

表号：175。表 1-7 是对系统中交换机的信息描述。

表 1-7　交换机信息表

交换机名称	交换机名
交换机型号	根据交换机的实际型号填写，如 6506
交换机地址	交换机上 VLan1 上设置的地址，是和工作站不浮动的地址在同一子网的地址，即主网地址
端口数量	交换机的端口数量：电口 ＋ 光口 交换机配置命令 snmp-server host 168.10.101.1 sw1 udp-port 10162 中设置的字串，一般和交换机名一样
交换机所属的域	实时系统 /DTS 系统 /WEB 系统
监视主机	主网的交换机一般选 PUBLIC，前置的交换机选 FES
监视区域	多用于地县一体化，即表示交换机属于哪个地调或者县调。非地县一体化，直接填写地调。该信息和区域信息表保持一致

6. 交换机端口信息表

表号：176。表 1-8 是对交换机信息表中定义的交换机上的端口说明。

表 1-8　交换机端口信息表

所属交换机 ID 号	选择该条记录对应的交换机名称
端口编号	交换机内每个端口的编号，从交换机里读出来的（配置要和交换机中一致）
端口名称	使用命令查看 华为、华三的查看命令：disp_cur。 思科查看命令：show running
端口通信协议	该域暂未使用
端口设定速度	从交换机中读出

7. 磁盘监视信息表

表号：177。表 1-9 是对磁盘监视信息相关说明。

表 1-9　磁盘监视信息表

节点 id	新建系统时先将该表内容清空，系统运行时将自动生成
告警极限（%）	监视告警限值

8. CPU 负载率表

表号：168。表 1-10 是对 CPU 负载率信息的相关说明。

表 1-10　CPU 负载率表

节点 id	新建系统时先将该表内容清空，系统运行时将自动生成
CPU 告警极限（%）	监视告警限值。 注：系统使用率＋用户使用率＞告警极限则告警；空闲率＝1－系统使用率－用户使用率

第二章　SCADA 应用

模块一　D5000 系统新增厂站图库维护操作

一、登录总控台

目前系统设置模式为一键切换主备调，在系统登录时若看到以下登录界面，则需先点中“切换至主调”，或“切换至备调”，如图 2-1 所示。

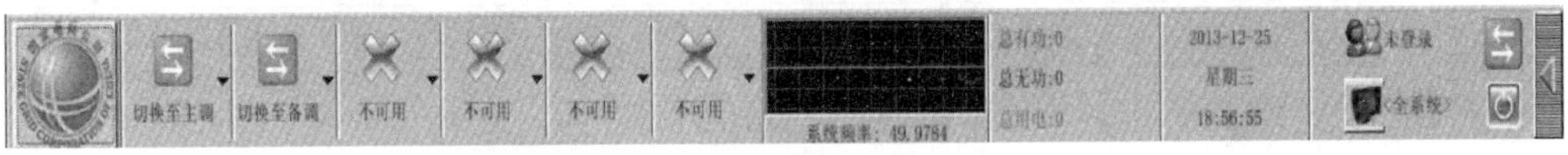

图 2-1　主备调切换界面

待系统弹出主调或备调图标时，再进行登录。

注：备调工作站数据库自动同步主调数据库，因此备调工作站上做任何图库操作均无效，即不要在备调工作站上做任何图库修改，需要修改时一定先看该工作站是否在主调上。

二、数据库定义

命名规则参照《河北南部电网调度技术支持系统模型数据命名规范》执行。

（一）系统类定义

从总控台打开数据库操作界面如图 2-2 所示。

图 2-2　数据库登录界面

单击 D5000/SCADA/系统类/厂站表：新建一条记录，输入中文名称、最高电压类型（按厂站最高电压等级设置）、厂站类型（新建厂站一般选变电站；如果有需要分责任区的虚拟站，厂站类型也需选成变电站），并设置厂站编号（责任区 id 选择相应的地调或县调）、模型所属区域。图 2-3 为数据库打开界面，图 2-4 为厂站信息表。

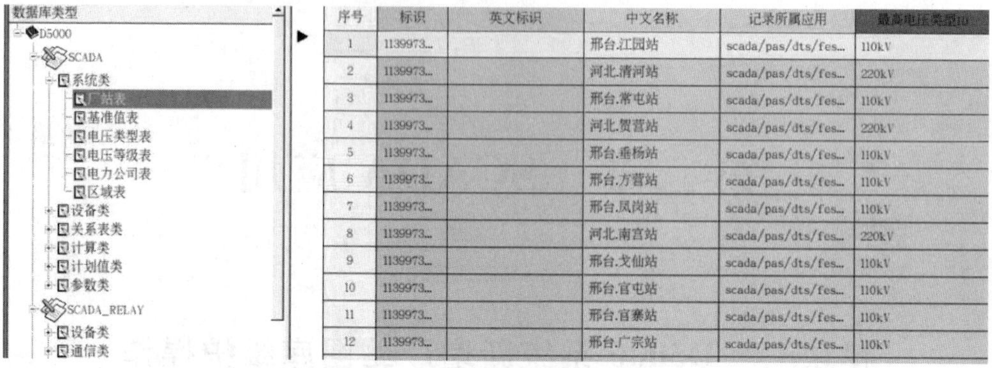

图 2-3 数据库打开界面

厂站类型	厂站编号	模型所属区域
变电站	231	邢台
变电站	15	邢台
变电站	203	邢台
变电站	5	邢台

图 2-4 厂站信息表

编辑一条记录可以有两种方法：

（1）单击记录列表中的相应位置编辑。其中中文名称和厂站编号均通过鼠标左键直接单击相关位置输入即可；责任区 ID 号、记录所属应用、模型所属区域和厂站类型通过菜单选择输入，鼠标左键单击其相关位置，即弹出相应菜单供选择输入，如图 2-5 所示。

（2）鼠标左键双击该条记录的序号位置弹出对话窗口，该窗口列出该记录的相关域，可直接在此窗口对该记录进行编辑，如图 2-5 所示。

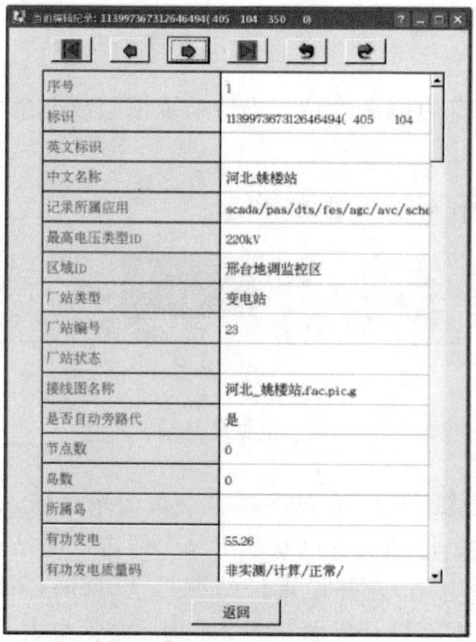

图 2-5 编辑厂站信息表

注：厂站定义好后可以先画图也可以先做数据库。画图前建立厂站的目的是画图时可以将新建的厂站一次接线图与该厂站数据库做好关联。

(二) 设备类

厂站信息表定义好后，以下表类的定义均在该厂站下进行。在图 2-6 中椭圆线框住的地方选择需要定义设备的厂站后，定义设备类表时默认厂站 ID 都为该厂站。

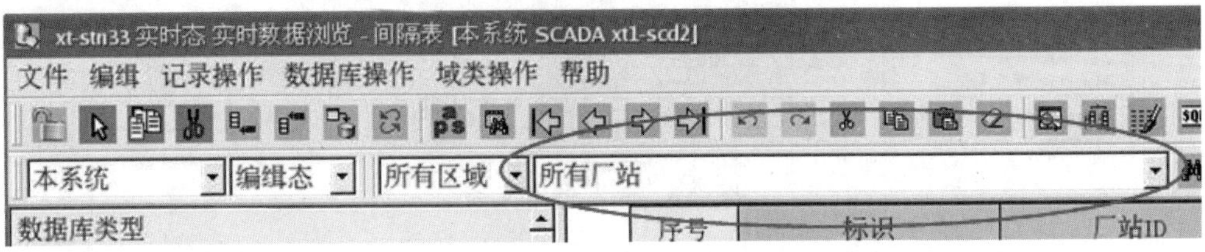

图 2-6　默认厂站 ID

1. 间隔表定义

单击数据库 D5000/SCADA/设备类/间隔表（图 2-7）。

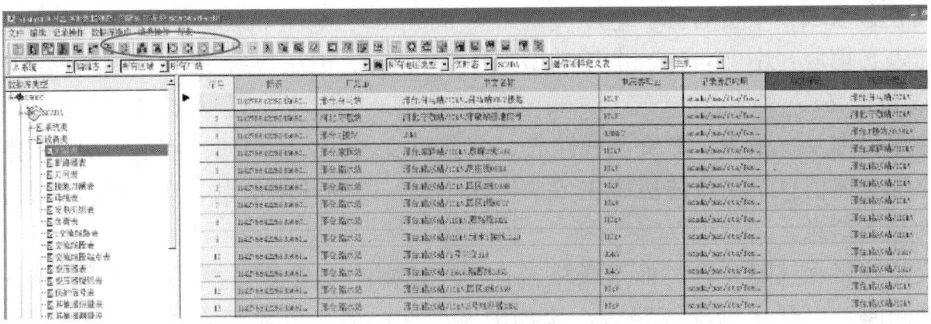

图 2-7　间隔信息表

从上图圆圈显示的所有厂站中选择新建的厂站名称，新增一条记录，输入中文名称、电压类型 ID、模型所属区域，如果建立交直流信号间隔，则自定义模板间隔域输入间隔模板名“交直流信号间隔模板图 . bay. pic. g”（可以从已建好的站复制过来）、主变间隔输入“三卷变压器间隔模板图 . bay. pic. g（或两卷变压器间隔模板图 . bay. pic. g)”、公用信号及母线间隔输入“公共间隔模板图 . bay. pic. g”，保存。

标准名称可以批量生成，定义时只要电压等级选择正确，就可以单击数据库上方菜单栏的按钮，在弹出的窗口中单击下拉菜单选择生成标准名称，确定即可。

注：批量工具的使用

批量定义工具可以实现批量更改、批量清空、批量替换等功能，需要使用相应功能时，单击批量定义按钮后鼠标选中需要修改的列，进行相应操作即可。

2. 断路器表定义

按命名规则填写中文名称、选择电压类型 ID、选择电压等级 ID、选择间隔 ID、断路器类型（一般选普通开关，母联或母分断路器要选择［母联/分段/旁路开关］，否则无法触发遥测）、模型所属区域，保存。

记录可以复制，选中某条记录，点数据库上方菜单栏的。

图 2-8 为断路器定义表。

序号	标识	厂站ID	中文名称	电压类型ID
1	11456031726606745...	邢台.江园站	邢台.江园站/10kV.0011开关	10kV
2	11456031726606745...	邢台.江园站	邢台.江园站/10kV.012开关	10kV
3	11456031726606745...	邢台.江园站	邢台.江园站/10kV.0610开关	10kV
4	11456031726606746...	邢台.江园站	邢台.江园站/10kV.0611开关	10kV
5	11456031726606746...	邢台.江园站	邢台.江园站/10kV.0612开关	10kV
6	11456031726606746...	邢台.江园站	邢台.江园站/10kV.0621开关	10kV
7	11456031726606746...	邢台.江园站	邢台.江园站/10kV.0622开关	10kV
8	11456031726606746...	邢台.江园站	邢台.江园站/10kV.0623开关	10kV
9	11456031726606746...	邢台.江园站	邢台.江园站/10kV.0624开关	10kV
10	11456031726606746...	邢台.江园站	邢台.江园站/10kV.0625开关	10kV
11	11456031726606746...	邢台.江园站	邢台.江园站/10kV.0626开关	10kV
12	11456031726606746...	邢台.江园站	邢台.江园站/10kV.0627开关	10kV

图 2-8 断路器定义表

注：间隔 ID 一定要选对，关系到自动生成间隔图是否正确。

3. 刀闸表、接地刀闸表、母线表、负荷表定义

刀闸表必填域：中文名称、电压类型 ID、间隔 ID、电压等级 ID、模型所属区域。

接地刀闸表必填域：中文名称、电压类型 ID、模型所属区域。

母线表必填域：中文名称、电压类型 ID、间隔 ID、电压等级 ID、模型所属区域。

负荷表必填域：中文名称、电压类型 ID、间隔 ID、电压等级 ID、模型所属区域。

4. 线路定义

线路定义涉及三张表，T 交流线路表、交流线段表、交流线段端点表。其中线路表主要描述线路的整体信息，交流线段表主要描述线路每一段的具体信息，交流线段端点表主要描述线路的量测信息。

T 交流线路表（图 2-9）：如果线路为直连厂站则不需要填写该表，如果线路为 T 接线或Ⅱ形线路时，打开 T 交流线路表，添加中文名称，填写包含交流线段数，一般典型的 T 接线填 3。Ⅱ形接线，如果 PAS 可以忽略阻抗，可算作一个 T 接站，其包含交流线段数可根据具体情况填写。

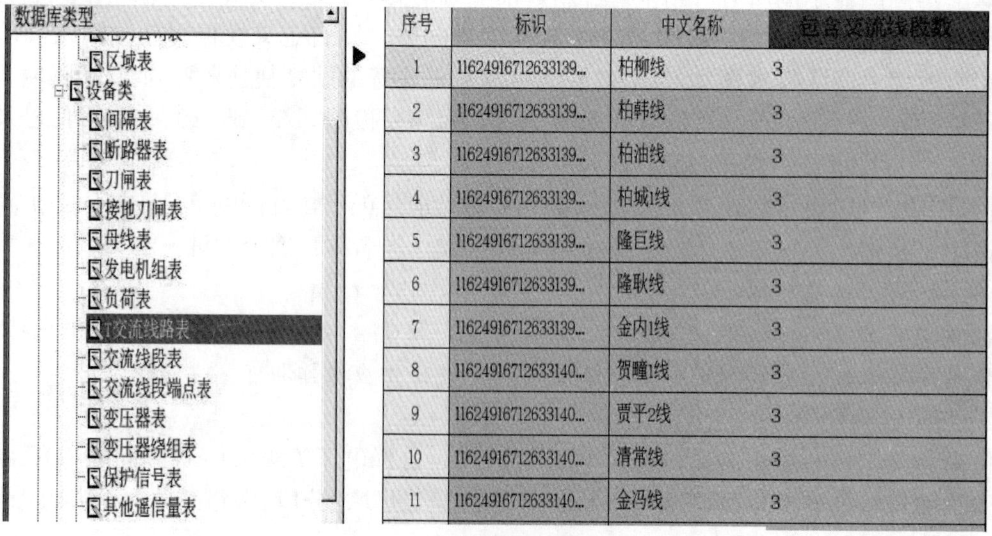

序号	标识	中文名称	包含交流线段数
1	11624916712633139...	柏柳线	3
2	11624916712633139...	柏韩线	3
3	11624916712633139...	柏油线	3
4	11624916712633139...	柏城1线	3
5	11624916712633139...	隆巨线	3
6	11624916712633139...	隆耿线	3
7	11624916712633139...	金内1线	3
8	11624916712633140...	贺疃1线	3
9	11624916712633140...	贾平2线	3
10	11624916712633140...	清常线	3
11	11624916712633140...	金冯线	3

图 2-9 T 交流线路表

交流线段表必填域：一端厂站 ID、二端厂站 ID、中文名称、电压类型 ID、等值标志、线路 ID。

打开交流线段表（图 2-10），填写 T 接线Ⅱ型线路的 3 条交流线段的中文名称，一端厂站 ID，二端厂站 ID。属于同一条 T 接线的线段，将其线路 ID 这个域选为之前填写在 T 交流线路表中的名称。

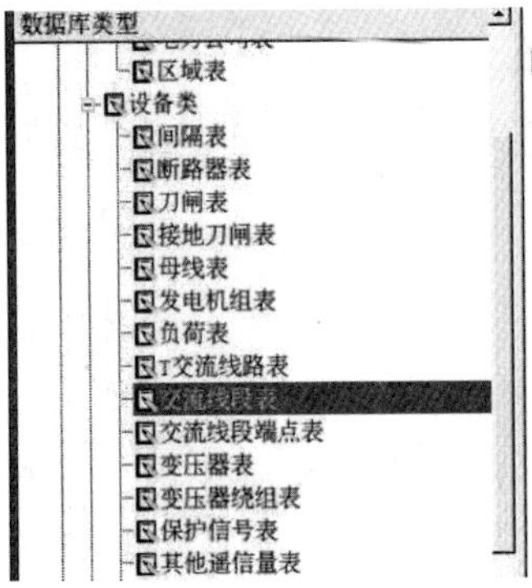

序号	一端厂站ID	二端厂站ID	中文名称	电压类型ID
1	河北.清河站	邢台.江园站	河北.清江1线	110kV
2	河北.清河站	邢台.T接站	河北.清江2线121	110kV
3	河北.贺营站	邢台.常屯站	邢台.贺常线	110kV
4	河北.清河站	邢台.T接站	河北.清常线128	110kV
5	河北.贺营站	邢台.方营站	邢台.贺方1线	110kV
6	河北.贺营站	邢台.方营站	邢台.贺方2线	110kV
7	河北.南宫站	邢台.T接站	邢台.南凤1线156	110kV
8	河北.清河站	邢台.官屯站	河北.清屯线	110kV
9	邢台.官屯站	邢台.T接站	邢台.官屯T接线1831	110kV
10	河北.贾庄站	邢台.广宗站	邢台.贾广线	110kV
11	河北.南宫站	邢台.T接站	邢台.南广线152	110kV

图 2-10　交流线段表

（1）一端厂站、二端厂站：一端厂站及二端厂站的选择关系着潮流图绘制时的方向，通常情况，一端厂站为供电电源点。

（2）等值标志：根据实际情况可选等值成负荷、等值成发电机、不等值。

（3）线路 ID：T 接线或多 T 接线的线段需要选择属于哪条 T 交线路。

（4）交流线段端点表：建立交流线段表后，一二端厂站各触发出一条交流线段端点的记录，分别描述交流线段两端的量测信息，即交流线段端点表无须人工添加。

5. 变压器定义

变压器定义涉及两张表：变压器表、变压器绕组表。其中，变压器表主要描述变压器的整体信息，变压器绕组表描述每个绕组的具体信息，包括量测信息。

变压器表必填域为中文名称、变压器类型、绕组类型及模型所属区域。变压器表定义之后，在变压器绕组表自动触发生成多条记录，分别描述变压器各绕组的具体信息。其中，若变压器类型为“二绕组变”，则在变压器绕组表触发生成两条记录；若变压器类型为“三绕组变”，则在变压器绕组表触发生成三条记录。

变压器绕组表：该表记录为建立变压器表记录后自动触发生成，其必填域为中文名称（已自动生成，可修改）、间隔 ID、变压器 ID（自动生成）、电压等级 ID、电压类型 ID、模型所属区域。

注：该表电压类型 ID 一定要正确填写，否则影响变压器绕组着色。

6. 保护信号表（图 2-11）定义

该表中保护信号可以通过导入工具导入。

（1）第一种导入方式：新增记录。

保护节信号中添加一条新记录需要必须输入的域：厂站 ID，中文名称，保护类型，记录所属应用，间隔 ID，是否为光字牌，电压类型 ID。

在 dbi 界面单击/scada/设备类/保护信号表：

1）厂站 ID 为单选菜单，选择该保护信号所在地厂站。

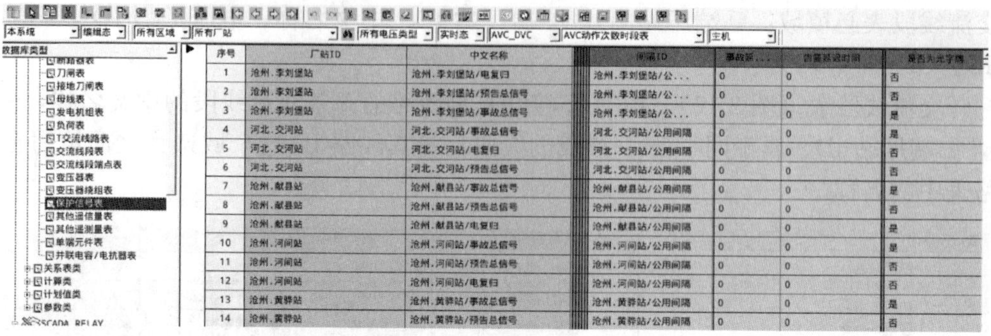

图 2-11　保护信号表

2）中文名称按规范命名输入。

3）保护类型为单选菜单，事故总信号为厂站所有保护并在一起出来的一个信号，一般一个厂站只有一个保护信号的保护类型选为事故总。在 D5000 系统中 SCADA 应用在延迟时间中收到保护类型为事故总的保护动作与同一厂站的开关分闸，会将该分闸动作判为事故分闸。其他保护类型目前只是名称上区分，未分别做处理。一般保护信号选为其他即可。

4）间隔 ID 为该保护所属于的间隔。当把该保护信号同相应的间隔 ID 关联之后，在间隔上作间隔告警抑制操作时，不仅该间隔的各种设备的遥信不会上告警窗，同时该间隔内的保护信号也不上告警窗，这样方便调度员对于系统运行情况的掌握，不会被检修时所做的各种试验过多信号掩盖了该注意的一些影响系统运行的重要事件。这些被抑制事件信息在商用库里还是有存储可以通过告警查询检索出来。

5）AVC 相关设备 ID1，AVC 相关设备 ID2，AVC 相关设备 ID3，AVC 相关设备 ID4，这些域中用检索器拖入该保护相应的 AVC 关联信号。

6）事故延迟时间里填写判事故时，保护信号与开关信号之间等待的延迟时间。

7）告警延迟时间域一般填零，也就是说一旦有该保护信号动作立即告警，有时某些保护信号动作然后自动复归，调度员需要屏蔽告警，可以在此域中填写上。一般情况下的动作复归时间，在此时间内该保护信号动作然后复归，该动作复归信号不会上告警窗出语音推画面，但是数据库中还是可以查询到该事件（最大填 30s）。

8）是否为光字牌一定要选“是”，否则间隔图中光字牌不显示。

9）保护信号导入完毕后，需打开 SCADA/参数类/遥信表，设置告警方式。

（2）第二种导入方式：利用 D5000 系统自带倒库工具倒库步骤：

1）将信息表改为中文名称在第一列，点号在第二列的格式，另存为 txt 文本，文本中将所有空格去掉保存。

2）将存好的 txt 文件复制到工作站上，工作站上打开一个终端，输入 equipimp，回车。

3）单击打开选择需要导入的文件，进行校验，校验通过后，点导入，该过程需进行 2 次，才能将保护信号完整导入。

7. 其他遥测量、其他遥信量、单端元件表、并联电容器/电抗器表

其他遥测量：例如一些交直流电压电流信息等遥测量，系统中无法自动生成到前置遥测定义表中，就可以在其他遥测量表中定义。其必填域为中文名称、电压类型 ID 及模型所属区域。

其他遥信量：有一些无法归类的单独的遥信，（例如全站信号总复归等），遥信量可以从此表中定义。必填域为中文名称、电压类型 ID 及模型所属区域。

单端元件表：定义电压互感器、电流互感器、避雷器等终端设备信息。必填域为中文名称、电压类型 ID 及模型所属区域。

并联电容器/电抗器表：容抗器及电抗器设备从此表中定义，必填域为中文名称、电容器类型、电压类型 ID 及模型所属区域。

（三）参数类

1. 遥测表

SCADA 子系统的实时遥测数据分别在相关类型的设备表或测点遥测信息表的对应的域中存储。相应地，界面或其他应用需从这些表相关的遥测域获取遥测数据。遥测域主要如下：

（1）旁路或母联开关遥测：断路器表，“有功值”“无功值”“电流值”；

（2）母线遥测：母线表，“线电压幅值”；

（3）线路遥测：交流线段端点表，“有功值”“无功值”“电流值”；

（4）变压器遥测：变压器绕组表，“有功值”“无功值”“电流值”“分接头位置”“功率因数”；

（5）发电机遥测：发电机表，“有功值”“无功值”“电流值”；

（6）负荷遥测：负荷表，“有功值”“无功值”“电流值”；

（7）容抗器遥测：并联电容器/电抗器表，“无功值”“电流值”；

（8）其他遥测（如油温、频率等）：测点遥测信息表，“值”。

上述的表定义之后，在 D5000/SCADA/参数类/遥测表自动触发生成相应的记录（哪些类型的遥测需触发至遥测定义表可在数据库中定义），相当于遥测表是系统中所有遥测数据的汇总表。相应的，上述的表删除记录之后，遥测定义表相关的记录也自动触发删除。

2. 遥信表

SCADA 子系统的实时遥信数据分别在相关类型的设备表、保护节点表、测点遥信信息表的对应的域中存储。相应的，界面或其他应用需从这些表相关的遥信域获取遥信数据。遥信域主要如下：

（1）断路器遥信：断路器表，“遥信值”“辅节点遥信值”；

（2）刀闸遥信：刀闸表，“遥信值”“辅节点遥信值”；

（3）接地刀闸遥信：接地刀闸表，“遥信值”“辅节点遥信值”；

（4）保护硬节点遥信：保护信号表，“遥信值”；

（5）其他遥信（如信号量、工况等）：其他遥信量表，“值”。

类似于遥测，断路器表、刀闸表、接地刀闸、保护信号表、其他遥信量表定义之后，在遥信表自动触发生成相应的记录（哪些类型的遥信需触发至遥信定义表可在数据库中定义）。相应地，上述的删除记录之后，遥信表相关的记录也自动触发删除。

3. 越限定义

SCADA 子系统处理的越限有两种类型：测点越限、设备越限。测点越限即常规的针对单个遥测的越限处理；设备越限根据设备的实时量测值及相应的限值，以设备为对象的越限处理。这两种越限分别对应多张数据表定义。

（1）测点越限

测点越限在限值表中定义，该表既可以人工添加，也可由参数类-遥测表是否限值域触发生成，然后修改具体的参数。在实时数据库界面上打开该表，主要信息如下：

限值类型：无动态限值、时段限值、曲线限值，缺省为无动态限值。无动态限值即常规的静态限值，直接在限值表录入具体的限值；时段限值即限值按时段变化，若选该类型，则在限值定义表触发生成相关记录，可在该表录入各时段的具体限值，最大支持八个时段；曲线限值即限值按时间变化，若选该类型，则在限值上限表、限值下限表触发生成相关记录，可在这两张表录入各时间点的具体限值，最小间隔为 5 分钟。

限值组数：最大支持 4 组限值。

（2）设备越限

设备越限在对应的设备表中定义，可对母线、线路、变压器、发电机四类设备判越限，相关的定义如下：

母线越限：母线表，越限检验标志、电压上限、电压下限。

线路越限：交流线段表，越限检验标志、电流上限、事故电流限值、功率限值。

变压器越限：变压器表，越限检验标志；变压器绕组表，正常额定功率、有功上限、有功事故限、无功上限、无功事故限。

发电机越限：发电机表，越限检验标志、机组有功下限、机组有功上限、机组无功下限、机组无功上限。

需说明的是，对于线路、变压器的设备限值，可按温度（10℃、20℃、30℃、40℃）预定义四套限值，分别保存至交流线段表、变压器绕组表的相关域，使用时，根据需要任选一套判越限（可利用 set _ limit 界面）；对于发电机的设备限值，可按季节（冬季、夏季）预定义两套限值，保存至发电机表的相关域，使用时，根据需要任选一套判越限。

4. SCADA 数据表定义总体流程如图 2-12 所示。

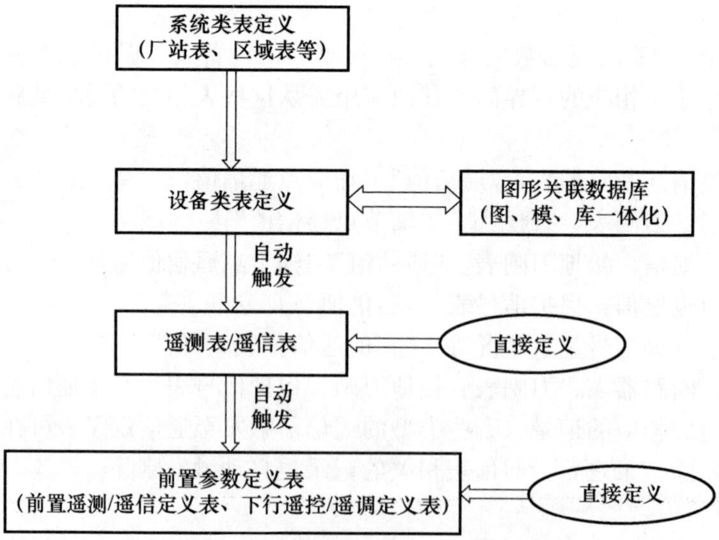

图 2-12　SCADA 数据表定义总体流程

（四）FES类

1. 通道调试需设置的数据库内容

（1）从总控台打开数据库，打开D5000/FES/设备类/通信厂站表，设置该变电站的通信参数：是否遥控以及最大遥信、遥测个数。

注：一定要保证最大遥信、遥测数大于远动信息点表的最大点号。特别是在保护信号导入之前，核实该表中最大遥信数是否大于保护信号的最大点号，否则超过范围的信号将导入失败。

（2）打开D5000/FES/设备类/通道表，设置该变电站通道的类型、网络描述、端口号、遥测类型、主站地址、RTU地址、校验方式、波特率、规约类型等。

一般厂站都以网络方式接入：

通道类型：网络

网络类型：TCP客户

网络描述：按规划的地址表里的ip填写

端口号：一般为2404，若站端有需要区分，则与站端一致

RTU地址：与站端填写一致

规约：IEC104

通道分配模式：110kV站以上选择AB机，35kV及以下选择CD机

故障阀值：0

注：1）通道表中通道编号记录为自动生成域，不可进行修改！

2）故障阀值域一般填0，不判死区，即RTU送过来的遥测就直接从FES往SCADA送。如果填写一个数值N，则这次送来的值和上一次送来的值之间的差值<N，就认为该值在故障范围内，FES不将这次的值送给SCADA。

2. 前置应用定义表类的录入

D5000系统以模型的概念建立数据库，遥信、遥测都是附属于设备。整个数据库以SCADA为核心，当在SCADA中输入设备时会自动在/SCADA/参数类/遥测定义表、遥信表定义中，触发生成该设备对应的遥信遥测。如果该设备选上FES应用，会自动地将设备对应的遥信遥测也触发到/FES/定义表类/前置遥测定义表、前置遥信定义表中。

（1）前置遥信定义表

厂站ID，遥信ID为从设备触发生成的，一般在前置遥信定义表中仅需要填写通道和点号即可。在dbi界面单击D5000/FES/定义表类/前置遥信定义表。图2-13为前置遥信定义表。

1）通道一：单选菜单，引用通道表，一般为该厂站直收的主通道。

2）通道二：单选菜单，引用通道表，一般为该厂站的备通道。

3）通道三：单选菜单，引用通道表，一般为该厂站的其他的备通道。

4）通道四：单选菜单，引用通道表，一般为该厂站的其他的备通道。

5）是否过滤抖动：单选菜单，是或者否。选为是就意味着如果该点遥信有抖动会过滤掉抖动过程中成对出现的遥信。

6）抖动时限：填写判断抖动的时间。在该时间内来的成对遥信会被前置滤去。

7）极性：单选菜单。正极性意味遥信0判为分，1判为合。反极性意味遥信1判为分，0判为合。一般该域值设为正极性。

8）点号：根据RTU送过来的顺序填写。一般从零开始。

序号	厂站ID	遥信ID	点号	通道一	极性	模型所属区域
1	邢台.天宝站	其他遥信量表 邢台.天宝站/全站信号总复归 值	-1	邢台.天宝110kV站-...	正极性	邢台
2	邢台.天宝站	接地刀闸表 12-7PD 遥信值	-1	邢台.天宝110kV站-...	正极性	邢台
3	邢台.天宝站	断路器表 邢台.天宝站/110kV.公共信号 遥信值	-1	邢台.天宝110kV站-...	正极性	邢台
4	邢台.天宝站	断路器表 邢台.天宝站/110kV.交直流信号 遥信值	-1	邢台.天宝110kV站-...	正极性	邢台
5	邢台.天宝站	保护信号表 邢台.天宝站/全站事故总信号(1) 值	0	邢台.天宝110kV站-...	正极性	邢台
6	邢台.天宝站	保护信号表 邢台.天宝站/110kV.1351开关/间隔事故...	1	邢台.天宝110kV站-...	正极性	邢台
7	邢台.天宝站	保护信号表 邢台.天宝站/110kV.1351开关/间隔一次...	2	邢台.天宝110kV站-...	正极性	邢台
8	邢台.天宝站	保护信号表 邢台.天宝站/110kV.1351开关/间隔一次...	3	邢台.天宝110kV站-...	正极性	邢台
9	邢台.天宝站	保护信号表 邢台.天宝站/110kV.1351开关/间隔二次...	4	邢台.天宝110kV站-...	正极性	邢台
10	邢台.天宝站	保护信号表 邢台.天宝站/110kV.1351开关/间隔二次...	5	邢台.天宝110kV站-...	正极性	邢台
11	邢台.天宝站	断路器表 邢台.天宝站/110kV.天宝T接1线1351开关 ...	6	邢台.天宝110kV站-...	正极性	邢台
12	邢台.天宝站	刀闸表 邢台.天宝站/110kV.天宝T接1线1351-1刀闸 ...	7	邢台.天宝110kV站-...	正极性	邢台
13	邢台.天宝站	刀闸表 邢台.天宝站/110kV.天宝T接1线1351-5刀闸 ...	8	邢台.天宝110kV站-...	正极性	邢台
14	邢台.天宝站	接地刀闸表 邢台.天宝站/110kV.天宝T接1线1351-1KD...	9	邢台.天宝110kV站-...	正极性	邢台

图 2-13　前置遥信定义表

9）单击厂站 ID，选择新加的厂站，按照变电站送上来的顺序在点号域中填写点号，并可以通过域值设定选择通道。单击域值设定按钮，选择新加入的厂站，双击通道一，可以把该厂站内所有的记录一次设置域值。

（2）前置遥测定义表

厂站 ID，遥测 ID 为从设备触发生成的，一般在前置遥测定义表中仅需要填写通道和点号以及系数即可。通道一，通道二，通道三，通道四，分发通道，所属分组的使用同前置遥信定义表。在 dbi 界面单击/FES/定义表类/前置遥测定义表，如图 2-14 所示。

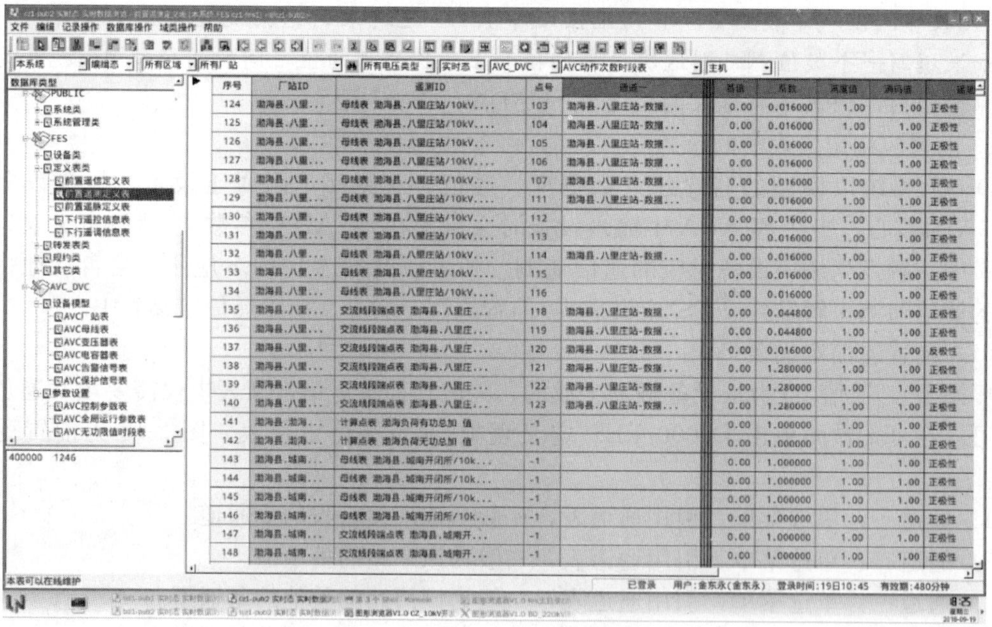

序号	厂站ID	遥测ID	点号	通道一	基值	系数	满度值	满码值	[illegible]
124	渤海县.八里...	母线表 渤海县.八里庄站/10kV....	103	渤海县.八里庄站-数据...	0.00	0.016000	1.00	1.00	正极性
125	渤海县.八里...	母线表 渤海县.八里庄站/10kV....	104	渤海县.八里庄站-数据...	0.00	0.016000	1.00	1.00	正极性
126	渤海县.八里...	母线表 渤海县.八里庄站/10kV....	105	渤海县.八里庄站-数据...	0.00	0.016000	1.00	1.00	正极性
127	渤海县.八里...	母线表 渤海县.八里庄站/10kV....	106	渤海县.八里庄站-数据...	0.00	0.016000	1.00	1.00	正极性
128	渤海县.八里...	母线表 渤海县.八里庄站/10kV....	107	渤海县.八里庄站-数据...	0.00	0.016000	1.00	1.00	正极性
129	渤海县.八里...	母线表 渤海县.八里庄站/10kV....	111	渤海县.八里庄站-数据...	0.00	0.016000	1.00	1.00	正极性
130	渤海县.八里...	母线表 渤海县.八里庄站/10kV....	112		0.00	0.016000	1.00	1.00	正极性
131	渤海县.八里...	母线表 渤海县.八里庄站/10kV....	113		0.00	0.016000	1.00	1.00	正极性
132	渤海县.八里...	母线表 渤海县.八里庄站/10kV....	114	渤海县.八里庄站-数据...	0.00	0.016000	1.00	1.00	正极性
133	渤海县.八里...	母线表 渤海县.八里庄站/10kV....	115		0.00	0.016000	1.00	1.00	正极性
134	渤海县.八里...	母线表 渤海县.八里庄站/10kV....	116		0.00	0.016000	1.00	1.00	正极性
135	渤海县.八里...	交流线段端点表 渤海县.八里庄...	118	渤海县.八里庄站-数据...	0.00	0.044800	1.00	1.00	正极性
136	渤海县.八里...	交流线段端点表 渤海县.八里庄...	119	渤海县.八里庄站-数据...	0.00	0.044800	1.00	1.00	正极性
137	渤海县.八里...	交流线段端点表 渤海县.八里庄...	120	渤海县.八里庄站-数据...	0.00	0.016000	1.00	1.00	反极性
138	渤海县.八里...	交流线段端点表 渤海县.八里庄...	121	渤海县.八里庄站-数据...	0.00	1.280000	1.00	1.00	正极性
139	渤海县.八里...	交流线段端点表 渤海县.八里庄...	122	渤海县.八里庄站-数据...	0.00	1.280000	1.00	1.00	正极性
140	渤海县.八里...	交流线段端点表 渤海县.八里庄...	123	渤海县.八里庄站-数据...	0.00	1.280000	1.00	1.00	正极性
141	渤海县.渤海...	计算点表 渤海负荷有功总加 值	-1		0.00	1.000000	1.00	1.00	正极性
142	渤海县.渤海...	计算点表 渤海负荷无功总加 值	-1		0.00	1.000000	1.00	1.00	正极性
143	渤海县.城南...	母线表 渤海县.城南开闭所/10k...	-1		0.00	1.000000	1.00	1.00	正极性
144	渤海县.城南...	母线表 渤海县.城南开闭所/10k...	-1		0.00	1.000000	1.00	1.00	正极性
145	渤海县.城南...	母线表 渤海县.城南开闭所/10k...	-1		0.00	1.000000	1.00	1.00	正极性
146	渤海县.城南...	母线表 渤海县.城南开闭所/10k...	-1		0.00	1.000000	1.00	1.00	正极性
147	渤海县.城南...	交流线段端点表 渤海县.城南开...	-1		0.00	1.000000	1.00	1.00	正极性
148	渤海县.城南...	交流线段端点表 渤海县.城南开...	-1		0.00	1.000000	1.00	1.00	正极性

图 2-14　前置遥测定义表

如果该厂站数据上送遥测类型为规一化值，则需要填写基值（+）、系数（—）、满度值（+）及满码值（—）。

如果该厂站上送数据类型为短浮点数，则仅填写点号及通道即可，如图 2-15 所示。

1）死区值：一般填 0，不判死区，即 RTU 送过来的遥测就直接从 FES 往 SCADA 送。如果填写一个数值 N，则这次送来的值和上一次送来的值之间的差值<N，就认为该值在死

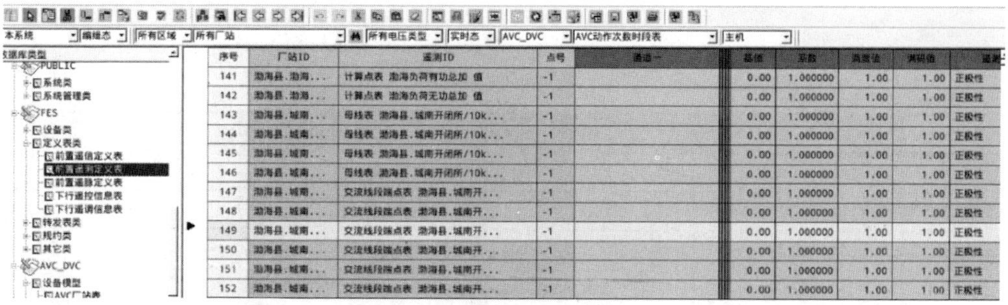

图 2-15 短浮点数上送设置

区范围内，FES 不将这次的值送给 SCADA。

2）归零值：一般填 0，不判零漂。如果填上数值 N，就会把从 RTU 送过来的绝对值<N 的值当 0 送往 SCADA。

3）系数：填写从源码值还原成一次值的比例关系。

4）满码值：RTU 送最大数值的码值。

5）满度值：该遥测量的最大值，满码值和满度值配合使用。比如一个 220 的母线电压，它的满度值 250，它的满码值为 32767，这就意味着 RTU 送 32767 就代表 250。

6）关于遥测的换算，首先查看通道表该通道的遥测类型，遥测类型有三个选项：计算量，工程量，实际值。

7）计算量：在前置遥测定义表的系数域中填写系数。满度值、满码值不参与计算，系统缺省配置为 1。实际值＝原码×系数＋基值。

8）工程量：在前置遥测定义表的系数域中填写满度值，满码值。实际值＝原码×满度增/满码值＋基值。

9）实际值：不计算，直接为 RTU 送的值。

注：如果需要给某条遥测记录定义限值，首先需要去 SCADA/参数类/遥测表中找到该条记录，将是否限值域改为是。

然后到 SCADA/计算类/限值表中填写高限 1（正常上限）、低限 1（正常下限）、高限 2（事故上限）、低限 2（事故下限）。

（3）下行遥控定义表

下行遥控定义表（表 2-16）中的记录为触发生成，针对需要遥控的设备，首先打开该站的 D5000/SCADA/参数类/遥信表，找到需要遥控的设备记录，将该记录的是否遥控域改为是。

然后点 D5000/FES/定义表类/下行遥控定义表，按照信息表中顺序输入遥控点号，如图 2-17 所示。

遥控默认为监护操作，若需要更改为单人操作，则需要在 SCADA/参数类/数字控制表中更改操作方式域。图 2-18 为遥控操作方式设置。

（4）下行遥调信息表

打开 dbi 的 D5000/FES/定义表类/下行遥调定义表，新建一条记录，鼠标选中数据点名域，从检索器中拖入 SCADA 应用下的变压器绕组表的主变高压侧（注：所有域不要选），如图 2-19 所示。

序号	中文名称	厂站ID	告警方式	是否遥控	
1	河北.姚楼站/主变...	河北.姚楼站	B类异常	否	邢
2	河北.姚楼站/主变...	河北.姚楼站	E类告知	否	邢
3	河北.姚楼站/直流...	河北.姚楼站	B类异常	否	邢
4	河北.姚楼站/直流...	河北.姚楼站	B类异常	否	邢
5	河北.姚楼站/直流...	河北.姚楼站	B类异常	否	邢
6	河北.姚楼站/直流...	河北.姚楼站	B类异常	否	邢
7	河北.姚楼站/直流...	河北.姚楼站	B类异常	否	邢
8	河北.姚楼站/直流...	河北.姚楼站	B类异常	否	邢
9	河北.姚楼站/直流...	河北.姚楼站	B类异常	否	邢
10	河北.姚楼站/直流...	河北.姚楼站	B类异常	否	邢
11	河北.姚楼站/直流...	河北.姚楼站	B类异常	否	邢
12	河北.姚楼站/直流...	河北.姚楼站	B类异常	否	邢
13	河北.姚楼站/直流...	河北.姚楼站	B类异常	否	邢
14	河北.姚楼站/直流...	河北.姚楼站	B类异常	否	邢
15	河北.姚楼站/直流	河北.姚楼站	B类异常	否	邢

图 2-16　下行遥控定义表

序号	数据点名	描述	厂站名	数据点号
1	其他遥信量表 1#变调压 值		邢台.塔西站	-1
2	其他遥信量表 2#变调压 值		邢台.塔西站	-1
3	其他遥信量表 全站装置信号总复归 值		邢台.塔西站	36
4	断路器表 邢台.塔西站/10kV.母联001开关 遥信值		邢台.塔西站	27
5	断路器表 邢台.塔西站/10kV.1号主变011开关 遥信值		邢台.塔西站	6
6	断路器表 邢台.塔西站/10kV.2号主变012开关 遥信值		邢台.塔西站	9
7	断路器表 邢台.塔西站/10kV.塔虹线0430开关 遥信值		邢台.塔西站	28
8	断路器表 邢台.塔西站/10kV.备用线0431开关 遥信值		邢台.塔西站	29
9	断路器表 邢台.塔西站/10kV.1号电容器0432开关 遥信值		邢台.塔西站	30

图 2-17　遥控点号设置

序号	标识	英文标识	中文名称	厂站ID	遥信点	操作方式
1	225461456345237 96...			河北.姚楼站	断路器表 河北.姚...	监护遥控
2	225461456345237 96...			河北.姚楼站	断路器表 河北.姚...	监护遥控
3	225461456345237 96...			河北.姚楼站	断路器表 河北.姚...	监护遥控
4	225461456345237 96...			河北.姚楼站	断路器表 河北.姚...	监护遥控
5	225461456345237 96...			河北.姚楼站	断路器表 河北.姚...	监护遥控
6	225461456345237 97...			河北.姚楼站	断路器表 河北.姚...	监护遥控
7	225461456345237 97...			河北.姚楼站	断路器表 河北.姚...	监护遥控
8	225461456345237 97...			河北.姚楼站	断路器表 河北.姚...	监护遥控
9	225461456345237 97...			河北.姚楼站	断路器表 河北.姚...	监护遥控

图 2-18　遥控操作方式设置

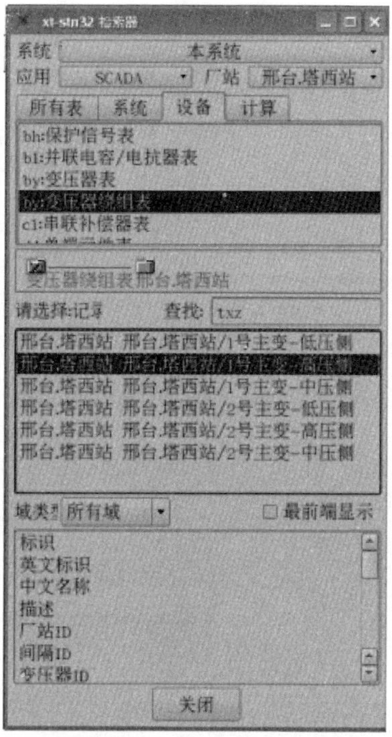

图 2-19　下行遥控定义

输入升档点号（图 2-20）和降档点号。若升降档为同一点号，则升档选择合位，降档选择分位；如果升降档各有点号，则升降档都选合位。

图 2-20　升降档点号设置

三、接线图绘制

厂站接线图绘制有两种方法：寻找类似图形另存或重新用绘图工具画。

厂站接线图是利用 GDesigner 绘制。启动图形编辑器有三种方式：

方法一：在 D5000 系统主控台上选择图形编辑图标；

方法二：在终端命令窗口执行 GDesigner 命令；

方法三：在画面显示（图形浏览器）界面上选择“新建编辑图形”，如图 2-21 所示。

(一) 简单电气图绘制

下面以一个简单的电气图为例介绍图形绘制方法。

为保证画图的美观性，建议在显示线 90°对齐状态下画，此时画布上会出现 90°对齐的网格，如图 2-22 所示。

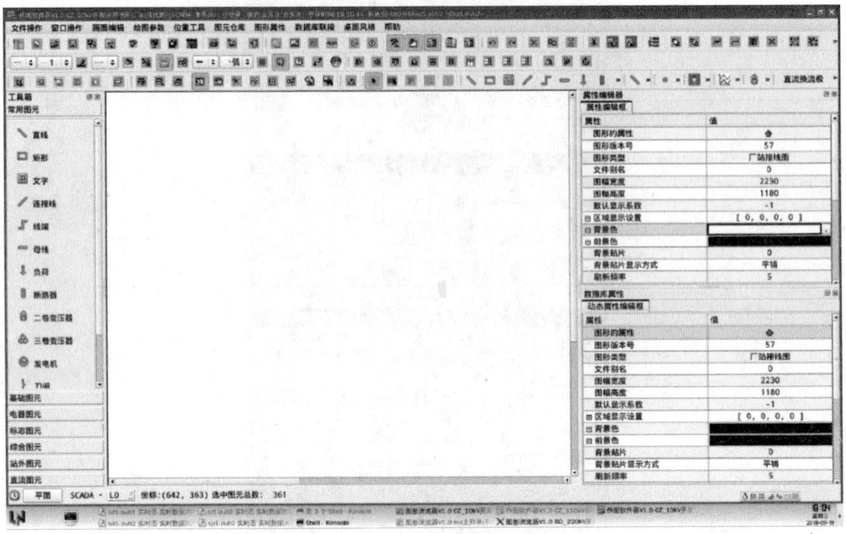

图 2-21　新建编辑图形

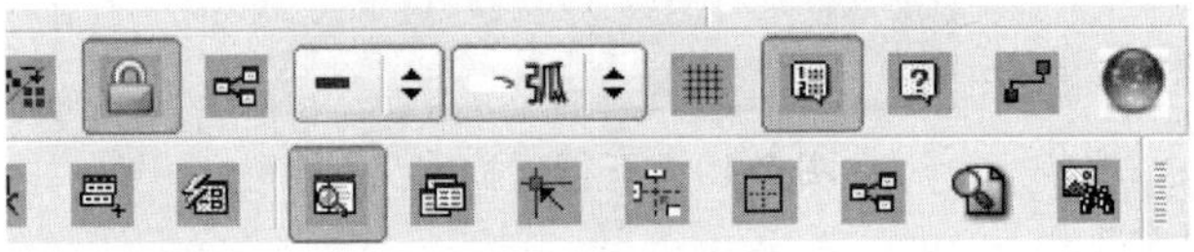

图 2-22　显示线 90°对齐

1. 绘制线路（以一个简单的接线图为例）

在图形左侧工具箱中选取电气图元中的线端，在画面合适位置绘制该线端，如图 2-23 所示。

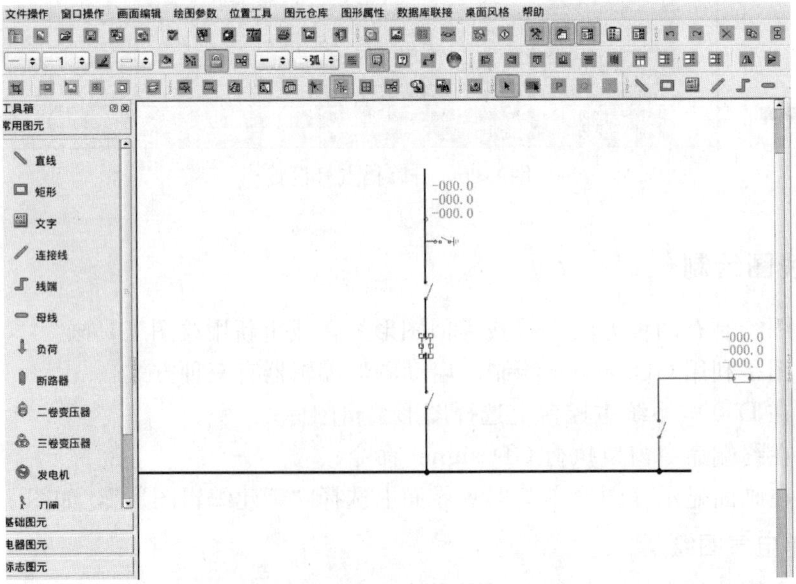

图 2-23　绘制线路

此时，该线端旁边出现的 5 行 * * * * 是该线端的 P，Q，I（三相）五个数值，此时因为没有联库，所以显示不出数值。

2. 绘制母线，断路器，刀闸，变压器

在图形左侧工具箱的电气图元中选取连接线，该连接线一端连接线端，另一端连接母线。刀闸，断路器均可以之间放置在该连接线上，打断连接线。

绘制连接线同母线相连，在图形左侧工具箱的电气图元中选取变压器与该连接线相连。

3. 绘制图形完毕，通过检索器，将相应设备属性与数据库做好链接。

检索器可以从总控台上单击检索器弹出，也可以在图形编辑界面下单击右键选出。

4. 图形编辑中自动关联工具的使用

关联关系是指画面上任意两图元之间的父子关系，父图元和子图元是一对多的关系，比如母线图元和母线的 P、Q、I、3 个动态数据可以建立父子关联关系。

典型应用：

1）子图元自动联库，在对父图元联库的时候，所有的子图元会自动关联到父图元的同一记录。

2）自动生成设备名称，当我们把一个文字对象和设备图元（比如断路器图元）建立关联关系时，当该断路器图元在联库或在图上新增该断路器记录时，文字对象图元会自动设置为该断路器记录的“中文名称”域的内容。

关联关系的建立有两种方：

1）通过“自动生成关联设置”界面预先设置父子关联关系，如图 2-24 所示。

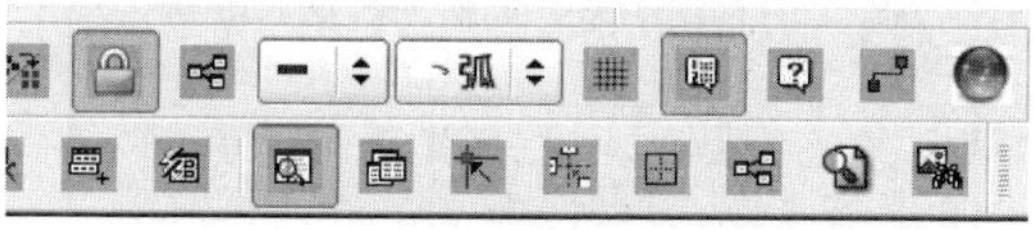

图 2-24　自动生成关联设置

2）通过“显示关联”功能，将子图元拖放到父图元上即可建立关联关系。

（二）快速绘制一次接线图

一般新建厂站最快捷的方法为寻找类似一次接线图，进行另存，方法如下：

1. 打开某厂站一次接线图，鼠标单击窗口操作/新建编辑图形，如图 2-25 所示。

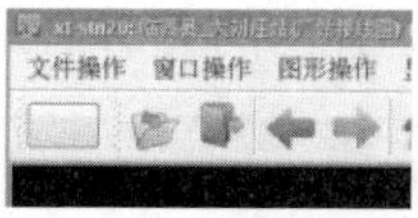

图 2-25　新建编辑图形

编辑模式下的图形显示如图 2-26 所示。

图 2-26　编辑模式

鼠标单击文件操作/另存图形，弹出的窗口如图 2-27 所示。

图 2-27　另存图形设置

文件名修改为需要新画的图形名称，文件类型选择厂站接线图，选择关联厂站，单击“确定”，弹出的询问框如图 2-28 示。

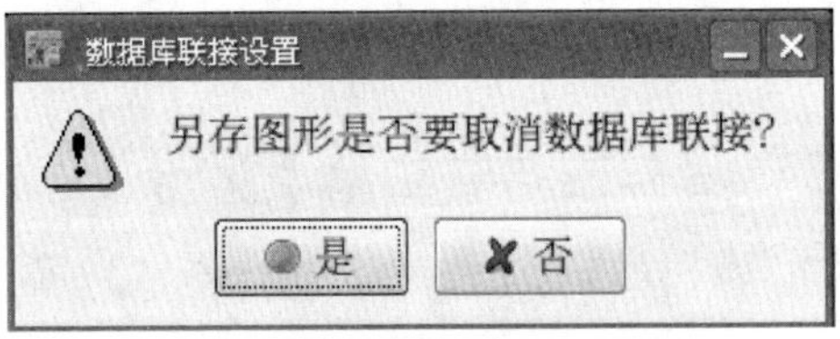

图 2-28　数据库联接设置

如需保存数据库连接则单击“否”，反之单击“是”。

修改厂站一次主接线结构，保留母线、变压器，绘制出线，可从一次图绘制模板图中复制、粘贴。

需要对图形中已有图元部分进行复制，按以下操作进行：

（1）设置复制间距：单击按钮，弹出的对话框如图 2-29 所示。

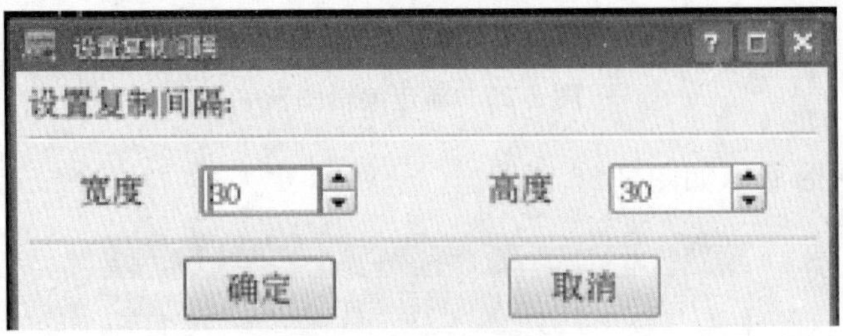

图 2-29　复制间隔设置

输入想要的复制间隔宽度及高度，如图 2-30 所示。

（2）单击区域选择按钮，选择需要复制的区域：选中后，按 Ctrl+U 组合键。

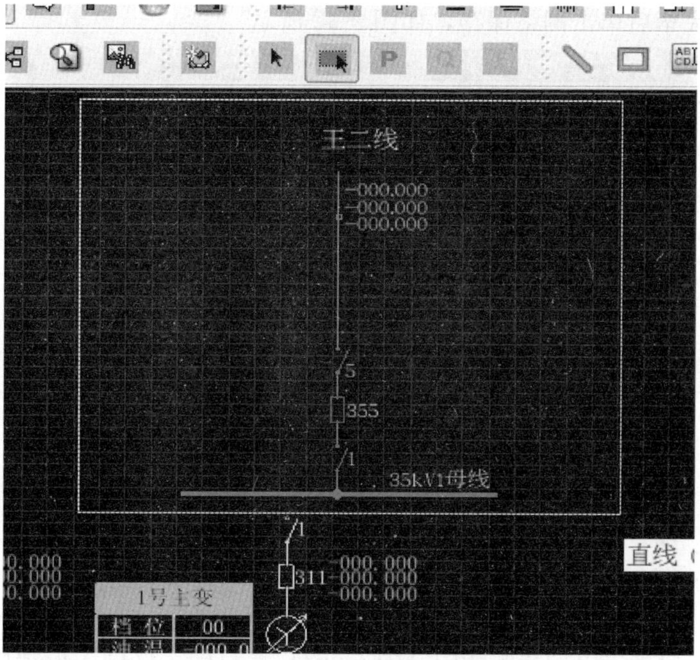

图 2-30 复制间隔

2. 右键单击空白处调用检索器，依次拖入设备属性（母线、断路器、刀闸、接地刀闸、交流线段端点等），如图 2-31 所示。

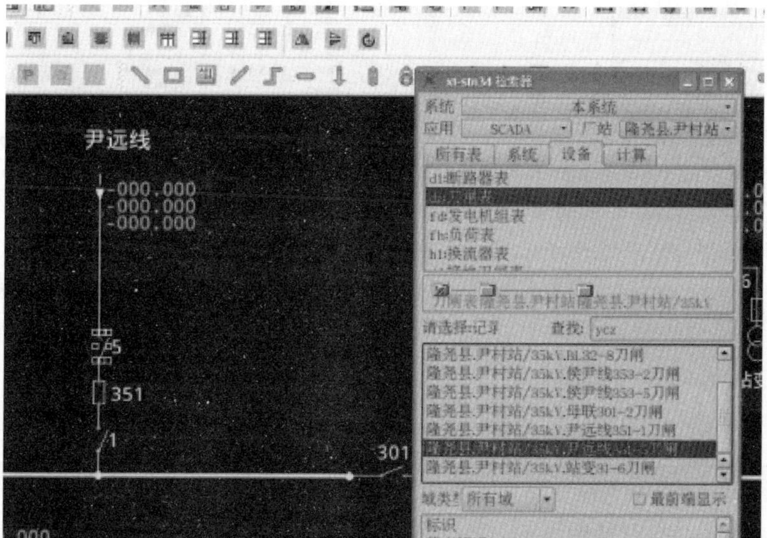

图 2-31 入库操作

3. 图形绘制完毕后单击网络保存，如图 2-32 所示。

图 2-32　网络保存设置

(三) 间隔图绘制

选中断路器，右键单击创建间隔图（图 2-33），等自动生成的图形弹出后，保存退出即可。一次接线图上，鼠标放在设备上单击中键进入间隔图。

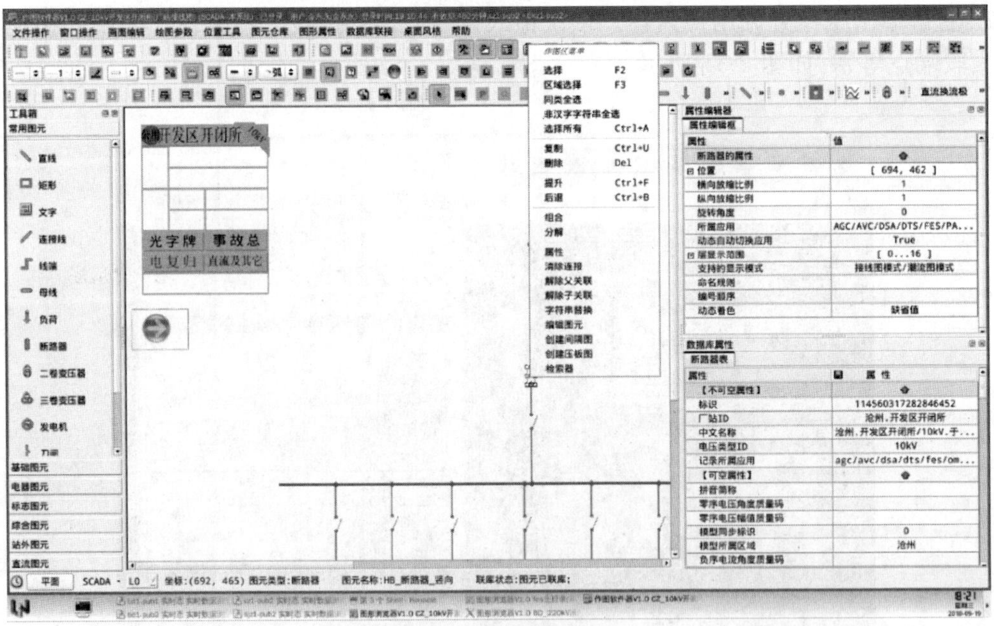

图 2-33　创建间隔图

四、相关图形绘制

(一) 厂站总目录

在主画面厂站目录界面，新建编辑图形，如图 2-34 所示。

单击选择平面，默认第 0 平面为地调厂站、第 1 平面为县调厂站、第 2 平面为用户站、第 3 平面为小电厂。

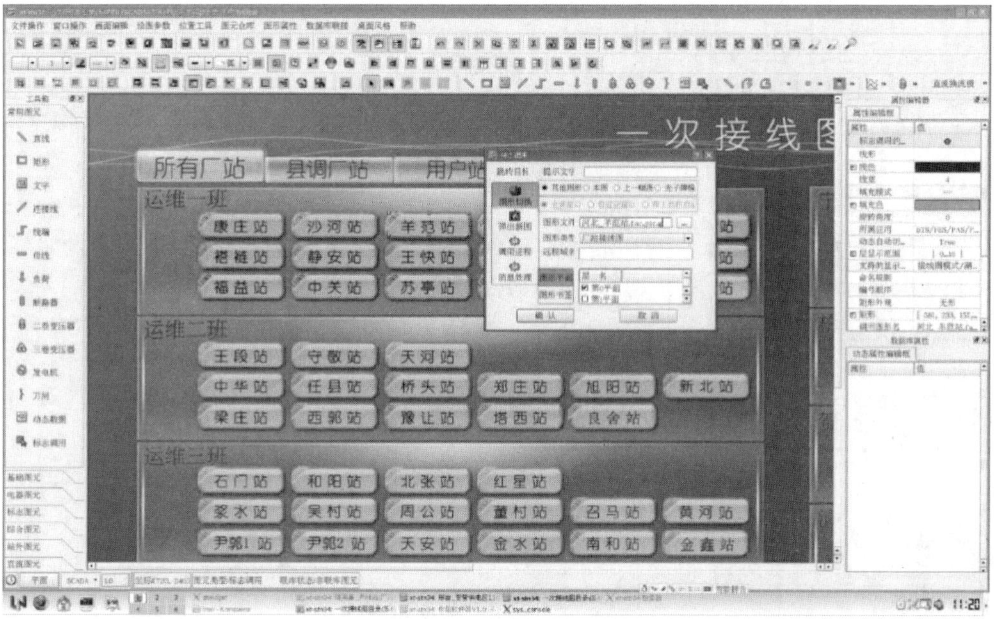

图 2-34 厂站总目录绘制

平面选择完毕后，可以将已有的厂站小长方形进行复制，复制后与其他厂站对齐后，拖入厂站的通信厂站工况，并做好图形连接即可，如图 2-35 所示。

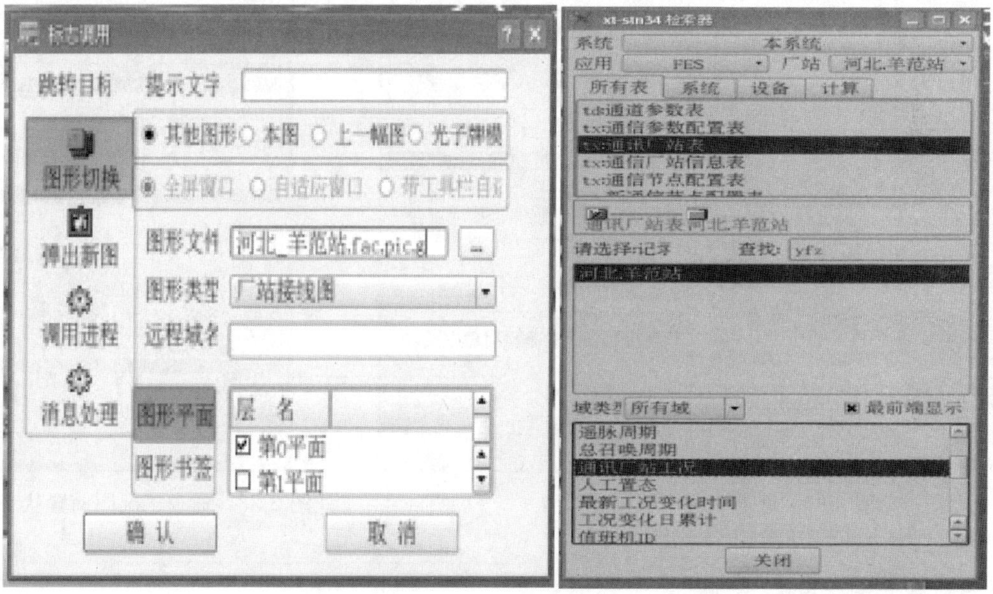

图 2-35 厂站工况入库

(二) 通道工况图

在主画面通道图中，添加新站名称、通道及连接。

绘制图标[图标]，做好相关一次图连接，拖入通信厂站工况及通道工况，如图 2-36～

图 2-38 所示。

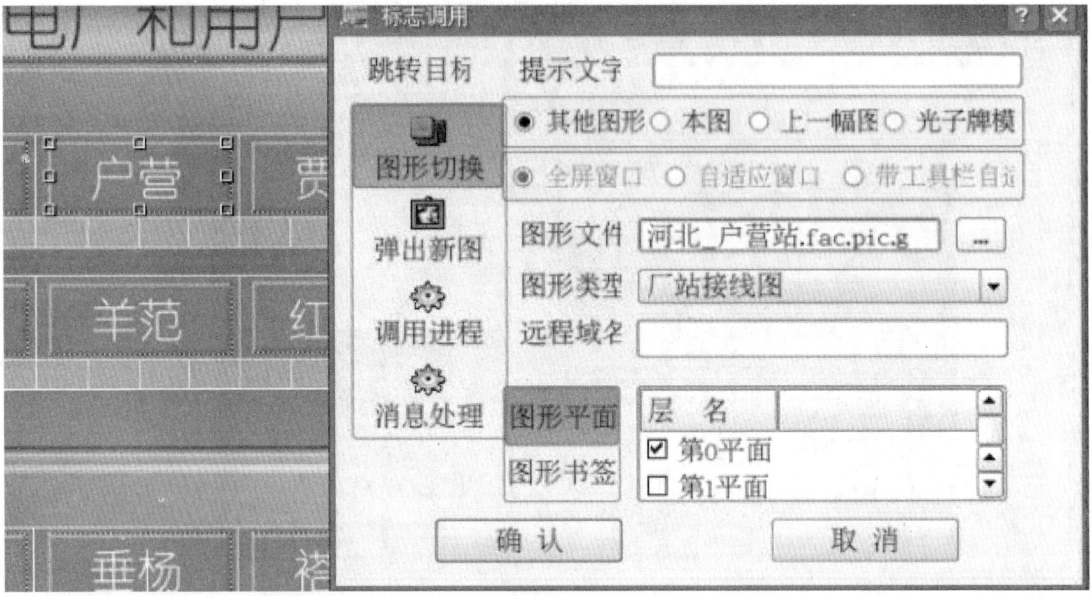

图 2-36　通道工况图设置

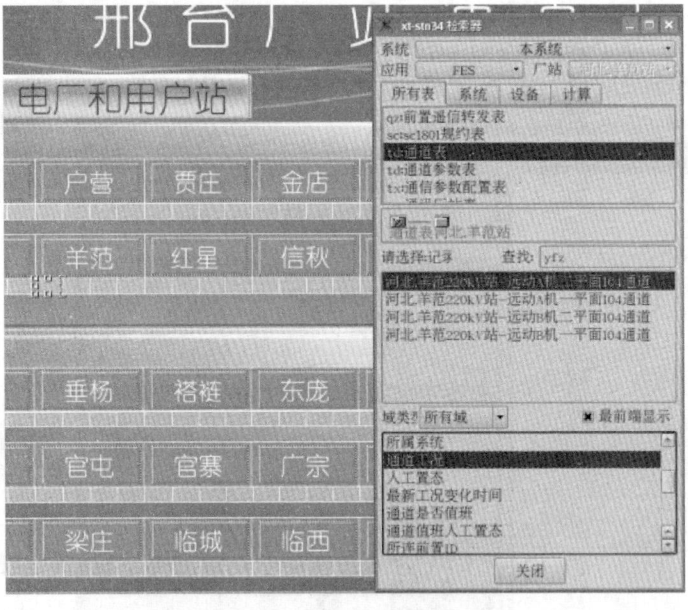

图 2-37　通道工况图数据库设置

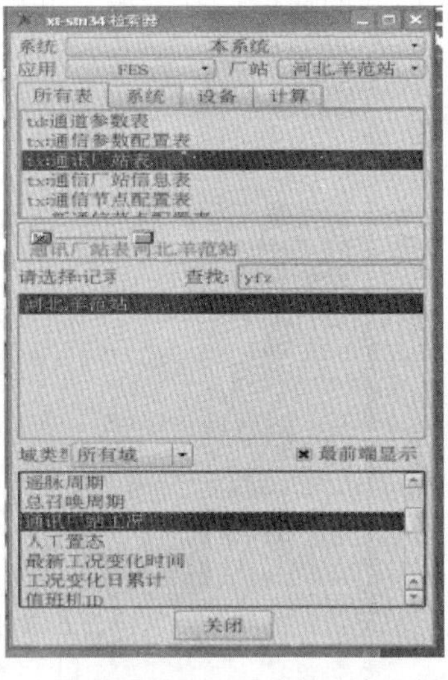

图 2-38　通道工况图前置状态设置

(三) 潮流图绘制

潮流图的绘制完全可以依照各个地方原有的调度员潮流图绘制。在绘制潮流图时，变电站用敏感替代图元绘制，数据库连接检索器中 SCADA/系统中厂站表的厂站状态域。这样在潮流图上单击该厂站图元时，系统会自动跳转到该厂站的接线图，如图 2-39 所示。

各厂站之间的连接用线路绘制，数据库连接取交流线段端点表的记录。一条线路连接两端，随便取哪一个站的交流线端端点表的记录，在连接时连接到相应的线路的端点上即可。

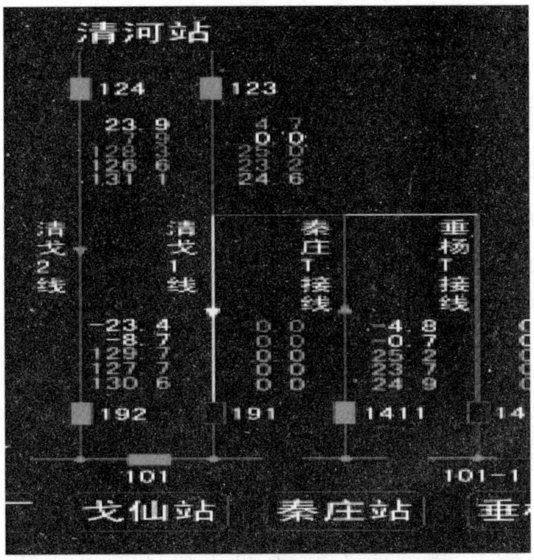

图 2-39 潮流图绘制

五、保护信息导入

（一）准备工作

1. 准备标准格式的信息表（间隔名称不带“间隔”二字，电压等级列有内容的，间隔名称列不得带有电压等级），信息表含六列，如图 2-40 所示。

110kV垂杨站遥信定值单						邢台.垂杨站/	
点号	名称	电压等级	设备名称	设备类型	告警级别	描述	字符串个数统计
0	公用		110kV事故总(1)	事故总	1	邢台.垂杨站/110kV事故总(1)	26
1	公用		35kV、10kV事故总(1)	事故总	1	邢台.垂杨站/35kV、10kV事故总(1)	31
111	1号主变		1号主变/第一套保护装置通信中断(2)	保护信号	2	邢台.垂杨站/1号主变/第一套保护装置通信中断(2)	45
112	1号主变		1号主变/第一套保护装置故障(2)	保护信号	2	邢台.垂杨站/1号主变/第一套保护装置故障(2)	41
113	1号主变		1号主变/非电量保护装置通信中断(2)	保护信号	2	邢台.垂杨站/1号主变/非电量保护装置通信中断(2)	45
114	1号主变		1号主变/非电量保护装置故障(2)	保护信号	2	邢台.垂杨站/1号主变/非电量保护装置故障(2)	41
115	1号主变		1号主变/本体重瓦斯出口(1)	保护信号	1	邢台.垂杨站/1号主变/本体重瓦斯出口(1)	37
116	1号主变		1号主变/调压重瓦斯出口(1)	保护信号	1	邢台.垂杨站/1号主变/调压重瓦斯出口(1)	37
118	1号主变		1号主变/温度过高(2)	保护信号	2	邢台.垂杨站/1号主变/温度过高(2)	31
119	1号主变		1号主变/压力释放(2)	保护信号	2	邢台.垂杨站/1号主变/压力释放(2)	31
120	1号主变		1号主变/油位异常(2)	保护信号	2	邢台.垂杨站/1号主变/油位异常(2)	31
121	1号主变		1号主变/冷却器全停(2)	保护信号	2	邢台.垂杨站/1号主变/冷却器全停(2)	33
122	1号主变		1号主变/有载油位异常(2)	保护信号	2	邢台.垂杨站/1号主变/有载油位异常(2)	35
123	1号主变		1号主变/第二套保护装置通信中断(2)	保护信号	2	邢台.垂杨站/1号主变/第二套保护装置通信中断(2)	45
124	1号主变		1号主变/第二套保护装置故障(2)	保护信号	2	邢台.垂杨站/1号主变/第二套保护装置故障(2)	41

图 2-40 保护信息表导入准备

2. 其中描述及字符串个数统计两列为判断入库名称是否超长的判据，名称最长不得超过 61 个字符，最后整理好的表格需将该两列删除。

3. 将 D5000 系统数据库待导入信号厂站中的保护信号表全部清空，间隔表中名称按照待导入信息表中名称一列人工修改。

（二）导入

1. 挂载 U 盘
2. 打开终端，在 su/root 下，fdisk -1
3. 找到需挂载 U 盘的名字，如/dev/sdc1
4. 输入 mount/dev/sdc1/mnt
5. cd/mnt
6. 找到信息表文件，cp 到/home/d5000/hebei/daoru/datafile

7. 卸载 U 盘

8. 打开终端，在 su/root 下，umount/mnt

9. 进入/home/d5000/hebei/daoru，将 List. conf 文件内容修改为要导入的文件名

10. 将 rt _ imp _ info. conf 文件中 st _ area="" 修改为邢台或河北

11. 打开终端，进入/home/d5000/hebei/daoru

12. 执行 . /rt _ imp _ info

13. 按照提示进行

14. 导入完成后，检查间隔表名称是否正确，是否有重复

15. 检查前置遥信表最后一个点号是否正确

16. 检查遥信表告警分级是否已选

(三) 间隔图生成

打开厂站图形，进入编辑状态，选中断路器或母线，单击右键，创建间隔图（主变本体及三侧开关不要创建间隔图），公用信号和交直流信号后有断路器，也要生成间隔。

六、采样定义

D5000 系统的历史数据采样全部在采样定义界面（sample _ define）完成定义。其主界面如图 2-41 所示。

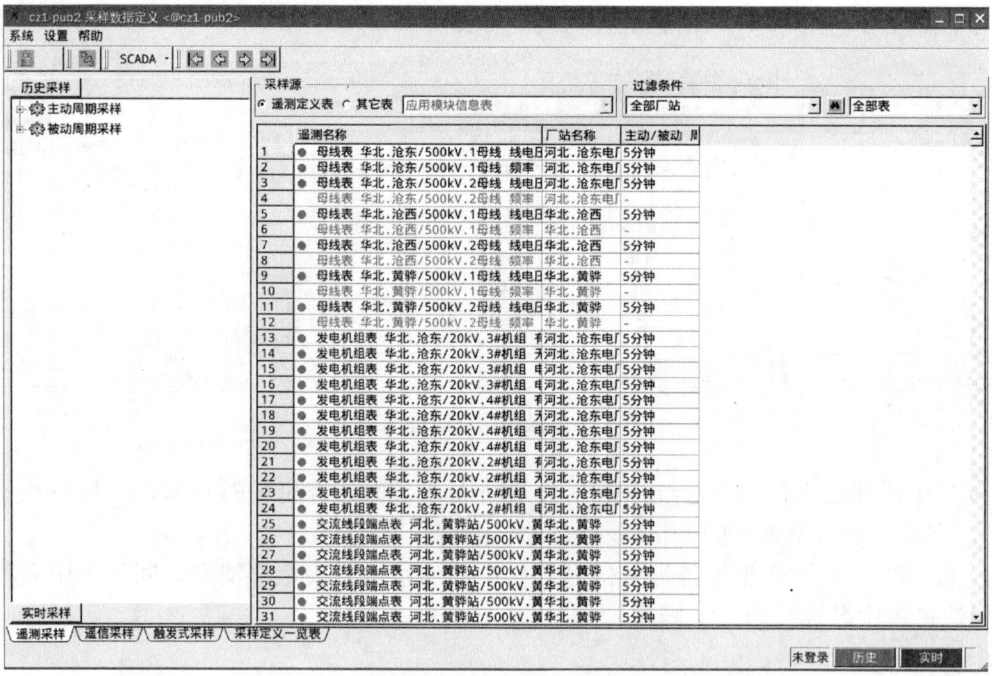

图 2-41 采样定义界面

(一) 定义主动周期采样

1. 一个厂站的遥测在进行采样时，一般将需要做报表的数值定义为 5 分钟采样，其他数值可以定义的周期长一点，以节省数据库空间。一般不要随意修改采样周期，因为修改周期之后，在查询时是从两张表中联合查询，比较费时。

2. 定义方法如下：

(1) 在过滤条件中选择新加的厂站（图 2-42），即列出这个厂站所有的遥测。

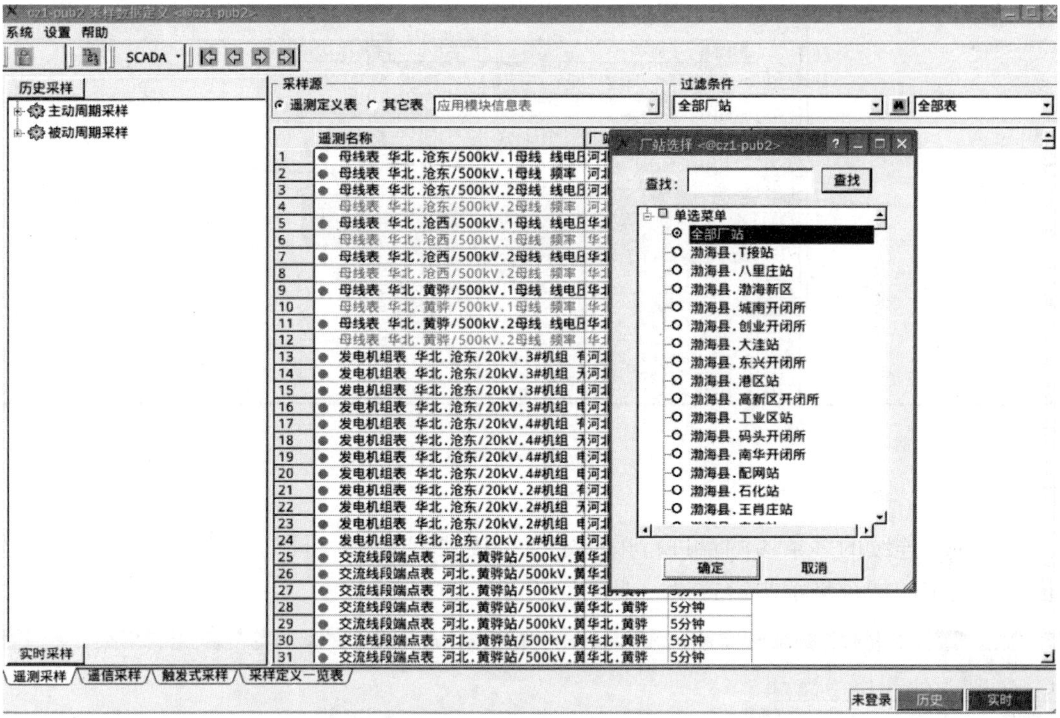

图 2-42　采样定义厂站选择

(2) 选择需要定义采样的量。

(3) 对单个遥测量进行采样定义，鼠标左键单击该条记录，被选中的记录显示阴影背景，如图 2-43 所示。

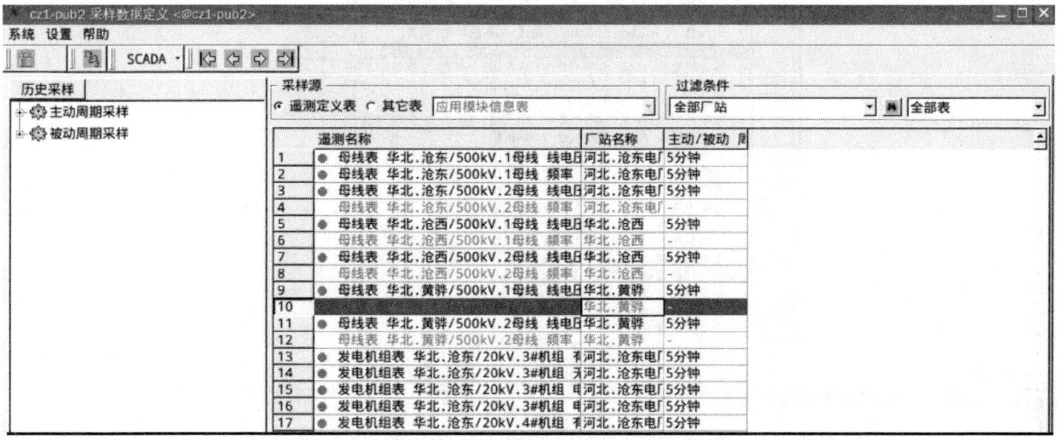

图 2-43　单个遥测量采样定义

(4) 对连续多条遥测量进行采样定义。鼠标左键单击第一条，按住左键拖动鼠标至所需选择的最后一条后松开（也可以按住 Shift 键选择），被选中的记录显示阴影背景，如图 2-44所示。

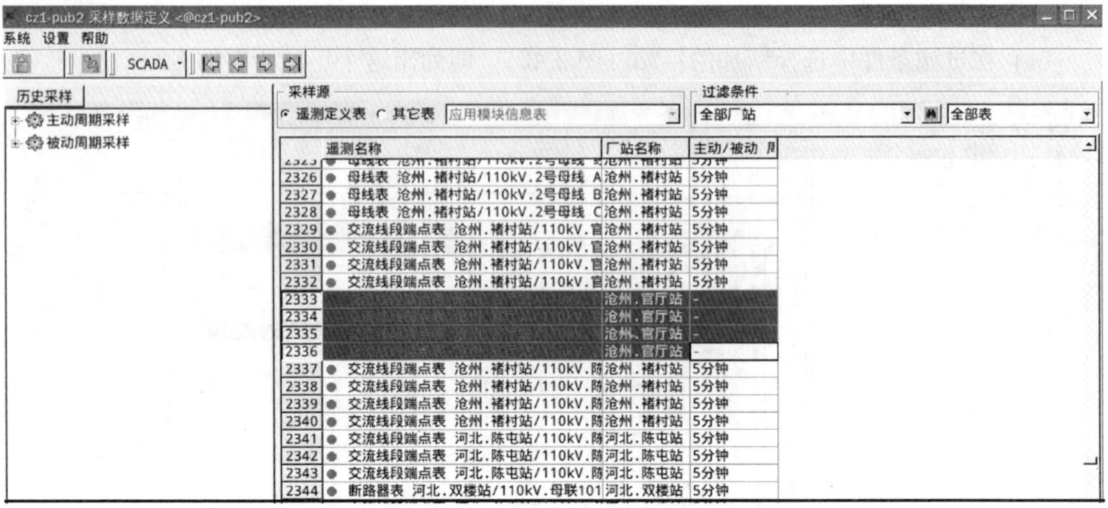

图 2-44 连续多条遥测量采样定义

（5）对不连续的多条遥测量进行采样定义。按住 Ctrl 键，同时鼠标左键单击所需选择的量，被选中的记录显示阴影背景，如图 2-45 所示。

图 2-45 不连续的多条遥测量采样定义

3. 对选中的量进行采样定义。

（1）鼠标右击所选中的量，弹出下拉菜单如图 2-46 所示。

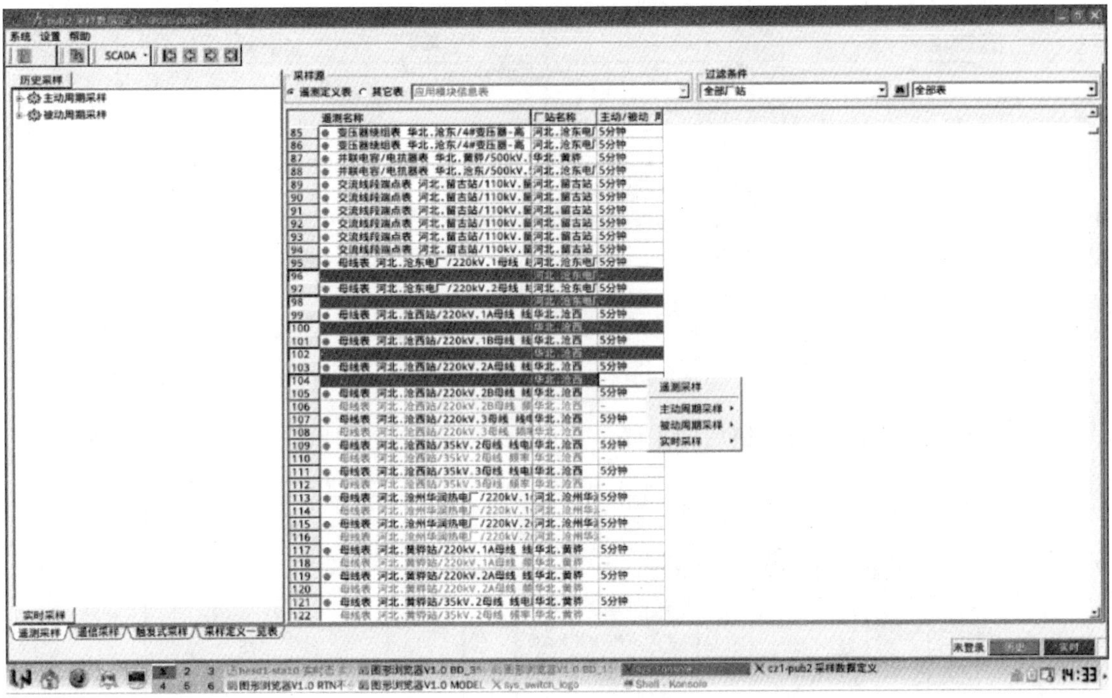

图 2-46 选中的量采样定义

（2）鼠标移动选择主动周期采样，弹出二级下拉菜单如图 2-47 所示。

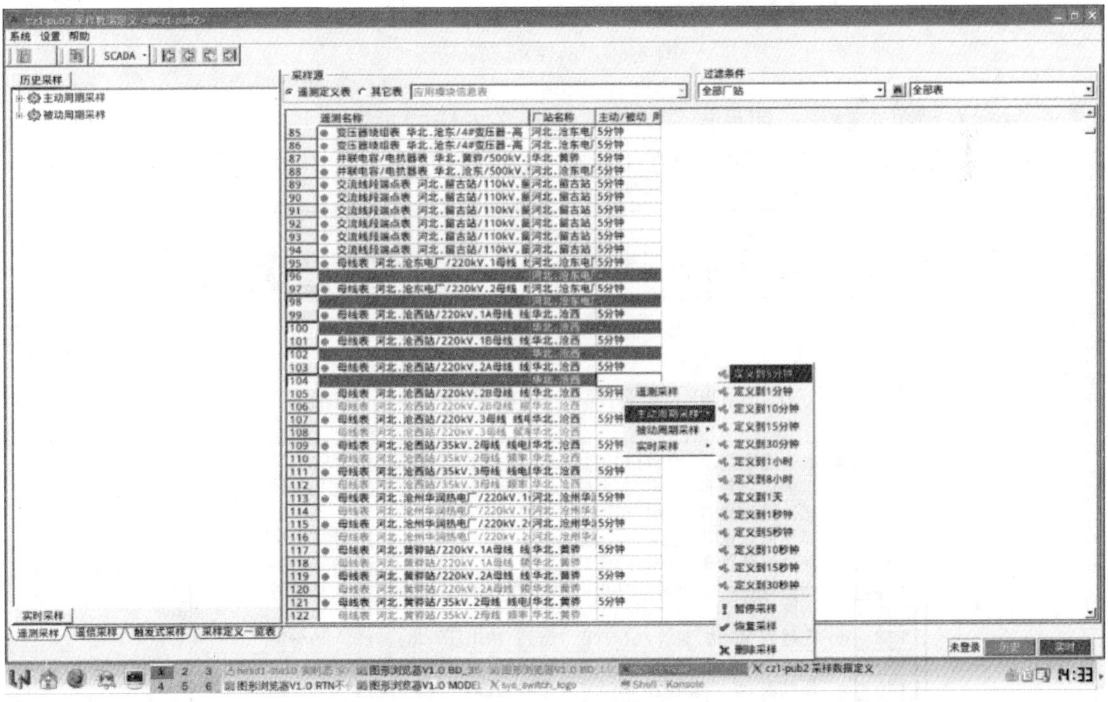

图 2-47 主动周期采样定义

（3）鼠标移动选择采样周期，左键单击选中后会弹出要求确认的窗口，如图 2-48 所示。

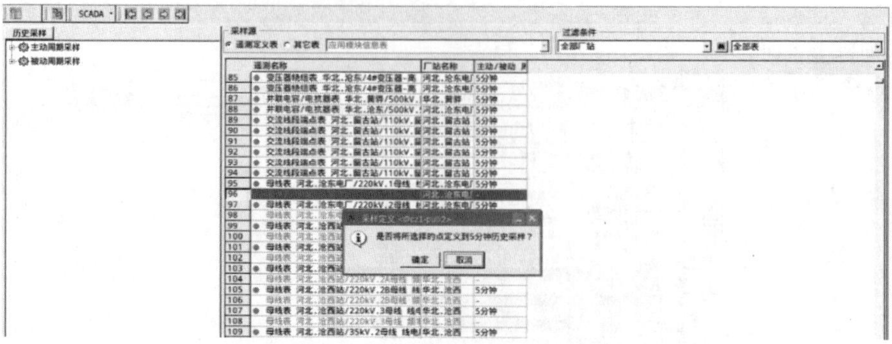

图 2-48　主动周期采样定义

（4）鼠标左键单击确定按钮后即采样定义成功，系统弹出提示窗口，如图 2-49 所示。

图 2-49　采样定义成功

4．鼠标左键单击确定按钮后操作结束。被定义采样的量左边均有红色实性圆点标注其采样量的存贮方式，圆点颜色的注释在工具窗口的右下方，如图 2-50 所示。

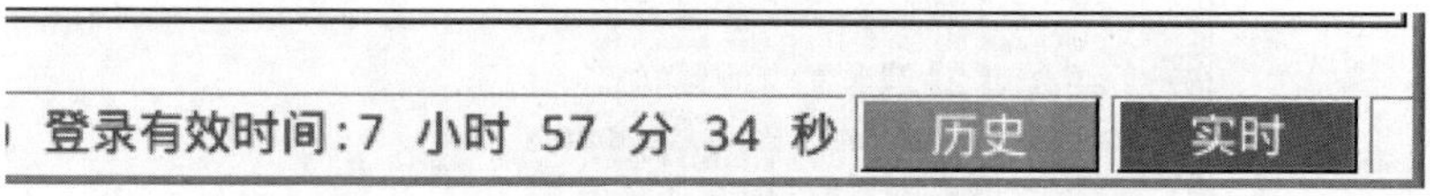

图 2-50　圆点颜色的注释

5．被定义采样的量右边的周期一栏则显示出其采样周期，如图 2-51 所示。

图 2-51　被定义采样的量显示

6. 如果生成系统阶段改变采样周期，例如原先 5 分钟采样，后来改为 10 分钟采样，最后把原来的采样删除。

7. 删除。利用鼠标右键单击所要删除的量，在弹出的下拉菜单中选择其定义的采样方式，在弹出的二级下拉菜单中选择删除采样，如图 2-52 所示。

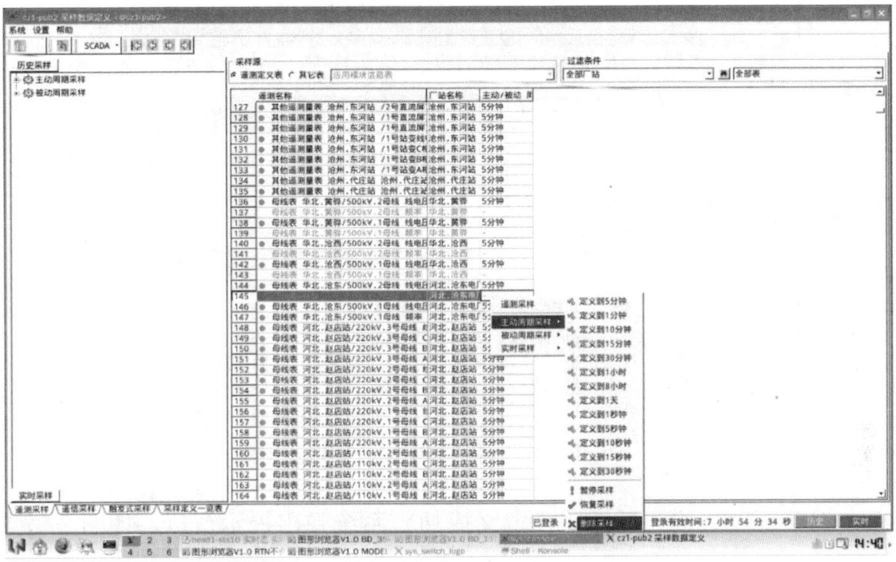

图 2-52　删除采样

鼠标左键单击按钮后操作结束。被删除采样定义的量左边的实性圆点标注和右边周期一栏显示的采样周期均被去除，其后则可以对该量重新定义新的采样周期。

（二）定义实时采样

1. 一般将一些经常需要关注的前一天的密集数据的点定义为实时采样。

2. 实时定义方法如下：定义采样时选择实时采样，弹出二级下拉菜单如图 2-53 所示。

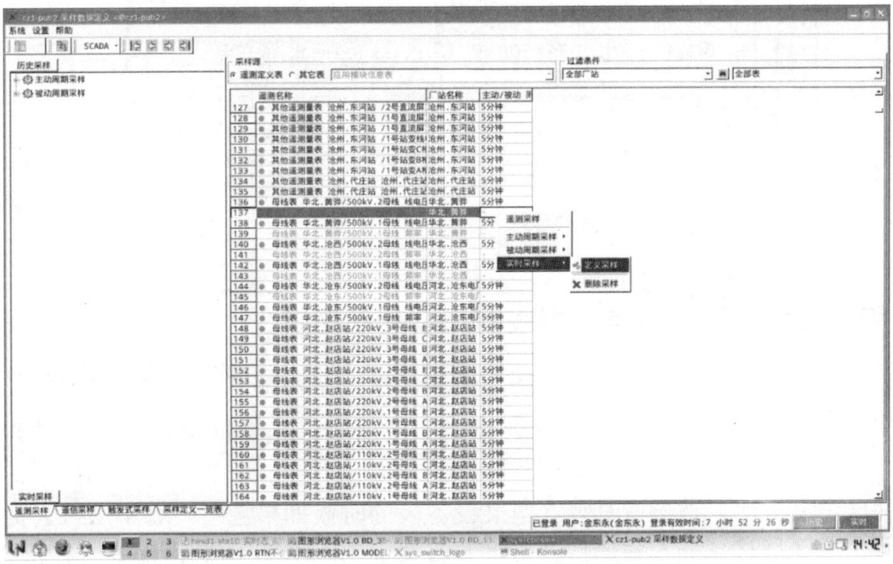

图 2-53　定义实时采样

3. 弹出要求确认的窗口，如图 2-54 所示。

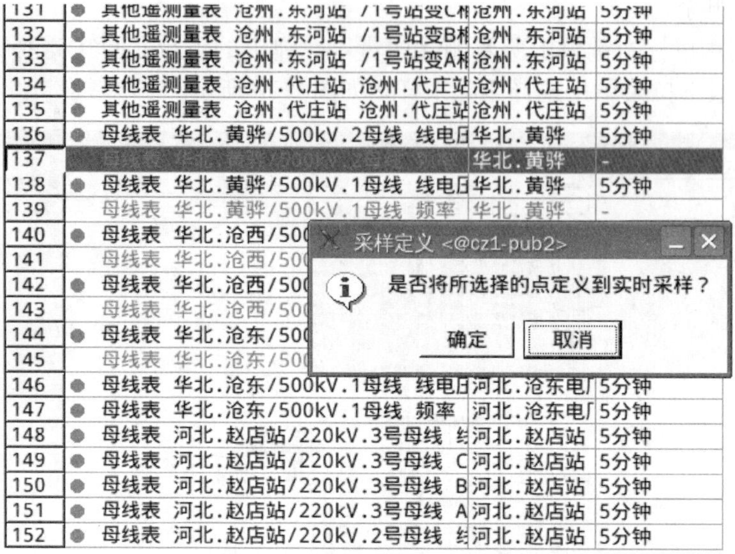

图 2-54　实时采样定义确认

4. 鼠标左键单击确定按钮后即采样定义成功，系统弹出提示窗口，如图 2-55 所示。

图 2-55　实时采样定义成功

七、相关公式、图形表格、报表制作及责任区定义

新建一个厂站，会有相应的公式、图形表格、报表需要制作。注意搜集那些公式、表格或者报表中涉及每个变电站的信息，在新站建立完毕后，注意将该添加该站记录的地方添加上。

在责任区定义方面，地调或县调在定义设备表的时候如果选上，就不用再去责任区定义工具中划分，但建议各县调在新增厂站或扩建设备时及时告知地调，检查责任区定义情况，避免将新增信号误报到地调或其他县。

模块二　SCADA 数据库中各种类型的表和域的含义介绍

SCADA 数据库中一般有系统类、设备类、参数类、计算类等四大类表。

一、系统类表

系统类表主要包括行政区域表和厂站信息表。

(一) 行政区域表

行政区域表定义基本的行政区域信息。该表的域包括：

1. 区域名称：区域的中文名称；
2. 区域编号：编号，主要用于检索的需要。

(二) 厂站信息表

厂站信息表定义厂站的基本信息。该表的域包括：

1. 厂站名称：厂站的中文名称；
2. 厂站编号：编号，主要用于检索的需要；
3. 厂站类型：单选，包括火电厂、水电厂、核电厂、变电站、控制中心等选项；
4. 电压等级：厂站的最高电压等级。

二、设备类表

设备类主要表包括断路器表、刀闸表、接地刀闸表、母线表、交流线段表、交流线段端点表、变压器表、变压器绕组表、发电机表、负荷表、容抗器表、终端设备表、保护节点表、测点信息表等。

(一) 断路器表：定义断路器设备的基本信息。该表的域包括：

1. 断面器名称：设备名称；
2. 断路器类型：普通开关、手车开关、母联/分段/旁路开关等；
3. 厂站 ID：设备所属的厂站；
4. 电压类型 ID：设备所属的电压等级；
5. 有功正常值：定义有功的正常范围；
6. 无功正常值：定义无功的正常范围；
7. 电流正常值：定义电流的正常范围。

(二) 刀闸表：定义刀闸设备的基本信息。该表的域包括：

1. 刀闸名称：设备名称；
2. 厂站 ID：设备所属的厂站；
3. 电压类型 ID：设备所属的电压等级。

(三) 接地刀闸表：定义接地刀闸设备的基本信息。该表的域包括：

1. 接地刀闸名称：设备名称；
2. 厂站 ID：单选，设备所属的厂站；
3. 电压类型 ID：设备所属的电压等级。

（四）母线表：定义母线设备的基本信息。该表的域包括：

1. 母线名称：设备名称；
2. 母线类型：单母、正母、副母、旁母等选项；
3. 厂站 ID：设备所属的厂站；
4. 电压类型 ID：设备所属的电压等级；
5. 电压上限：定义电压值的上限范围；
6. 电压下限：定义电压值的下限范围。

（五）线路表：定义线路设备的基本信息。该表的域包括：

1. 线路名称：设备名称；
2. 区域 ID：设备所属的行政区域；
3. 交流线段数：该线路包含的交流线段数，正常线为 1，T 接线为 3，Π接线为 5。

（六）交流线段表：定义线路设备的每条线段的基本信息。该表的域包括：

1. 线段名称：设备名称；
2. 一端厂站 ID：线段一侧所属的厂站；
3. 二端厂站 ID：线段另一侧所属的厂站；
4. 线路 ID：线段所属的线路；
5. 电压类型 ID：设备所属的电压等级。

（七）交流线段端点表：定义线段两侧端点的基本信息。该表的域包括：

1. 端点名称：设备名称；
2. 厂站 ID：端点所属的厂站；
3. 线段 ID：端点所属的线段；
4. 电压类型 ID：设备所属的电压等级；
5. 有功正常值：定义有功的正常范围；
6. 无功正常值：定义无功的正常范围；
7. 电流正常值：定义电流的正常范围。

（八）变压器表：定义变压器设备的基本信息。该表的域包括：

1. 变压器名称：设备名称；
2. 厂站 ID：设备所属的厂站；
3. 变压器类型：包括主变、启动变、厂用变等选项；
4. 绕组类型：包括三绕组、二绕组等选项。

（九）变压器绕组表：定义变压器的绕组基本信息。该表的域包括：

1. 绕组名称：设备名称；
2. 厂站 ID：设备所属的厂站；
3. 变压器绕组类型：包括高、中、低共三个选项；
4. 变压器绕组连接类型：包括空、Y 型不接地、Y 型接地、三角形等选项；
5. 变压器 ID：设备所属的变压器；
6. 电压类型 ID：设备所属的电压等级；
7. 额定功率：铭牌参数；

8. 额定电流：铭牌参数；
9. 额定电压：铭牌参数。

（十）发电机表：定义发电机设备的基本信息。该表的域包括：

1. 发电机名称：设备名称；
2. 厂站 ID：设备所属的厂站；
3. 电压类型 ID：设备所属的电压等级；
4. 额定功率：铭牌参数；
5. 额定出力：铭牌参数；
6. 额定电流：铭牌参数。

（十一）负荷表：定义负荷设备的基本信息。该表的域包括：

1. 负荷名称：设备名称；
2. 厂站 ID：设备所属的厂站；
3. 电压类型 ID：设备所属的电压等级；
4. 有功正常值：定义有功的正常范围；
5. 无功正常值：定义无功的正常范围；
6. 电流正常值：定义电流的正常范围。

（十二）容抗器表：定义电容器或电抗器设备的基本信息。该表的域包括：

1. 容抗器名称：设备名称；
2. 厂站 ID：设备所属的厂站；
3. 电压类型 ID：设备所属的电压等级；
4. 容抗器类型：包括电容器、电抗器等选项；
5. 额定容量：铭牌参数；
6. 额定电压：铭牌参数；
7. 额定电流：铭牌参数。

（十三）终端设备表：定义 PT、CT 等终端设备的基本信息。该表的域包括：

1. 终端设备名称：设备名称；
2. 厂站 ID：设备所属的厂站；
3. 电压类型 ID：设备所属的电压等级；
4. 终端设备类型：包括 PT、CT、避雷器等选项。

（十四）保护节点表：定义硬节点保护信息。该表的域包括：

1. 保护名称：信号名称；
2. 厂站 ID：设备所属的厂站；
3. 保护类型：包括事故总、预告信号、动作信号、故障信号等选项；
4. 相关设备：定义该信号关联的一次设备。

（十五）测点信息表：定义不属于设备的测点信息。该表的域包括：

1. 测点名称：量测名称；
2. 厂站 ID：量测所属的厂站；
3. 类型：包括频率、温度、时钟、水位等选项。

三、参数类表

参数类表主要包括遥测定义表、遥信定义表和遥控关系表。

（一）遥测定义表：定义所有遥测的基本信息。该表的域包括：

遥测 ID：该遥测在数据库中的位置；

厂站 ID：单选，所属的厂站；

合理值上限：遥测的合理上限范围；

合理值下限：遥测的合理下限范围；

遥测值：遥测的实时值；

遥测状态：遥测的实时状态；

最近变化时间：遥测最新的变化时间；

最近更新时间：遥测最新的刷新时间；

告警方式 ID：遥测的告警类别。

（二）遥信定义表：定义所有遥信的基本信息。该表的域包括：

遥信 ID：该遥信在数据库中的位置；

厂站 ID：单选，所属的厂站；

遥信值：遥信的实时值；

遥信状态：遥信的实时状态；

最近变化时间：遥信最新的变化时间；

最近更新时间：遥信最新的刷新时间；

告警方式 ID：遥信的告警类别。

（三）遥控关系表：定义所有遥控的基本信息。该表的域包括：

遥信 ID：该遥控点在数据库中的位置；

厂站 ID：所属的厂站；

遥控序号：下行点号；

遥控类型：包括普通遥控、直接遥控等选项；

操作类型：包括单人遥控、监护遥控等选项；

超时时间：遥控返校的最大时间。

四、计算类表

计算类表主要包括计算值表、公式定义表和电度表。

（一）计算值表：定义计算量的基本信息。该表的域包括：

计算值名称：计算量的名称；

计算值序号：编号，主要用于检索的需要；

厂站 ID：计算量所属的厂站。

（二）公式定义表：定义计算公式的基本信息。该表的域包括：

公式名称：公式名称；

公式序号：编号，主要用于检索的需要；

计算优先级：公式计算的优先顺序；
生效时间：公式生效的时间；
计算周期：公式计算的周期；
公式串：公式的表达式；
操作数 1 至操作数 50：参与计算的分量在数据库中的位置，最多 50 个分量。
(三) 电度表：定义脉冲电度和积分电度计算的基本信息。该表的域包括：
遥脉 ID：脉冲量或参与积分量在数据库中的位置；
电度名称：电度量的名称；
厂站 ID：电度量所属的厂站；
类型：包括硬电度、软电度两个选项；
统计类型：包括代数和、绝对值等选项；
统计周期：电度计算的统计周期；
系数：用于电度计算后的单位转换。

模块三　绘图工具的使用介绍

绘图工具是用来编辑系统图形的工具，利用系统提供的基本图元和图元编辑工具绘制的图元勾画系统界面。利用绘图工具绘制电气接线图的同时可以完成与数据库的联接，实现图模库一体化。

一、绘图工具总览

绘图工具主界面如图 2-56 所示。

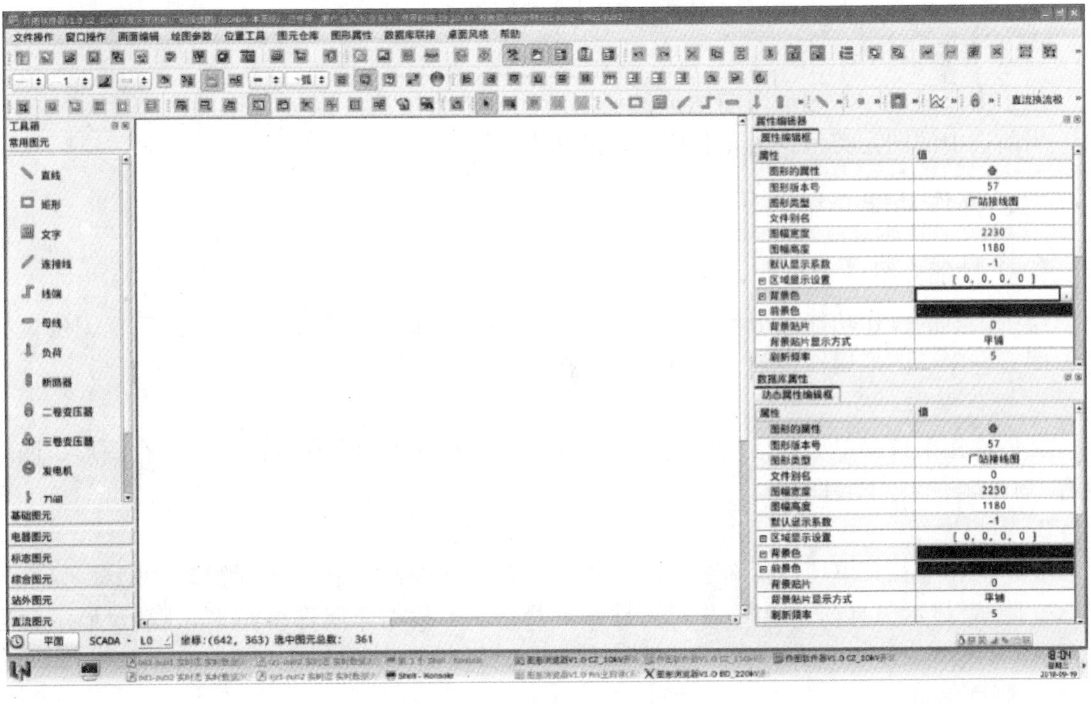

图 2-56　绘图工具主界面

（一）标题栏

位于窗口界面的顶部，显示内容依次为：机器节点名、图形名、图形类型、当前应用、登录信息。

（二）菜单/工具栏

位于标题栏下方，提供绘制图形的各种工具，可通过菜单选项或工具栏中的按钮实现各种功能操作。

（三）绘图区

位于窗口的中间位置，可以在此进行图形的绘制。

（四）工具箱

位于绘图区的左侧，列出基本图元、图元绘制工具绘制的图元、复杂图元等，供绘制图形使用。

（五）属性编辑框

位于绘图区的右侧，用于编辑修改当前图形或选中图元的各种属性。

（六）数据属性编辑框

位于绘图区的右侧，用于编辑修改当前选中图元的数据库属性。

（七）导航区

显示整个画布按比例缩小后的导航图。单击鼠标拖拽，可使作图画布显示相应的位置，进行导航定位。

（八）告警提示框

位于绘图区的下方，提示绘图过程中的告警信息。

（九）信息提示栏

位于窗口的底端，显示当前图形的所属应用、放大层次、鼠标在作图画布上的坐标位置、当前选中的图元类型、图元名称、联库状态。

二、操作功能介绍

（一）功能介绍

绘图工具的操作功能共分为文件操作、窗口操作、画面编辑、绘图参数设置、位置操作、图元仓库、图形属性设置、数据库联接操作 8 类。

1. 文件操作

文件操作下拉菜单项包括用户登录、新建图形、打开图形、保存图形、另存图形、网络保存、打印图形、下装图元。

2. 窗口操作

窗口操作下拉菜单项包括新建编辑图形、新建显示窗口、新建图元窗口、隐藏/显示导航区、隐藏/显示工具箱、隐藏/显示属性编辑器、显示数据库属性编辑框、隐藏/显示管理工具。

3. 画面编辑

画面编辑操作主要包括：撤销/重复上一步的操作；删除/复制/剪切/保存/当前选中的

图元；保存图元在剪贴板；将剪贴板上的图元粘贴到画布上；提升/退后图元；为折线、多边形、徒手线、徒手多边形增加/删除拐点；设置水平间距，该间距用于徒手线和徒手多边形绘制时的点距设置；删除连接，移动图元时将不再保持原来的连接关系；组合，将所有选中的图元组成一个整体图元；取消组合，则将其分解为各自独立的图元；层面提升/下降，图元的所属层面提升/降一层。

4. 绘图参数设置

绘图参数设置操作包括：改变线色；改变填充色；改变默认贴片；锁定/解除锁定线性图元，线性图元可自动锁定到八个角度，分别为 0°、45°、90°、135°、180°、225°、270°、315°；显示/隐藏作图画布的网格；显示 Tip，当鼠标停留在设备上时，可以显示相关的数据库提示信息；自动生成关联设置，进行图元之间的自动关联配置；系统环境设置，对于作图环境中图元的默认属性以及作图的环境进行配置。

5. 位置操作

位置操作包括：对齐，对选中的多个图元左/右/上/下对齐；居中对齐，将选中的多个图元以水平/垂直居中线为准对齐；等距，所选图元以设置的间距在水平/垂直方向上均匀排列；镜像，选中的图元会以垂直/水平中心线做镜像操作；旋转，当鼠标停留在该图元相应的位置上时，可以对图元进行拉动旋转；移动，当前选中的图元会向上/下/左/右移动一个图格的位置，完成微调的操作。

6. 图元仓库

图元仓库的操作包括：区域图元编辑选择，用于在画布上拉出一个区域，选择区域中的图元；选择有功/无功/电流，以选中当前图形中所有表示有功/无功/电流的图元；基本图元/电气图元/标志图元/综合图元/站外图元/直流图元，列出工具箱中的图元，是作图元素的仓库。其中，综合图元包括曲线、饼图、棒图、仪表、列表、标尺和时钟等。

7. 图形属性

图形属性的操作包括：自动裁剪，设置页边距的宽、高，确认后画布大小会根据设置进行自动裁剪；改变平面，新增或者删减平面，可以对图形进行平面的管理操作。

8. 数据库联接

数据库联接的操作包括：取消数据库联接，将清除当前选中图元的数据库联接属性；冗余信息重联，会重新读取数据库中关于当前图形的所有信息；节点入库，建立电力网络的电气联接关系，这个是高级应用软件的基础；正常显示，图形显示的缺省状态；显示数据库联接，未进行数据库联接的图元将以问号显示；显示焊点，元件之间的联接点将以绿色圆点显示；显示线 90°对齐，没有水平或垂直显示的线性图元两端将会打上黄色圆点显示；显示边界，显示所有的联接端点，可以选择不需要节点入库的端点进行单击设置；显示关联，对有关联关系的图元用特定颜色标识；图形校验，对当前图形上的设备进行校验，查看是否有非本站的设备。

（二）案例

编辑一幅厂站接线图流程

准备工作包括图元的准备、图元属性的设置和自动关联的设置。

1. 图元的准备

通过图元编辑工具将绘图工具中需要用到的图元绘制准备好，并通过下装图元装载到绘图工具的图元仓库中。

2. 图元属性的设置

通过“绘图参数”菜单中的“系统环境设置”，将绘图过程中的图元的默认属性配置好，比如连接线的线宽、文字的颜色等。

3. 自动关联的设置

通过“绘图参数”菜单中的“自动生成关联设置”，对于图元的自动关联进行配置，比如，配置母线自动关联名称，线端自动关联 PQI 等。

(三) 图形属性的设置

新建图形后，首先在属性编辑框中对于图形的属性进行配置，比如图形的类型、宽高、默认显示系数、所属厂站等。

(四) 单个图元的绘制

在工具箱中选择图元，然后放置到画布上，如果数据库中已有该图元的相关属性，可以通过检索器直接拖拽相关的记录连接到该图元上，完成入库工作。如果数据库中还没有该图元的相关属性，可以在动态属性框中直接进行编辑保存。

(五) 组合式间隔的绘制

将间隔内的设备一一画好并连库后，通过区域选择将它们都选中，然后组合，再双击，在弹出的对话框中进行间隔的命名规则设置，最后对该间隔进行连库操作。这样一个间隔就画好了，之后类似的间隔都可以直接拷贝使用，入库时也只要连间隔信息就可以了，内部设备会自动根据命名规则来连库。

(六) 其他

画图过程中，要留意告警提示框中的告警信息，及时进行处理。图形画完后，要进行网络保存和节点入库操作。

模块四　图元编辑工具的使用介绍

图元编辑工具用来编辑制作系统的图元。制作完成后的图元装入图形编辑工具中的图元仓库，供绘制图形时使用。下面以某产品软件的图元编辑工具为例，说明图元编辑工具的使用方法。

一、图元编辑工具介绍

(一) 窗口界面布局

1. 标题栏位于窗口界面的顶部，显示内容依次为：机器节点名、图元名、图元类型、登录信息。

2. 菜单/工具栏位于标题栏下方，提供绘制图元的各种工具，可通过菜单选项或工具栏中的按钮实现各种功能操作。

3. 菜单栏中从左至右依次为文件操作、窗口操作、画面编辑、绘图参数、位置工具、图元仓库、图形属性，几乎包含了工具栏图标的所有功能。工具栏为一系列的图标按钮，与菜单栏中的功能相同，可以直接单击。

4. 平面/状态栏位于工具栏下方，显示当前编辑的图元平面和状态信息。可以通过平面

/状态按钮选择编辑图元的不同平面和状态。

5. 绘图区位于窗口的中间位置，由许多分布均匀的小网格组成，每个网格为一个着色象素可以在此进行图元的绘制。

6. 图元工具箱位于绘图区的左侧，列出基本图元，用以编辑新的图元。

7. 属性编辑框位于绘图区的右侧，用于编辑修改当前图元及内部绘图元素的各种属性。

8. 导航区位于工具箱的下方，显示整个画布按比例缩小后的导航图。

9. 信息提示栏位于窗口的底端，显示当前鼠标在作图画布上的坐标位置。

(二) 操作功能介绍

图元工具的操作功能共分为文件操作、窗口操作、画面编辑、绘图参数设置、位置操作、图元仓库、图形属性设置等七类，与绘图工具中的操作含义及操作方法完全相同。

二、制作图元的几点说明

在制作图元之前，首先应达成以下共识。

（一）图元的端子是与其他图元建立联接关系的接口，一个端子只能有一条联接线，即一个联接关系。一个图元可以有多个端子。

（二）图元的平面主要在绘制图元时用到，切换到不同平面时，其他平面的绘图元素灰显。在画面显示上，所有平面作为整体图元，一起显示。

（三）图元的状态是指图元所表示的设备的状态。某时刻设备只能处于一种状态，所以某时刻图元也只能显示一种状态。如开关有开/合两种状态，在同一时刻，只能是开或者合。

（四）常见图元的状态数、平面数、最大端子数，见表 2-1。

表 2-1　图元的状态数、平面数、最大端子数表

图元类型	状态数	平面数	最大端子数
开关	两态（开/合）	1	2
刀闸	两态（开/合）	1	2
两卷变压器	一态	5	4
三卷变压器	一态	7	6
发电机	一态	1	1
容抗	一态	1	3
电压互感器	一态	1	2
标志牌	一态	1	0
潮流符号	两态（正方向/负方向）	1	2
工况	多态	1	0
其他	多态	1	0
直流换流极	一态	3	3
直流开断设备	两态	1	2
直流终端设备	一态	1	1
直流接地设备	一态	1	1

图元分普通图元和特殊图元两种。普通图元只能稳定显示一种状态，直至状态改变，其端子只能建立一条联接关系。特殊图元，例如工况图元，工况代表设备的工作状况，其状态有工作和停止两种。设备正常工作情况下，工况图元的各状态轮流动态显示；设备停止工作情况下，工况图元静止显示状态。

模块五　数据库录入工具的使用介绍

本模块介绍的数据库录入工具是某软件产品的数据库服务 dbi，数据库系统采用的是商用数据库和实时数据库相结合的方式，既具有商用数据库的通用性、稳定性，也符合电网监控的实时性。

采用商用数据库，使得电网监控系统与其他系统互连更为方便，形成了一个完整的、开放的、数据共享的信息系统。基于 UNIX 共享内存技术和 TCP/IP 网络协议开发出分布式实时数据库系统弥补了商用数据库操作速度慢、不能满足 EMS 的实时性和响应速度等缺陷，实现了实时数据锁定内存，提高了访问速度，从而保证了系统的实时响应性。

dbi 主界面如图 2-57 所示。

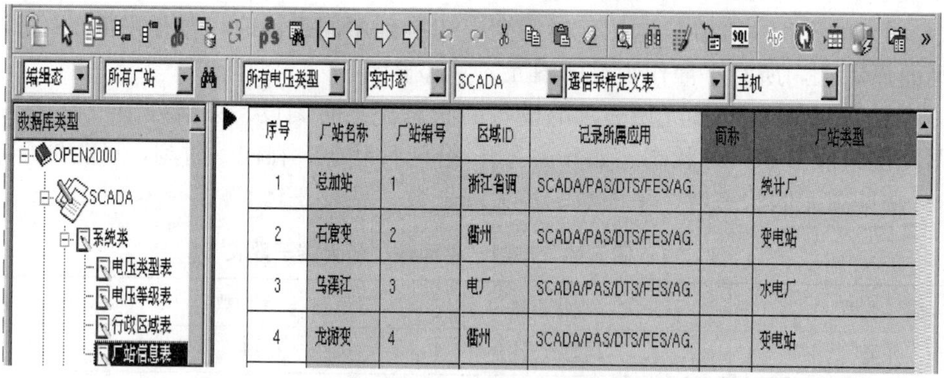

图 2-57　数据库主界面

画面中的数据表是由若干记录组成的，每条记录是由若干域组成的。dbi 的功能主要包括查看数据记录、更改数据记录、删除数据记录、插入数据记录、添加一个厂站的记录等。

一、查看数据记录

例：查看遥信采样定义表。

方法一：通过界面左侧树状列表直接定位到遥信采样定义表，将其打开。这时显示的是所有厂站遥信采样定义表。双击显示区中域名“厂站名称”，在弹出的菜单中选择某厂站，这时显示区只显示该厂站的遥信采样定义表。

方法二：首先在界面显示区上方应用下拉菜单中选择 SCADA 应用，然后在表名下拉菜单中选择“遥信采样定义表”。

二、更改数据记录

在 dbi 中可以对多个数据域进行修改，修改完后一起提交即可。修改方法可以有如下四种：

（一）直接在打开的数据表的表格中修改，对于一般的可以修改的表格，会弹出编辑框来供修改，对于该域是引用域或者菜单域的，会弹出相应的单选或者多选菜单供选择；

（二）双击行号，会弹出对话框将一行记录的所有信息显示在对话框中；

（三）使用检索器拖入记录到所要修改的那一个数据表格中；

（四）使用域值设定来实现，选择菜单栏中“域值操作/域值设定”菜单项，或在工具栏中按下按钮；或者使用快捷键 Ctrl＋F，使其为凹入状态，进入域值设定状态。然后，左键单击表显示区中表的域名，弹出域值设定对话框如图 2-58 所示。

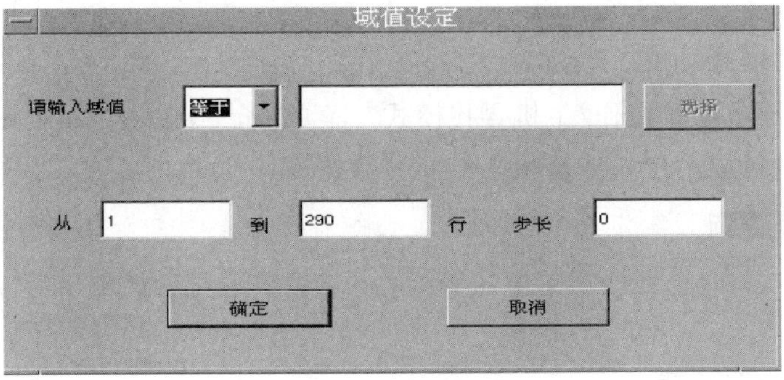

图 2-58　域值设定

在里面可以批量的修改同一列的数据记录，选择从第几行到第几行要修改，再选择要等于、清空还是增减数值，最后选择菜单栏中“数据库操作/保存数据”菜单项，或单击“保存数据”按钮，将 dbi 上编辑后的数据保存到商用数据库中。

三、删除数据记录

在工具栏中单击按钮，将当前记录删除。注意此时下一条记录自动提前成为选中记录，序号不变，前面有符号▶提示，在工具栏中单击按钮，撤销上次删除记录操作。

对于数据域来说可以单击“清空域”按钮，使其处于工作状态，然后单击要清除的域，域中的内容即被清空。注意清空域完成后，要将按钮还原，以免删除其他有用的数据。

四、插入数据记录

可以通过以下两种方式插入记录：

（一）单击按钮，则在当前记录后插入一条没有数据的新记录；单击按钮，则在当前记录前插入一条没有数据的新记录；

（二）选择菜单栏中“记录操作/复制选中记录”菜单项，或在工具栏中单击按钮，即将当前记录复制到粘贴板。然后单击按钮，将粘贴板中的记录复制到当前记录后。插入完并修改好记录后请单击保存按钮。

五、其他操作

（一）编辑态/刷新态

进入 dbi 后，缺省状态为“编辑态”，用户在编辑态下进行数据的输入和修改、删除等编辑操作，可以通过切换“编辑态/刷新态”按钮进入到刷新态，dbi 显示的数据将按照设定的刷新周期不断刷新数据，供用户浏览。

（二）态切换

在下拉框中选择所需的态，dbi 将切换到所选态。

（三）厂站快速查询

单击“所有厂站”右侧的箭头，在下拉框中选择所需的厂站，dbi 将只显示该厂站的记录。

（四）主机寻找模式

选择菜单栏中“数据库操作/主机寻找模式”菜单项，或单击工具栏中“主机寻找模式”按钮，dbi 可以选择显示主机或备机上的实时数据库。

（五）电压快速查询

在下拉框中所有电压类型选择所需的电压等级，dbi 将显示符合该电压等级的记录。

（六）sql 查询

选择菜单栏中“数据库操作/sql 查询”菜单项，或单击工具栏中“sql 查询”按钮SQL，在弹出选择和条件查询对话框输入 sql 语句查询需要的记录。

（七）调用本机显示格式

选择菜单栏中“数据库操作/调用本机显示格式”菜单项，或单击工具栏中“调用本机显示格式”按钮，显示区中的表将按本机设置格式显示，并在信息显示区中显示提示信息。如果不选择显示格式，则按主机设置格式显示。这里所说的设置格式一般指使用“改变域特性”功能设置的显示格式。

六、添加一个厂站记录

第一步：通过界面左侧树状列表直接定位到厂站信息表，在表显示区显示现有的厂站信息；

第二步：用工具栏中的“记录前插入”或者“记录后插入”工具新增一条记录。如果需要在两个厂站之间新增一个新的电厂比如就取名为“新增电厂”，只要选中前面的厂站然后按下工具栏中的“记录后插入”，或者选中后面的厂站然后按下“记录前插入”，就会在这两个记录之间出现一条新的空记录。

第三步：分别填写新增记录的各个域，双击某个域，鼠标停留在这个域上，这个域就变为可编辑状态。这些域必须符合数据库的约束条件，如果需要输入中文，则可以用 Ctrl+Space 切换为中文输入法。

模块六　曲线编辑工具的使用介绍

曲线编辑工具是提供用户自定义常用数据监视的一个便利工具，方便用户预先定义好曲线需要的显示格式、曲线的数据轴类型、曲线的线型、曲线默认显示的时间段、曲线在整个页面上的布局等，使用户能够快速准确地得到常用数据的变化信息。

一、曲线编辑

曲线编辑是图形编辑的一部分。曲线编辑界面如图 2-59 所示，它主要的功能包括坐标设置和曲线设置。坐标设置，坐标分横坐标和纵坐标。

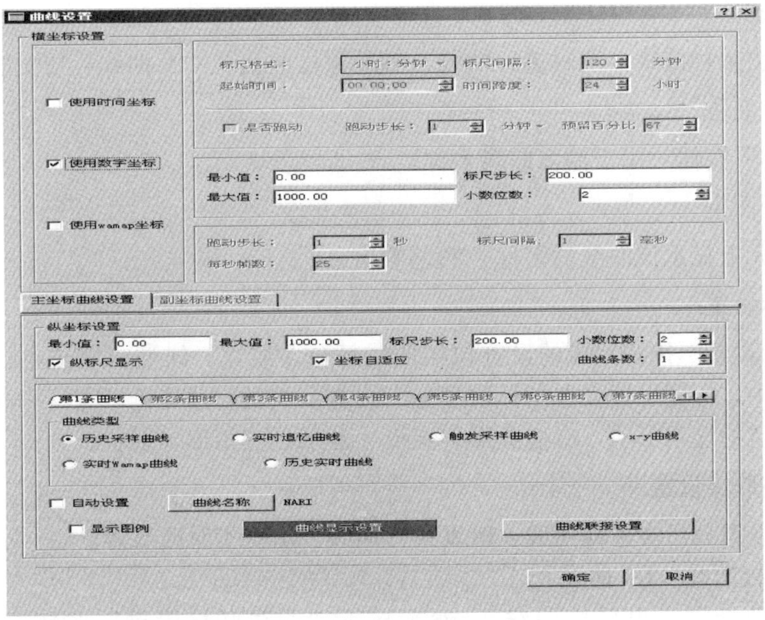

图 2-59 曲线编辑

（一）横坐标设置

横坐标可设置为时间坐标、数字坐标、WAMAP 坐标。

1. 时间坐标曲线

如选择使用时间坐标，则设置标尺格式（小时：分钟，分钟：秒，小时，分钟，秒五种类型），标尺间隔、起始时间与时间跨度，并选择是否“跑动”。所谓“跑动”就是时间横坐标按照跑动步长滚动。如果按下“跑动”按钮，必须设定跑动步长，单位可以选择秒、分钟、小时。不选择“跑动”，时间横坐标固定不动。“预留百分比”预设曲线预留空间百分比。

2. 数字坐标曲线

如果选择使用数字坐标，则输入最小值、最大值、小数位数、标尺步长。

3. WAMAP 坐标曲线

针对 WAMAP 应用增加了毫秒级曲线显示功能，可设定跑动步长、标尺间隔、每秒帧数。

（二）纵坐标设置

纵坐标分为主坐标与副坐标，一般左侧为主坐标，右侧为副坐标。主坐标与副坐标的设置相同，现以主坐标为例说明。

纵坐标设置最小值、最大值、标尺步长、小数位数、曲线条数，并选择标尺是否显示、坐标是否自适应。所谓“坐标自适应”，指最大值、最小值依据曲线数据自动选取。

二、曲线设置

曲线设置是依据纵坐标设置中指定的曲线条数，依次设定其属性。属性包括曲线类型、曲线名称、显示图例、显示设置、曲线联接设置。

（一）曲线类型

分为：历史采样曲线、实时追忆曲线、触发采样曲线、X-Y 曲线、历史实时曲线。

（二）曲线名称

“曲线名称”按钮，用于输入曲线名称。

（三）显示图例

在曲线图元上显示该曲线的名称、颜色等信息。

（四）显示设置

“曲线显示设置”按钮完成的设置包括曲线颜色、线宽、线型、填充色、显示类型、标记设置等。其中，标记设置又包括标记颜色、线宽、线型、填充色、宽度和高度。标记类型设置每个样本点的显示形状，有椭圆形、矩形、菱形、三角形等形状。

（五）曲线联接设置

曲线联接设置分历史采样曲线、触发采样曲线、历史实时曲线等。

1. 历史采样曲线（t-y 曲线）

曲线类型选择“历史采样曲线”，然后按下“曲线联接设置”按钮，弹出对话框如图 2-60所示。

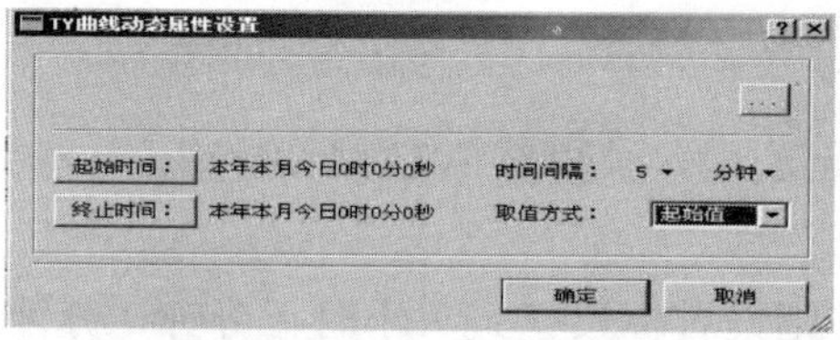

图 2-60　历史采样曲线设置

联接数据库：单击“…”按钮，弹出检索器。在检索器中检索到需要的域，用鼠标左键拖拽到在上图中按钮左边的空白区域。如果联接成功，则这个区域就会显示所联动态数据。

选择时间：选择起始时间、终止时间、时间间隔以及单位。

取值方式：起始值、中间值、终止值、最大值、最小值、平均值。

2. 触发采样曲线

曲线类型选择“触发采样曲线”，然后按下“曲线联接设置”按钮，弹出对话框如图 2-61所示。设置方式同历史采样曲线（t-y 曲线）。

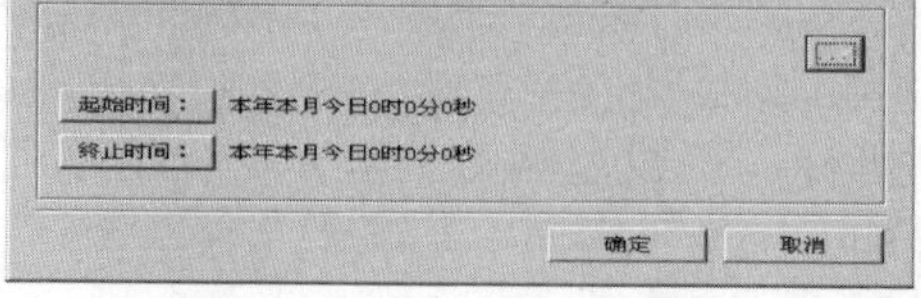

图 2-61　触发采样曲线设置

3. 历史实时曲线

曲线类型选择“历史实时曲线”，然后按下“曲线联接设置”按钮，弹出对话框如图 2-62所示。设置方式同历史采样曲线（t-y 曲线）。

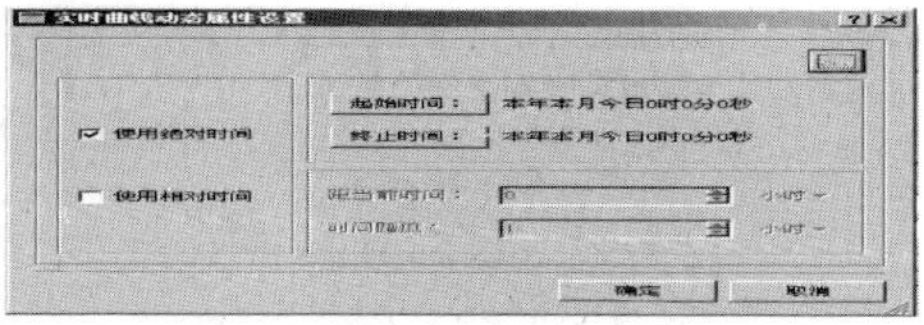

图 2-62 历史实时曲线设置

(六) 其他

画图过程中，要留意告警提示框中的告警信息，及时进行处理。图形画完后，要进行网络保存和节点入库操作。

第三章 FES应用

模块一 数据库 FES 设备类、定义类相关操作

本模块介绍数据库中 FES 设备类、定义类相关表的维护方法。通过举例说明，熟悉数据库录入工具 dbi 的使用及功能，掌握 FES 设备类、定义类相关表的维护方法。

一、FES 设备类相关表的维护

（一）通信厂站表

从总控台打开数据库，打开 D5000/FES/设备类/通信厂站表，设置该变电站的通信参数：最大遥信、遥测个数、是否遥控、对时周期、总召唤周期、遥测不变化时间、人工置态。

最大遥信、遥测数应大于远动信息点表的最大点号。特别是在保护信号导入操作之前，核实该表中最大遥信数是否大于保护信号的最大点号，否则超过范围的信号将导入失败。

是否允许遥控，是：前置下发遥控报文；否：不前置下发遥控报文。

对时周期：前置按此周期定时发送对时报文。

总召唤周期：如果通道的规约有总召唤报文，前置按此周期定时发送总召唤报文。

遥测不变化时间：前置服务器判断遥测数据不变化的时间。

人工置态，未封锁：厂站的投入退出故障状态由程序自动判断；封锁投入：厂站状态人工封锁在投入状态，不变化；封锁退出：厂站状态人工封锁在退出。

（二）通道表

打开 D5000/FES/设备类/通道表，设置该变电站通道的类型，网络描述，端口号，遥测类型，主站地址，RTU 地址，校验方式，波特率，规约类型、故障阀值、通道分配模式、人工置态、通道值班人工置态、封锁连接状态、所属系统等。

通道类型。串口：从终端服务器送上的专线通道；网络：从前置交换机连接的通道；虚拟：没有实际物理连接的通道；天文钟：从前置机串口连接的天文钟；天文钟网络：从前置交换机连接的网络方式的天文钟。

网络类型。TCP 客户：网络的 TCP _ CLIENT 端；TCP 服务器：网络的 TCP _ SERVER 端；UDP：网络是 UDP 类型；TASE2 客户：TASE2 通道的 CLIENT 端；TASE2 服务器：TASE2 通道的服务端。

网络描述。通道类型为串口时，填对应的终端服务器在前置网络设备表里的前置络设备名的内容；通道类型为网络时：填写在所连远动设备 IP 地址。

端口号。通道类型为串口时，填写所连终端服务器的端口位置 1-16；通道类型为网络

时：填网络端口号。

遥测类型。实际值：前置不计算直接把遥测值送到SCADA；计算量：前置遥测值=源码×系数/满码值。

主站地址。规约里的源地址。

RTU地址。规约里的目的地址。

工作方式。主站：由下行报文；监听：没有下行报文，只接收报文。

故障阈值：变化遥测数/总遥测数的百分比小于故障阈值，通道判成故障。

人工置态。未封锁：通道的投入退出故障状态由程序自动判断；封锁投入：通道状态人工封锁在投入状态，不变化；封锁退出：通道状态人工封锁在退出状态，不变化。

通道值班人工置态。未封锁：通道的值班退出态有程序自动判断；封锁值班：通道状态人工封锁在值班状态，不变化；封锁备用：通道状态人工封锁在备用状态，不变化。

封锁连接状态。未封锁：连接通道的连接前置机状态由程序自动判断；封锁A机：通道人工封锁连接在A前置机，不变化；封锁B机：通道人工封锁连接在B前置机，不变化；封锁C机：通道人工封锁连接在C前置机，不变化；封锁D机：通道人工封锁连接在D前置机，不变化。

以网络接入方式为例，通道类型：网络；网络类型：TCP客户；网络描述：填写该厂站IP地址；端口号：一般为2404，若站端有需要区分，则与站端一致；RTU地址：与站端一致；规约：IEC104；通道分配模式：110kV站及以上选择AB机，35kV及以下选择CD机；故障阈值：0。

注：1. 通道表中通道编号为自动生成，不可进行修改。

2. 故障阈值域一般填0，不判死区，即RTU送过来的遥测直接从FES送往SCADA。若填写一个数值（如50），则本次数值和上一次值之间的差值<50，就认为该值在故障范围内，FES不将本次数值送给SCADA。

（三）前置配置表

前置配置表是系统前置机的配置情况的参数，记录个数为前置机的个数，此表配置后，不能随意修改。包括：节点ID、前置机名称、前置机号、运行方式、网络配置、终端服务器类型、终端服务器个数、人工置态、所属系统等。

节点ID：前置机节点名称。

前置机名称：根据前置节点号自动生成。

前置机号：前置机在前置系统的序号，A机/B机/C机/D机。

运行方式：前置系统一共有几台前置机。

网络配置：前置系统的网络情况，单网/双网/三网/四网。

终端服务器类型：接入终端服务器型号。

终端服务器个数：接入的终端服务器数目。

人工置态，未封锁：前置机的在线离线状态由程序自动判断；封锁在线：前置机状态人工封锁在在线状态，不变化；封锁离线：前置机状态人工封锁在离线状态，不变化。

所属系统：标识前置服务器所属的区域子系统。

（四）前置网络设备表

前置网络设备表是终端服务器参数，记录个数为接入终端的服务器数目，包括前置网络设备命名、前置网络设备号、前置网络设备 IP1、前置网络设备 IP2、终端服务器类型、前置网络设备单双网、所属系统。

前置网络设备名：标识终端服务器名称。

前置网络设备号：标识终端服务器编号。

前置网络设备 IP：终端服务器的 IP 地址。

前置网络设备单双网：前置网络设备网络情况，单网/双网。

所属系统：标识终端服务器所属的区域子系统。

二、FES 定义表类相关表的维护

D5000 系统以模型的概念建立数据库，遥信、遥测都是附属于设备。在 SCADA 相应设备表中增加设备时，会在/SCADA/参数类/遥测定义表、遥信表定义中，自动触发生成该设备对应的遥信、遥测。如果该设备在 SCADA 相应设备表所属应用域中选上 FES 应用，会自动的将设备对应的遥信、遥测触发到/FES/定义表类/前置遥测定义表、前置遥信定义表中。

（一）前置遥信定义表

前置遥信定义表是遥信前置通信、计算处理的参数。在 dbi 界面单击 D5000/FES/定义表类/前置遥信定义表。其中厂站 ID，遥信 ID 为从设备触发生成的，一般在前置遥信定义表中仅需要填写通道和点号即可。图 3-1 为前置遥信定义表示例图。

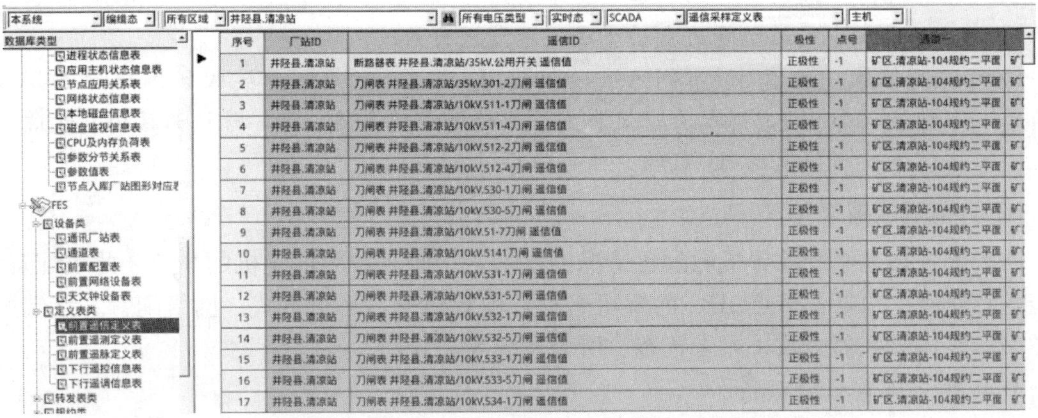

图 3-1　前置遥信定义表示例图

通道一：单选菜单，引用通道表，一般为该厂站的主通道。

通道二：单选菜单，引用通道表，一般为该厂站的备通道。

通道三：单选菜单，引用通道表，一般为该厂站的其他的备通道。

通道四：单选菜单，引用通道表，一般为该厂站的其他的备通道。

是否过滤抖动：单选菜单，是或者否。选为是，该点遥信有抖动会过滤掉抖动时间内成对出现的遥信。选否则不会过滤抖动。

抖动时限：填写判断抖动的时间。在该时间内来的成对遥信会被前置滤去。

极性：单选菜单。正极性遥信 0 判为分，1 判为合。反极性遥信 1 判为分，0 判为合。该域值默认为正极性。

点号：根据 RTU 点表的顺序填写。

单击厂站 ID，选择新加的厂站，按照变电站送上来的顺序在点号域中填写点号，并可以通过域值设定选择通道。单击域值设定按钮，选择新加入的厂站，双击通道一，可以把该厂站内所有的记录一次设置域值。

（二）前置遥测定义表

前置遥测定义表是遥测前置通信、计算处理的参数。在 dbi 界面单击/FES/定义表类/前置遥测定义表。厂站 ID，遥测 ID 为从设备触发生成的，一般在前置遥测定义表中仅需要填写通道和点号以及系数即可。通道一、通道二、通道三、通道四、分发通道、所属分组的使用同前置遥信定义表。

关于遥测的换算，首先查看通道表该通道的遥测类型，遥测类型有三个选项：计算量，工程量，实际值。

计算量：在前置遥测定义表的系数域中填写系数。满度值、满码值不参与计算，系统缺省配置为 1。实际值＝原码×系数＋基值。

工程量：在前置遥测定义表的系数域中填写满度值，满码值。实际值＝原码×满度值/满码值＋基值。

实际值：不计算，直接为 RTU 送的值。

如果该厂站数据上送遥测类型为规一化值，遥测类型选取工程量，则需要填写基值（＋）、系数（－）、满度值（＋）及满码值（－）。基值填写：RTU 送最大数值的码值，系数填写：RTU 送最大数值的码值负数，满度值：填写遥测量的最大值，满码值：填写遥测量的最大值负数。图 3-2 为前置遥测定义表示例图。

图 3-2　前置遥测定义表示例图

如果该厂站上送数据类型为短浮点数，遥测类型选取实际量，则仅填写点号及通道即可。

死区值：一般填 0，不判死区，即 RTU 送过来的遥测就直接从 FES 往 SCADA 送。如果填写一个数值 a，则这次送来的值和上一次送来的值之间的差值＜a，就认为该值在死区范围内，FES 不将这次的值送给 SCADA。

归零值：一般填 0，不判零漂。如果填上数值 a，RTU 上送的绝对值＜a 的值时，会将该值归零送往 SCADA。

系数：填写从源码值还原成一次值的比例关系。

满码值：RTU 送最大数值的码值。

满度值：该遥测量的最大值，满码值和满度值配合使用。比如一个 220 的母线电压，它的满度值 250，它的满码值为 32767，这就意味着 RTU 送 32767 就代表 250。注：如果需要给某条遥测记录定义限值，首先需要去 SCADA/参数类/遥测表中找到该条记录，将是否限值域改为是。然后到 SCADA/计算类/限值表中填写高限 1（正常上限）、低限 1（正常下限）、高限 2（事故上限）、低限 2（事故下限）。

（三）下行遥控定义表

下行遥控信息表中的内容是对需要遥控的量进行下一步属性描述。下行遥控定义表中的记录为触发生成，针对需要遥控的设备，首先打开该站的 D5000/SCADA/参数类/遥信表，找到需要遥控的设备记录，将该记录的是否遥控域改为是。该设备会触发至下行遥控定义表中。图 3-3 为限值表示例图。

图 3-3　限值表示例图

然后打开 D5000/FES/定义表类/下行遥控定义表，按照信息表中顺序输入遥控点号，如图 3-4 所示。

图 3-4　下行遥控定义表示例图

遥控默认为监护操作，若需要更改为单人操作，则需要在SCADA/参数类/数字控制表中更改操作方式域，如图3-5所示。

图3-5　数字控制表示例图

(四) 下行遥调信息表

下行遥调信息表的内容是设置调档操作的相关参数。打开dbi的D5000/FES/定义表类/下行遥调定义表，新建一条记录，鼠标选中数据点名域，从检索器中拖入SCADA应用下的变压器绕组表的主变高压侧（注：所有域不要选）。包括数据点名、数据点号、极性、升档点号、降档点号、急停点号。

数据点名：做调档操作的变压器绕组分接头位置。

数据点号：该遥调量的点号。

极性：遥调是否取反。

升档点号：调升的点号。

降档点号：调降的点号。

急停点号：急停的点号。

输入升档点号和降档点号。若升降档为同一点号，则升档选择合位，降档选择分位；如果升降档各有点号，则升降档都选合位。

模块二　FES系统工具操作介绍

本模块介绍FES系统工具的操作方法。通过功能描述、方法介绍和举例说明，熟悉数FES系统操作界面使用及功能，掌握FES系统操作界面方法。

一、通道原码显示界面（FES _ CDISP)

(一) 主要功能

显示各通道原码，静、动态查找原码，文档保存，打印报文，通道状态实时显示，如图3-6所示。

(二) 启动方法

在前置服务器/home/d5000/hebei/fes _ bin目录下输入命令：“fes _ cdisp”。

图 3-6　通道原码显示界面

(三) 操作步骤

1. 检索方式：可以通过输入厂站号，厂站名查找，或直接点取厂站通道列表进行检索。
2. 报文方向：上行显示 RTU 上送报文，下行显示主站下发报文。
3. 暂停：报文停止刷新或恢复刷新。
4. 保存：报文保存到指定文件中。路径为：
/home/d5000/hebei/fes _ bin/log/fes _ cdisp. log/cdisp. 月-日 . fac. chan
5. 打印：报文打印输出。
6. 查找：用红色标记出所要查找的报文字段。

二、通道报文显示界面 (FES _ RDISP)

(一) 主要功能

显示各通道报文，静、动态查找报文，存文档，报文动态翻译，分类型显示报文，人工召唤报文，人工校验报文，静、动态查找报文，如图 3-7 所示。

图 3-7　通道报文显示界面

（二）启动方法

在前置服务器/home/d5000/hebei/fes _ bin 目录下输入命令："fes _ rdisp"。

（三）操作步骤

1. 检索方式：可以通过输入厂站号，厂站名查找，或直接点取厂站通道列表进行检索。

2. 报文方向：上下行同时显示主站和 RTU 报文，上行显示 RTU 上送报文，下行显示主站下发报文。

3. 翻译报文：同步显示报文中数据点号和值。

4. 暂停：报文停止刷新或恢复刷新。

5. 保存：报文保存到指定文件中。路径为：/home/d5000/hebei/fes _ bin/log/fes _ rdisp. log

6. 打印：报文打印输出。

7. 分类显示：只显示该类报文。

8. 召唤数据：主站召唤 RTU 的全数据报文等报文。

9. 查找：用红色标记出所要查找的报文字段。

10. 校验：选择校验类型，输入待校验报文，得到校验码。

三、实时数据显示界面（FES _ SHOWREAL）

（一）主要功能

显示各通道实时数据，查找点号，如图 3-8 所示。

图 3-8　实时数据显示界面

（二）启动方法

在前置服务器/home/d5000/hebei/fes _ bin 目录下输入命令："fes _ real"。

（三）操作步骤

1. 检索方式：可以通过输入厂站号，厂站名查找，或直接点取厂站通道列表进行检索。

2. 数据方向：显示 RTU 上送数据和主站转发数据。

3. 刷新周期：刷新周期 1～5 秒。

4. 参数重载：手动刷新数据参数显示。

5. 数据类型：按标签选择遥测，遥信，遥脉数据类型。

四、通信显示工具界面（FES _ DISPLAY）

（一）主要功能

报文显示和原码显示的综合查询工具界面。报文显示界面（图 3-9）显示各通道原码，静、动态查找原码，文档保存，打印报文，通道状态实时显示；切换到原码显示界面，显示各通道报文，静、动态查找报文，存文档，报文动态翻译，分类型显示报文，人工召唤报文，人工校验报文，静动态查找报文。

图 3-9　事件显示界面

（二）启动方法

在前置服务器/home/d5000/hebei/fes _ bin 目录下输入命令："fes _ display"。

（三）操作步骤

操作方法同通道原码显示界面（fes _ cdisp）和通道报文显示界面（fes _ rdisp）。

五、网络交换报文显示界面（FES _ NETDISP）

图 3-10 为网络交换显示界面。

（一）主要功能

显示 FES 服务器与后台机，FES 服务器之间报文。

（二）启动方法

在前置服务器/home/d5000/hebei/fes _ bin 目录下输入命令："fes _ netdisp"。

（三）操作步骤

1. 检索方式：单击选择各报文类型。

2. 暂停：报文停止刷新或恢复刷新。

3. 保存文件：报文保存到指定文件中。路径为：/home/d5000/hebei/fes _ bin/log/ fes _ netdisp. log

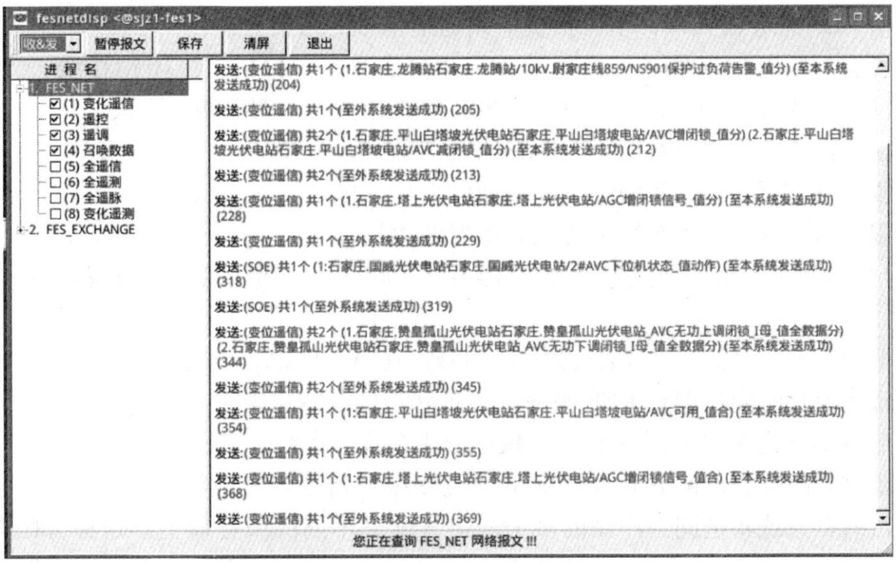

图 3-10　网络交换显示界面

4. 收发：选择是接收或发送报文。

六、运行监视界面（FES _ TABLE）

（一）主要功能

系统运行监视包括：服务器在线状态与离线状态的监视与控制，通道联接状态（ABCD 机）、投入、退出、值班、备用等状态的切换与控制。

（二）启动方法

在前置服务器/home/d5000/hebei/fes _ bin 目录下输入命令：“fes _ table”。

（三）具体操作

1. FES 服务器状态监视

在运行监视界面上选择前置配置表，可以监视 FES 服务器的运行状态，如图 3-11 所示。系统支持 1-4 台 FES 服务器同时运行，编号分别是 A、B、C、D 号机。

	前置机名	前置状态	人工置态	运行方式	网络配置	终端服务器类型
1	sjz1-fes1	在线	未封锁	四机配置	四网卡	MOXA
2	sjz1-fes2	在线	未封锁	四机配置	四网卡	MOXA
3	sjz1-fes3	在线	未封锁	四机配置	四网卡	MOXA
4	sjz1-fes4	在线	未封锁	四机配置	四网卡	MOXA

图 3-11　FES 服务器监视界面

主要域含义解释：

FES 服务器名：标识一台 FES 服务器。

前置状态：包括在线、离线两种状态。在线状态指 FES 服务器正常，处于正常运行中；

离线状态指 FES 服务器异常，不再负责厂站通道信号的采集处理。

人工置态：标识 FES 服务器是否处于人工置态状态，包括人工闭锁在线、人工闭锁离线、未闭锁三种状态。运行方式：包括单机、双机、三机、四机四种方式。

网络配置：包括单网、双网、三网、四网四种配置。

终端服务器类型：指定系统终端服务器的型号，包括 moxa、chase、cisco 等类型。

终端服务器个数：输入系统中终端服务器的数目。

1-4 号网络状态：指示前置 FES 服务器各网段状态，该域不可人工设置，只可指示各网段状态。

FES 服务器号：确定一台 FES 服务器编号，在 A、B、C、D 中选择。

最新状态变化时间：记录 FES 服务器最近状态的起始时间。

FES 服务器状态确定：FES 服务器状态分为在线和离线。

在重要进程故障、双网异常等情况下，FES 服务器处于异常状态。当所有 FES 服务器都正常运行时，系统将把同一厂站的多个通道分配到不同的服务器上，这种分配是动态的；当一台 FES 服务器故障时，其上原先分配的通道会自动转移到其他正常的服务器上。

2. 网络设备状态监视

在运行监视界面上选择前置网络设备表，可以显示系统中网络设备的状态。

主要域含义解释：

网络设备名：网络设备名称，如终端服务器 tsl 等。

网络设备号：网络设备编号。

网络设备类型：标识该网络设备的类型。

单双网配置：标明是否支持双网。

设备状态：包括正常、故障两种。

网口状态：指示该网络设备各网段状态。

3. 通道状态监视在运行监视界面上选择通道表，可以监视通道的状态，如图 3-12 所示。

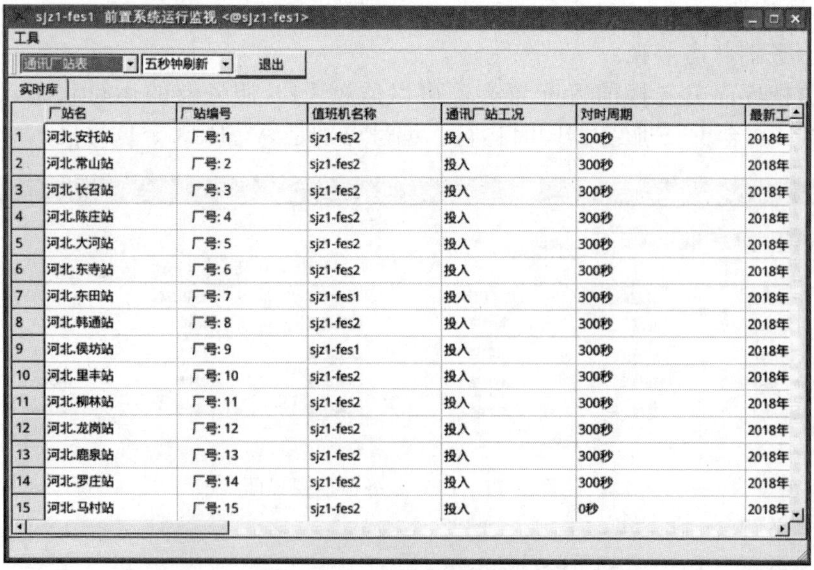

	厂站名	厂站编号	值班机名称	通讯厂站工况	对时周期	最新工
1	河北.安托站	厂号: 1	sjz1-fes2	投入	300秒	2018年
2	河北.常山站	厂号: 2	sjz1-fes2	投入	300秒	2018年
3	河北.长召站	厂号: 3	sjz1-fes2	投入	300秒	2018年
4	河北.陈庄站	厂号: 4	sjz1-fes2	投入	300秒	2018年
5	河北.大河站	厂号: 5	sjz1-fes2	投入	300秒	2018年
6	河北.东寺站	厂号: 6	sjz1-fes2	投入	300秒	2018年
7	河北.东田站	厂号: 7	sjz1-fes1	投入	300秒	2018年
8	河北.韩通站	厂号: 8	sjz1-fes2	投入	300秒	2018年
9	河北.侯坊站	厂号: 9	sjz1-fes1	投入	300秒	2018年
10	河北.里丰站	厂号: 10	sjz1-fes2	投入	300秒	2018年
11	河北.柳林站	厂号: 11	sjz1-fes2	投入	300秒	2018年
12	河北.龙岗站	厂号: 12	sjz1-fes2	投入	300秒	2018年
13	河北.鹿泉站	厂号: 13	sjz1-fes2	投入	300秒	2018年
14	河北.罗庄站	厂号: 14	sjz1-fes2	投入	300秒	2018年
15	河北.马村站	厂号: 15	sjz1-fes2	投入	0秒	2018年

图 3-12　通道状态监视界面

主要域含义解释：

通道名：通道的中文名称。

所连前置：该通道当前连接 FES 服务器。

厂站名：该通道所属厂站。

通道状态：该通道的运行状态，包括投入、故障、退出三种。投入：主站和厂站间通信正常且误码较低；故障：主站和厂站间通信误码较高或虽然通信正常但数据不刷新；退出：主站和厂站无法通信或虽能通信但误码极高。

人工置态：指示相关通道的人工操作，包括闭锁投入、闭锁退出、未闭锁三种。

最新状态起始时间：标识通道最新状态起始时间。

当前误码率：通道当前误码率，动态刷新。

通道优先级：分为 1～4 级，1 级最高，4 级最低，同一厂站的多个通道优先级可以相同，也可不同。

通道是否值班：指示通道的值班备用状态，分值班、备用两种，同一厂站的多个通道中只有一个值班，其余都是备用状态。

通道人工置态：指示相关通道值班、备用的人工操作。

封锁标志：指示相关通道是否人工封锁在一个固定 FES 服务器上。

网段：当前通信采用的网段。一号 IP 地址状态：串口通道与终端服务器一致，网络通道表示双 IP 的状态。二号 IP 地址状态：串口通道与终端服务器一致，网络通道表示双 IP 的状态。

最近值班起始时间：通道值班起始时间。

值班日切换次数：通道值班备用当日切换次数。

当前通信总次数：通道一个统计周期内的通信总次数。

当前误码总次数：通道一个统计周期内的误码总次数。

当前不应答次数：通道一个统计周期内的不应答总次数。

4. 厂站状态监视在运行监视界面上选择通信厂站表，可以监视各通信厂站的状态，如图 3-13 所示。

	通道名	所连前置	通道编号	通道状态	最新状态起始时间
1	石家庄.栾城电厂-104通道1	sjz1-fes2	1	退出	2018年5月29日 14时5分11秒
2	石家庄.大马站-104平面1	sjz1-fes1	2	投入	2018年9月18日 10时12分48秒
3	石家庄.里城道站-104平面2	sjz1-fes2	3	投入	2018年9月5日 11时7分58秒
4	35kV黄庄站-CDT通道	sjz1-fes3	4	退出	2018年7月30日 11时53分40秒
5	藁城县.振兴开闭所-未命名通道	sjz1-fes1	5	退出	-5633年5月9日 23时59分52秒
6	石家庄.大马站-104平面2	sjz1-fes2	6	投入	2018年9月18日 10时12分48秒
7	石家庄.配网.行唐-未命名通道	sjz1-fes4	7	退出	2018年7月31日 11时13分44秒
8	河北.许营站-104平面2	sjz1-fes1	8	投入	2018年9月18日 10时13分1秒
9	石家庄.配网.赞皇-未命名通道	sjz1-fes4	9	退出	2018年7月31日 11时13分44秒
10	石家庄.西柏坡电铁-通道1	sjz1-fes1	10	退出	2018年5月29日 14时5分11秒
11	石家庄.清泉站-104平面1	sjz1-fes2	11	投入	2018年9月18日 10时41分49秒
12	石家庄.敬业站-CDT通道	sjz1-fes1	12	退出	2018年5月29日 14时5分11秒
13	石家庄.曲寨站-104平面1	sjz1-fes2	13	投入	2018年9月19日 4时41分7秒
14	石家庄.刘庄站-104平面1	sjz1-fes1	14	投入	2018年9月20日 17时14分44秒
15	河北.铝厂-未命名通道	sjz1-fes2	15	退出	-5633年5月9日 23时59分52秒

图 3-13 厂站状态监视界面

主要域含义解释：

厂站名：表示厂站名称。

值班机名称：表示该厂站的值班通道所在 FES 服务器。

通信厂站工况：表示厂站状态，与值班通道保持一致。

最新工况变化时间：该厂站最新工况起始时间。

工况变化日累计：该厂站工况当日变化次数。

时正常运行时间：本小时内该厂站正常运行时间。

时停运时间：本小时内该厂站停运时间。

时运行率：本小时内该厂站运行率。

(四) 问题分析

无法显示，先检查本机应用是否启动。检查本机各个主要进程是否正常。

七、模拟器界面（FES _ SIM）

(一) 主要功能

在系统内部模拟产生遥信、遥测数据，对 FES、SCADA、通信与遥测、遥信有关的功能进行测试。图 3-14 为模拟器界面。

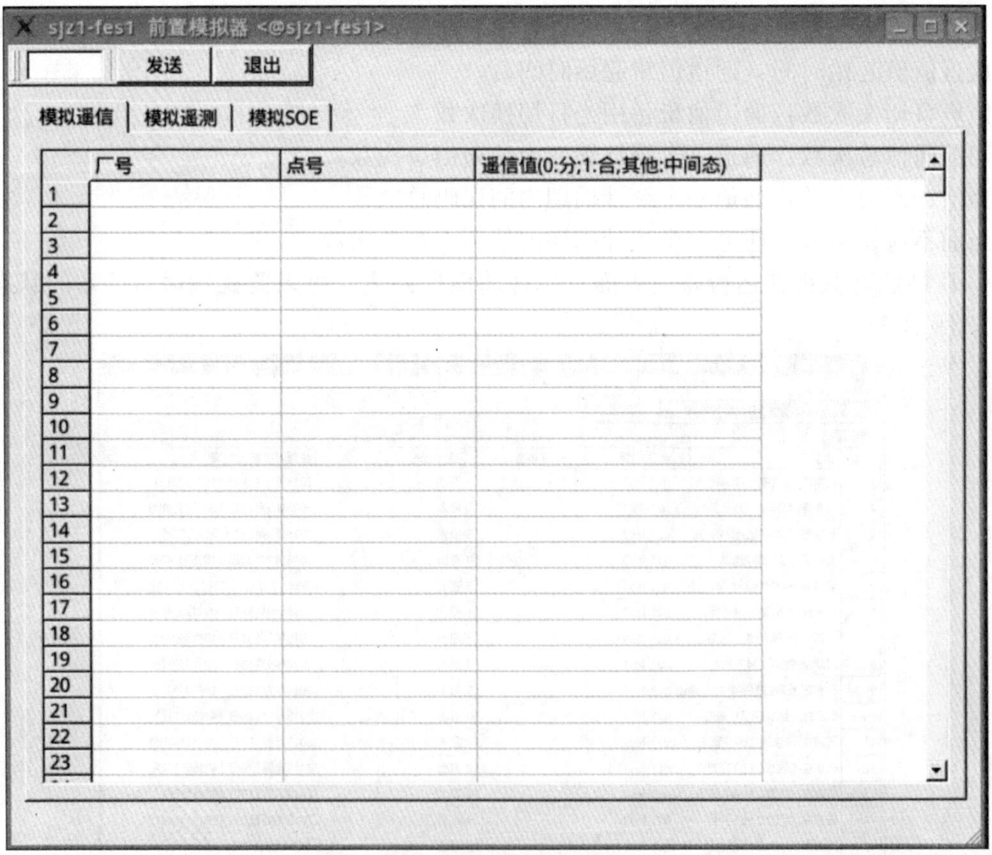

图 3-14 模拟器界面

（二）启动方法

在前置服务器/home/d5000/hebei/fes _ bin 目录下输入命令："fes _ sim"。

（三）具体操作

1. 模拟变化遥信。确定模拟个数，填入数字；打开"模拟遥信"页面；输入厂号、点号、遥信值（0 或 1）；单击发送按钮。

注：*个数为从序号 1 开始的总个数。

2. 模拟变化遥测。确定模拟个数，填入数字；打开"模拟遥测"页面；输入厂号、点号、遥测值（浮点数）；单击发送按钮。

3. 模拟变化 SOE。确定模拟个数，填入数字；打开"模拟遥测"页面；输入厂号、点号、遥测值（浮点数）；单击发送按钮。

（四）相关进程、配置文件

相关进程：

/home/d5000/hebei/fes _ bin/fes _ sim

/home/d5000/hebei/fes _ bin/fes _ net

执行环境：必须为 FES 应用 FES 服务器，而且 FES 应用正常运转。

（五）问题分析

检查 FES 应用是否正常。检查网络通信是否正常。

模块三　数据库 FES 子系统规约设置相关操作

本模块介绍数据库 FES 子系统规约设置相关表录入的常见方法。通过功能描述、方法介绍和举例说明，熟悉数据库录入工具 dbi 的使用及功能，掌握 FES 子系统规约设置相关表录入的方法。

前置厂站信息表中的记录是由 SCADA 触发而来的，不需要手工添加，只需要设置是否遥控以及遥信、遥测、遥脉的个数。通道表中的记录是由手工添加而来的，并和厂站相关联。当通道表中某一通道选中一种规约后，系统会自动在相应的规约表中增加一条此通道的记录，反之通道表中某通道的规约类型被修改后，系统会自动将旧规约的规约表中的此通道的记录删除并在新规约的规约表中增加此通道的记录。各个规约中的各种参数都在相应的规约参数表的对应记录中设置，当记录被生成时系统会将各个参数设置成缺省值，当参数被修改后立即生效。IEC101 规约和 IEC101 转发规约用同一张规约表，其他的规约也和其相应的转发规约使用同一张规约表。

一、CDT 规约

在实时数据库界面（dbi）上打开 FES/规约类/CDT 规约表，设置 CDT 规约的各种参数。

输入以下域：同步字头、遥信帧码、遥信起始功能码、遥信结束功能码、遥信字是否交换、遥信字节是否交换、遥信位是否交换、遥测帧码、遥测起始功能码、遥测结束功能码、遥测字是否交换、遥测字节是否交换、遥测数据结束位、遥测是否 BCD 码、遥测符号位、遥测负数是否取补码、电度帧码、电度起始功能码、电度结束功能码、电度字是否交换、电度字节是否交换、电度是否二进制码、遥控选择码、遥控撤销码、遥控执行码、遥控返校码、SOE 帧类别、SOE 起始功能码、SOE 结束功能码。各个功能码参数以十六进制填写，以上各个参数都按照 DL451-91 设置了缺省值，用户可根据实际情况做相应的修改。

图 3-15 为 CDT 规约表、图 3-16 为 IEC101 规约表、IEC104 为规约表。

图 3-15　CDT 规约表

图 3-16　IEC101 规约表

图 3-17　IEC104 规约表

二、IEC101/IEC104 规约

在实时数据库界面（dbi）上打开 FES/规约类/IEC101 规约表或 IEC104 规约表，设置 IEC101 规约和 IEC104 规约的各种参数。

输入以下域：遥信起始地址、遥信地址数、遥测起始地址、遥测地址数、电度起始地址、电度地址数、遥控起始地址、遥控地址数、遥调起始地址、遥调地址数、SOE 起始地址、SOE 地址数、SOE 转遥信变位、源地址字节数、公共地址字节数、信息体地址字节数、遥测类型、遥控类型、遥控脉冲类型、遥调类型、规约细则、遥信组数目、遥测组数目。各个地址参数以十六进制填写，以上各个参数都按照 DL/T634.5101-2002 所推荐的值设置了缺省值，在具体使用过程中如有不同之处则可根据实际情况做相应的修改。在 IEC101/IEC104 规约接收数据时，遥测类型可以从报文类型中获得，所以规约表中的“遥测类型”选项无意义，但在用 IEC101/IEC104 规约转发数据时，可通过规约表中的“遥测类型”来选择所发遥测报文的类型。“遥信组数目”和“遥测组数目”应该根据 RTU 的实际配置填写，如：遥信 3 组，遥测 2 组，则前置在正常通信时定时进行组召唤，组号的顺序为 1、2、3、9、10、1、2、3、9、10……具体每一组有多少遥测/遥信，每一组有哪些遥测/遥信都是由 RTU 配置。如果这两个数目都为 0，则前置在正常通信时定时进行全站的总召唤。

三、u4f 规约

在实时数据库界面（dbi）上打开 FES/规约类/u4f规约表，设置 u4f 规约的各种参数。输入以下域：包括从第 0 号板到第 31 号板的板类型。对于每块板分别选择遥测、遥信、遥脉、遥控和遥调，无类型的可以不选或者选择“空”。

四、DL47692 规约

对于 DL476-92 规约需要设置收发的各个组的参数，分别在实时数据库界面（dbi）/FES/其他类/DL476 分组定义表、DL476 分组转发表中定义。

（一）DL476 分组定义表（图 3-18）

图 3-18 DL476 分组定义表

设置DL476-92规约中接收各组的各种参数。包括分组名称、组号、所属通道、全遥信报文号、全遥信索引号、变化遥信报文号、变化遥信索引号、遥测数据类型、全遥测报文号、全遥测索引号、变化遥测报文号、变化遥测索引号、电能量报文号、电能量索引号、组最大遥信数、组最大遥测数、组最大电能量数。

DL476-92规约中接收的数据在前置遥信定义表和前置遥信定义表中定义，在定义表中需要选择数据所属的组，还要填写数据在组内的接收序号。

（二）DL476分组转发表

设置DL476-92规约中转发各组的各种参数。包括分组名称、组号、所属通道、全遥信报文号、全遥信索引号、全遥信发送时间（秒）、变化遥信报文号、变化遥信索引号、变化遥信发送时间（秒）、遥测数据类型、全遥测报文号、全遥测索引号、全遥测发送时间（秒）、变化遥测报文号、变化遥测索引号、变化遥测发送时间（秒）、电能量报文号、电能量索引号、电能量发送时间（秒）、组最大遥信数、组最大遥测数、组最大电能量数。DL476-92规约中转发的数据在转发表中定义，在转发表中需要选择数据所属的转发组，还要填写数据在转发组内的转发序号。DL476-92规约接收数据的类型可以由接收的报文中判断出来，发送数据的类型可以在DL476规约表中的“通信方式”选择。

（三）规约处理程序

规约处理程序在/home/d5000/工程名/fes _ bin目录下，运行时启动fes _ prot进程，这是规约处理的管理进程，它可以根据数据库中配置的规约类型将相应的规约处理进程起停。各个规约处理子进程独立运行，互不干扰。规约处理模块各个进程见表3-1。

表3-1　常用规约处理进程

进程名	作用
fes _ prot	规约处理的管理进程，根据数据库中配置的规约类型将相应的规约处理进程起停
fes _ prot _ cdt	CDT规约处理进程
fes _ prot _ disa	DISA规约处理进程
fes _ prot _ bj9702	9702规约处理进程
fes _ prot _ u4f	u4f规约处理进程
fes _ prot _ sc1801	SC1801规约处理进程
fes _ prot _ dnp	DNP规约处理进程
fes _ prot _ iec101	IEC870-5-101规约处理进程
fes _ prot _ iec104	IEC870-5-104规约处理进程
fes _ prot _ dl476	DL476-92规约处理进程
fes _ prot _ cdtzf	CDT转发规约处理进程
fes _ prot _ iec101zf	IEC870-5-101转发规约处理进程
fes _ prot _ iec104zf	IEC870-5-104转发规约处理进程

模块四　FES 系统图形操作

本模块介绍 FES 系统图形操作的常见方法。通过功能描述、方法介绍和举例说明，熟悉 FES 系统图形操作使用及功能，掌握 FES 系统图形操作方法。

一、通用操作

（一）功能简述

FES 系统图形通用操作是在图形浏览器（GExplorer）界面的 FES 应用下的右键菜单操作，主要提供对 FES 常用界面（厂站调试时常用的工具软件）的画面调用。FES 常用界面包括：通道报文显示、通道原码显示、实时数据显示、FES 网络报文显示、告警日志查询、TASE2 变量读取、FES 历史统计查询、FES 系统运行监视、数据录入界面（CIM 建模）。每一项调用均分为 FES-A、FES-B，既分别为 FES 的 A、B 机工具调用。

注：此操作的图形应用属性必须为 FES 应用。

（二）操作方法

在图形浏览器（GExplorer）界面上 FES 图形的空白处（图形中没有数据的地方）单击鼠标右键，在弹出的右键菜单中选择相应的功能。

（三）操作演示

1. 在图形浏览器（GExplorer）上 FES 图形的空白处单击鼠标右键（图 3-19），弹出 FES 右键菜单。

2. 进行相应的选择操作。

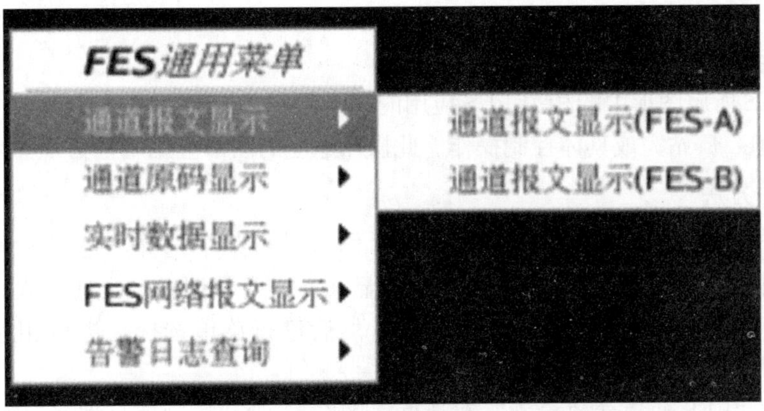

图 3-19　FES 右键菜单

通道报文显示相关进程：fes _ rdisp，通道报文监测工具；通道原码显示相关进程：fes _ cdisp，通道原码监测工具；实时数据显示相关进程：fes _ real，FES 实时数据监测工具；FES 网络报文显示相关进程：fes _ netdisp，FES 网络报文监测工具；告警日志查询相关进程：alarm _ query，告警查询工具。

3. 鼠标移动到所需的选择项后进行一次单击（左键、中键或右键，以下同）。

4. 放弃选择，鼠标在菜单外其他地方进行一次单击。

（四）相关进程、配置文件

1. 动态链接库：

/home/d5000/工程名/lib/graph/libDLL _ FESCallback. so

2. 相关配置文件：

/home/d5000/工程名/conf/fes _ popup _ menu. ini

3. 相关过程调用文件：

/home/d5000/工程名/bin/. RE _ PARA

/home/d5000/工程名/bin/. RE

/home/d5000/工程名/bin/. RE _ MY

/home/d5000/工程名/bin/. RemoteE

/home/d5000/工程名/bin/. RemoteE _ PARA

/home/d5000/工程名/bin/. RemoteE _ MY

4. 相关进程：

fes _ rdisp、fes _ cdisp、fes _ netdisp、fes _ query、fes _ real

（五）问题分析

1. 配置文件不全。

2. 配置文件不完整或有错。

3. xhost 服务没有启动。

4. FES-A 或 FES-B 中进程不存在。

5. FES-A 或 FES-BFES 服务器启动不正常。

二、图元操作

（一）功能简述

提供对 FES 所属图形中的相关 FES 应用的图元操作，主要完成对通道、厂站的监视功能，同时可以对通道、厂站完成具体控制操作。此操作适应的图形应用属性必须为 FES 应用。

（二）操作方法

1. 在通道信息相关图元上单击鼠标右键，然后进行菜单选择，进行相应操作。主要的操作有：参数检索、通道报文显示、通道原码显示、实时数据显示、通道人工控制。

2. 在厂站信息相关图元上单击鼠标右键，然后进行菜单选择，进行相应操作。主要的操作有：参数检索、告警日志查询。

图 3-20 为“FES 通道参数检索”对话框，图 3-21 为“控制信号选择”对话框。

（三）具体操作演示

1. 通道相关图元操作演示

通道图元鼠标悬停提示：选取鼠标所选择的通道的核心相关信息，提示操作者，以作为进行日常维护操作的判断依据。所提示信息可以停住 10 秒，鼠标移开即消失。

鼠标右键菜单操作：提供用户对所选择的通道进行常规操作。包括：了解所选择的通道的实时信息（悬停提示、参数检索、通道信息）；对所选择的通道进行常规的数据和通道报文的监测工作；对所选择通道的人工控制。

参数检索：提供用户相对次要的通道相关信息。

图 3-20　“FES 通道参数检索”对话框

图 3-21　“控制信号选择”对话框

通道原码、通道报文、实时数据的进程调用：提供用户最快捷的调用方式进行工具调用。在所选择的通道的图元上单击右键，然后弹出所需要的工具界面。调用时会直接将通道信息进行传递，让工具知道相关信息，然后直接在程序启动时进行初始化，直接定位在所选择的通道上，方便用户进行检测。

通道人工控制：提供用户界面，对所选择的通道进行人工控制操作。包括：对所选择的通道进行值班、备用的封锁与解封锁；对所选择的通道进行投入、退出的封锁与解封锁；对所选择的通道进行连接关系的封锁与解封锁。

2. 厂站相关图元操作演示

厂站图元鼠标悬停提示：提供用户对所选择的厂站进行常规操作。所提示信息可以停住10 秒，鼠标移开即消失。

鼠标右键菜单操作：提供用户对所选择的厂站进行常规操作，包括了解所选择厂站的实时信息（悬停提示、参数检索、通信厂站信息）；对所选择的厂站进行常规的告警查询工作。

参数检索：提供用户相对次要的通道相关信息。

（四）相关进程、配置文件

1. 动态链接库：

/home/d5000/工程名/lib/graph/libDLL _ FESCallback. so

2. 相关配置文件：

/home/d5000/工程名/conf/fes _ popup _ menu. ini

3. 相关过程调用文件：

/home/d5000/工程名/. RE _ PARA

/home/d5000/工程名/. RE

/home/d5000/工程名/. RE _ MY

/home/d5000/工程名/. RemoteE

/home/d5000/工程名/. RemoteE _ PARA

/home/d5000/工程名/. RemoteE _ MY

4. 相关进程：

fes _ rdisp、fes _ cdisp、fes _ real、fes _ exchange

（五）问题分析

1. 配置文件不全。

2. 配置文件不完整或有错。

3. xhost 服务没有启动。

4. FES-A 或 FES-B 中进程不存在。

5. FES-A 或 FES-BFES 服务器启动不正常。

6. 相关控制接收进程不正常。

7. 网络报文发送失败。

第四章　高级应用

模块一　电网建模基础知识

一、电网建模的基本概念

由输电、配电线路，变压器，断路器，串并联电容电抗器等电气设备按照一定的形式连接成一个整体，即组成电力网络。为了能够将电网的实时状态用于状态估计、调度员潮流等应用软件，必须建立电网的数学模型。

电力网络包含两个要素，即电气元件及其连接方式，而电网的运行特性是由元件特性的约束和元件间的拓扑约束共同决定的。

二、电网建模的基本原理

(一) 电力设备的元件特性约束

从物理结构上看，组成实际电力网络的电气设备都是比较复杂的。在工程精度允许的条件下，电力系统分析通常都要对电气设备做合理简化，用一个或多个理想的元件组成的等值电力来表示。常见的理想元件有电阻器、电感器、电容器和变压器等，它们可以看成是构成电力网络的最小单元。

理想元件的参数制约着元件的电压和电流之间的关系，从而构成了元件的特性约束。当元件参数和电量和时间无关时，称该元件为线性元件；当元件的参数是电量的函数时，则称该元件为非线性元件。若电力网络中所有元件均是线性元件时，该网络为线性网络；若网络中至少包含一个非线性元件时，则该网络是非线性网络。

对于支路参数分别是电阻、电感和电容的支路，其支路电压和支路电流有如下三种关系

$$Ri=u \tag{4-1}$$

$$\frac{\mathrm{d}Li}{\mathrm{d}t}=u \tag{4-2}$$

$$\int \frac{1}{C}i\,\mathrm{d}t = u \tag{4-3}$$

考虑线性电力网络在稳态下的运行特性，一个或多个理想元件的串、并联还可以用一条或多条等值支路来表示，支路的两个端点称为节点。在稳态条件下，某一支路的基于理想元件参数的等值阻抗可看作制约支路的复数电流和复数电压关系的参数

$$\bar{U} = Z\bar{I} \tag{4-4}$$

该表达式表示了广义的欧姆定律，描述了电力网络中最常见的支路特性。

(二) 电力网络的拓扑关系约束

在由理想元件组成的电力网络中，各支路之间的连接关系构成了拓扑约束，该约束与元件本身的支路特性无关，而表现为基尔霍夫定律，它是电力网络分析中最强有力的工具。基尔霍夫定律具有一般性，对恒流或时变的电流和电压都成立，其在稳态条件下的表述为：

基尔霍夫电力定律

$$\sum_{k\in j} I_k = 0 \tag{4-5}$$

即，对于电力网络中任一节点 j，与其相连的各支路电流 I_k 的总和为 0。

$$\sum_{k\in l} U_k = 0 \tag{4-6}$$

即，对于任一闭合回路，回路中的各支路电压 U_k 的总和为 0。

三、电网建模的步骤

(一) 电力网络的接线分析

网络接线分析主要用于实时网络状态估计、调度员潮流等网络分析应用软件，此外，SCADA 也采用其给网络进行拓扑分析着色。其过程就是根据开关状态和网络元件状态由电网的节点模型产生电网的母线模型的过程。

节点模型也称为物理模型，它是对网络的原始描述，输入数据用词模型；母线模型也称为计算模型，它与网络方程联系在一起，母线模型随开关状态而变化，因此不像节点模型一样拥有相对的永久性。

电力网络接线分析分为两个步骤：

1. 厂站母线分析。根据开关的开合状态和元件的投退状态，由节点模型形成母线模型。其功能是分析某一厂站的某一电压等级内的节点由闭合开关连接成多少个母线，其结果是将厂站划分为若干个母线。

2. 系统网络分析。分析整个电网的母线由闭合支路连接成多少个子电网，每个子电网是有电气联系的母线的集合，计算中以此为单位划分网络方程组。

(二) 电力元件数学模型的建立

电力网络元件的数学模型是根据物理概念和电力系统的限制条件直接建立起来的相对简化的电力网络元件模型，其特点是直观、物理意义明确。

变压器模型。建立变压器模型时，需要求取变压器的支路参数：

$$R_T = \frac{P_K U_N{}^2}{1000 S_N{}^2} \tag{4-7}$$

$$X_T = \frac{U_K\% U_N{}^2}{100 S_N} \tag{4-8}$$

$$G_T = \frac{P_0}{1000 U_N{}^2} \tag{4-9}$$

$$B_T = \frac{I_0\% S_N}{100 U_N{}^2} \tag{4-10}$$

式中　R_T——绕组总电阻；

X_T——绕组总电抗；

G_T、B_T——绕组总电导和电纳；

S_N、U_N——变压器的额定容量和额定电压；

P_K、$U_K\%$、P_0、$I_0\%$——变压器的短路损耗、短路电压百分比、空载损耗、空载电流百分比。

根据变压器的短路损耗、短路电压百分比和空载损耗、空载电流百分比分别求取变压器的阻抗、导纳之后，即可作变压器的等值电路。变压器的等值电路有两种，Π形等值电路和T形等值电路，通常选用前者，且将励磁支路接在电源侧。

1. 线路模型。在得知了电路的阻抗和导纳参数之后，由于长线路和高电压等级线路的电纳不能被忽略，所以要用Π形或T形的等值电路进行等值。

2. 负荷的数学模型。在电力系统稳态分析中，负荷的数学模型比较简单，通常以给定的有功功率和无功功率表示。在涉及精度较高的计算时，也可以计算负荷的静态特性。负荷的静态特性可以用多项式表示，如静态电压特性可为：

$$P = P_N\left[a_P + b_P\left(\frac{U}{U_N}\right) + c_P\left(\frac{U}{U_N}\right)^2\right] \tag{4-11}$$

$$Q = Q_N\left[a_Q + b_Q\cdot\left(\frac{U}{U_N}\right) + c_Q\cdot\left(\frac{U}{U_N}\right)^2\right] \tag{4-12}$$

式中　P_N、Q_N——在额定电压U_N下的有功功率和无功功率；

a、b、c——恒功率特性、恒电流特性和恒阻抗特性的系数，且三者和为1，下角P、Q分别表示有功和无功。

频率特性与静态电压特性类似。

计算负荷静态特性后，可以使稳态潮流计算结果更加符合实际。不过，在应用中负荷静态特性的系数如何根据实际情况取值尚未很好解决，以取经验值为主。

（三）电力网络的数学模型的建立

电力网络的数学模型是利用基本物理学定律和合适的数学描述工具，来表达电力网络中物理量之间的关系，从而把电力网络的物理问题抽象成一个数学问题。

在电力网络分析中，可以将网络抽象成一个由支路和把支路连接起来的节点组成的图，可以用节点的电压和支路的电流反映网络状态，其他物理量可以用它们表述，再利用物理学的欧姆定律和基尔霍夫定律，将网络的约束全部表示出来，而不包括冗余约束。此时建立的方程就是电力网络数学模型方程。

模块二　电网建模的维护

D5000系统用于进行电网模型的工作的模块称为模型更新，模型更新是网络分析软件的基础。模型更新的主要工作是维护设备的电气参数和生成电网的拓扑结构。模型更新模块提供了模型生成、转换和验证等辅助工具。本模块介绍如何通过建模工具建立完整正确的网络模型，供网络分析计算使用，如图4-1所示。

图 4-1　网络建模主画面

一、生成网络结构

在数据库中，设备的连接关系通过其端子的节点号来表示。如果两个设备端子具有相同的节点号，则表示它们连接在一起。节点号由节点入库软件根据图形上的连接关系自动生成。

1. 生成节点号

节点入库是以厂站为单位进行的，对一个厂站进行节点入库时首先清空该厂站内全部设备的节点号，然后根据厂站接线图上当前的连接关系生成新的节点号。日常维护工作中，节点入库主要通过图形编辑器界面（GDesigner）上的“节点入库”按钮调用。这时将对所编辑图形相关的厂站（指图形属性中选择的所属厂站，如果所属厂站为空，则指全部设备属于的厂站）进行节点入库。第一次对一幅图形进行节点入库时，会弹出一个要求确认厂站和入库用图对应关系的向导界面，如图 4-2、图 4-3 所示，依照提示进行选择。最后单击“节点入库”按钮。以后再对该图形入库将不再要求选择厂站-图形对应关系选择。

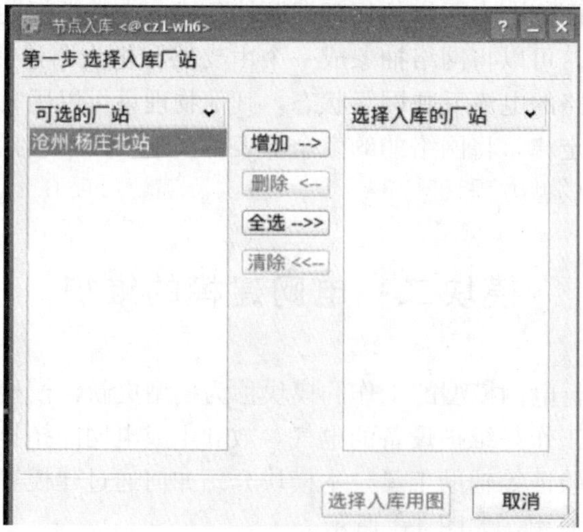

图 4-2　节点入库向导界面 1

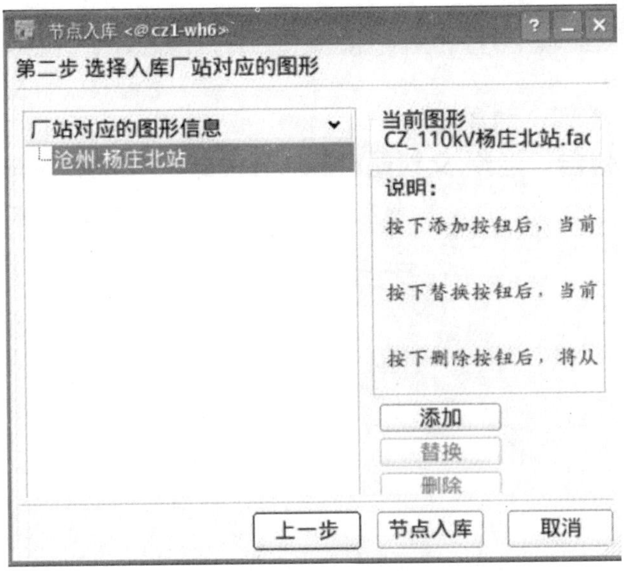

图 4-3　节点入库向导界面 2

注 1：只有“厂站接线图”类型的图形才可以用于节点入库。

注 2：图形相关厂站是指图形属性中选择的所属厂站，如果所属厂站为空，则指全部需要入库设备所属的厂站。

建议：一张厂站图只表示一个厂站时，将图形属性中的“所属厂站”选上，在节点入库和其他一些画面操作中会用到这一属性。

2. 连接关系验证

选择进行节点入库后将首先进行连接关系验证，连接关系验证包括警告和错误两大类，各类又包含多种情形。

警告类包括：端子空挂，即一个设备端子不和其他任何设备端子相连等。

错误类包括：不同厂站的设备连接在一起，不同电压等级的设备连接在一起等。

如果检查出图形中有警告或错误类的情形将会弹出一个对话框显示详细验证结果，如图 4-4所示。双击一个条目在图形编辑窗口上将出现一个箭头定位到相关设备。如果验证结果中有错误，对话框上的“确定”按钮会自动失效，必须返回消除错误后再重新入库。如果只有告警，可以根据实际情况选择“确定”或“取消”。

提示：“端子空挂”是分应用进行的，某一个设备端子可能在一个应用下空挂，而在另一个应用下正常，检查这样的告警时不仅需要检查连接关系，还需要检查列出的设备及其相连设备的“记录所属应用”。

建议：即使验证结果中只有“警告”，也应该仔细检查“警告”的内容，确认没有问题后再选择“确定”继续入库。

3. 清空节点号

当厂站图切换到 PAS 网络建模应用时，在图形的空白处单击鼠标右键，弹出的菜单中有一项为“清空厂站节点号”，单击该菜单项，即可清空这个厂站的节点号。

注：如果当前用户没有“网络建模维护”权限或者图形没有选择“所属厂站”，这个菜单项将处于失效状态，不能操作。

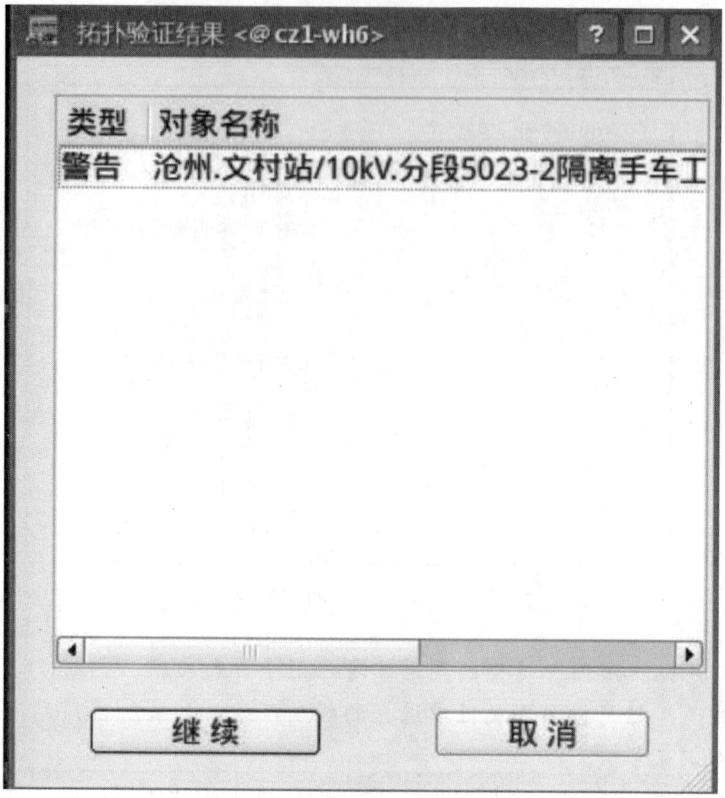

图 4-4　节点入库验证结果画面

二、设备参数

打开数据库窗口 dbi 后，进行登录，单击按钮，之后在应用选择下拉菜单中选PAS _ MODEL 下的设备类，我们需要填的参数就在这些表中，下面就具体的设备说明需要填的参数。

注：各设备表都需要录入的域包括：厂站、电压类型、记录所属应用、是否参与考核，表中不再赘述。

1. 线路（交流线段表）

（1）一般交流线段

交流线段的设备参数录入有三种类型，分别是长度类型、标幺值、有名值。

长度类型：PAS _ MODEL 下打开“交流线段表”，输入线路长度（km）、交流线段类型 ID、电流上限，如图 4-5 所示；线路型号在“PAS 线段类型表”中，输入电网所涉及的所有线段类型的参数（单位长度的电阻电抗和电纳），如图 4-6 所示。

标幺值：填入正序电阻标幺值、正序电抗标幺值和正序电纳标幺值、电流上限（由于标幺值比较小，可打开“MODEL 参数和信息表”，将标幺值放大倍数置为 100，并在填写时按标幺值放大 100 倍来填写，最后程序会换算成实际的值）。

有名值：输入正序电阻有名值、正序电抗有名值和正序电纳有名值、电流上限。如图 4-7所示。

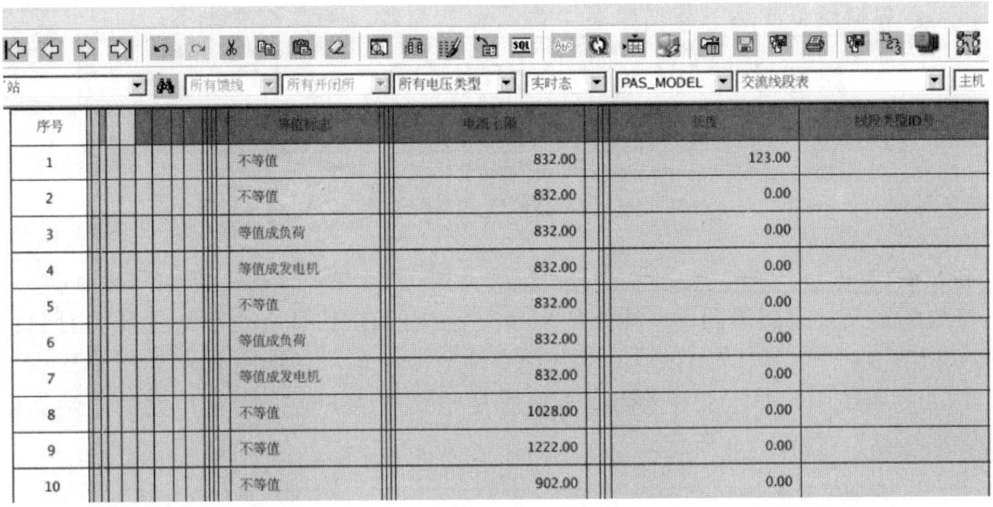

图 4-5　交流线段填写长度类型

图 4-6　PAS 线段类型表

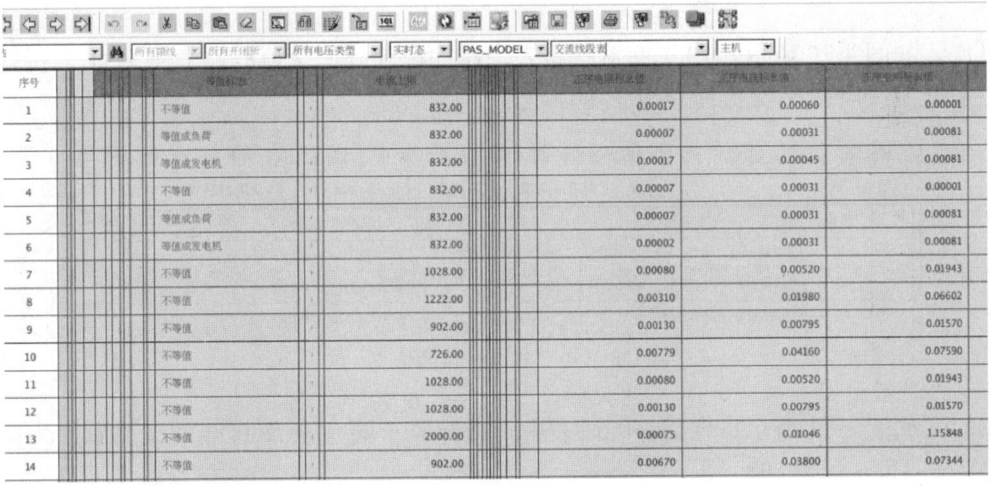

图 4-7　交流线段填写标幺值

以上三种参数选其一即可。

（2）分段线路

对于分段线路，选择需要分段的交流线段，在交流线段表中将分段标志 1 置为“是”，然后在线段分段表中分别对每一段起一个名字，所属线段 ID 选择同样的交流线段，填入每段的参数（线路类型、长度或电阻、电抗、电纳值）即可，如图 4-8 所示。

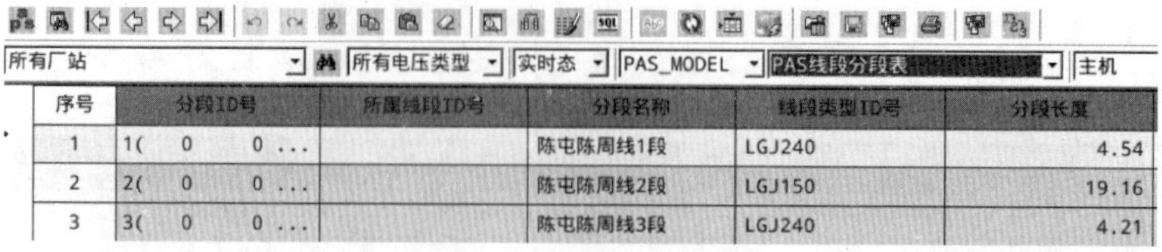

序号	分段ID号	所属线段ID号	分段名称	线段类型ID号	分段长度
1	1(0 0 ...		陈屯陈周线1段	LGJ240	4.54
2	2(0 0 ...		陈屯陈周线2段	LGJ150	19.16
3	3(0 0 ...		陈屯陈周线3段	LGJ240	4.21

图 4-8　分段线路参数填写

(3) T 接线

T 接线的定义：隶属于同一条线路的多条交流线段在 T 节点处不通过开关刀闸直接相连形成 T 接线。

在 D5000 系统中，要定义 T 接线，首先需要定义 T 接厂站。T 接厂站的厂站类型属性为“线端连接站”，如图 4-9 所示。

图 4-9　T 接站的定义

其次，如图 4-10 所示，在 T 交流线路表中添加记录（T 交流线路表中只有 T 接线的记录，一般交流线段在 T 交流线路表中不体现）。

序号	中文名称	标识	记录所属应用	英文标识
1	于T线代庄T接线	1162491671431...	scada/pas/dts...	
2	代泵线鞠官屯T接线	1162491671431...	scada/pas/dts...	
3	代李线鞠官屯T接线	1162491671431...	scada/pas/dts...	

图 4-10　T 接线路的定义

最后，如图 4-11 所示，在交流线段表中，选择属于同一条 T 接线的线路属性为同一线路名。

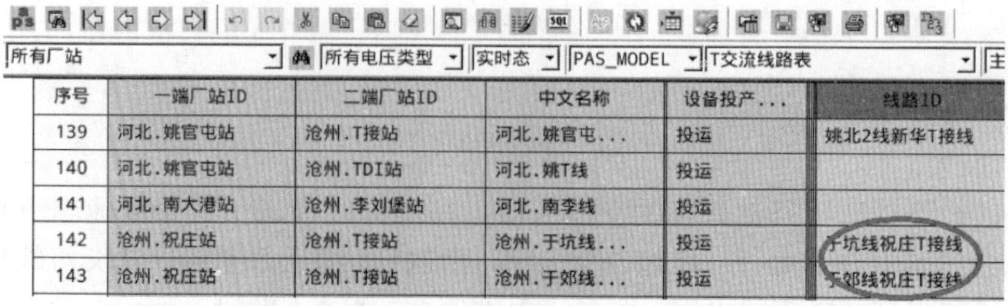

序号	一端厂站ID	二端厂站ID	中文名称	设备投产...	线路ID
139	河北.姚官屯站	沧州.T接站	河北.姚官屯...	投运	姚北2线新华T接线
140	河北.姚官屯站	沧州.TDI站	河北.姚T线	投运	
141	河北.南大港站	沧州.李刘堡站	河北.南李线	投运	
142	沧州.祝庄站	沧州.T接站	沧州.于坑线...	投运	于坑线祝庄T接线
143	沧州.祝庄站	沧州.T接站	沧州.于郊线...	投运	于郊线祝庄T接线

图 4-11　T 交流线段的定义

在 D5000 系统中，T 接站不需要单独进行节点入库，对任一幅图进行节点入库时，都会自动更新新增的或发生变化的 T 接线的节点号。对于多 T 接线处理与单 T 处理相类似。

2. 变压器

打开“变压器抽头类型表”，输入电网所涉及的全部分接头的相关参数—变压器分接头类型名称、最低挡位、最高挡位、额定挡位、不定低档、不定高档、挡位电压变化量，如图 4-12所示。

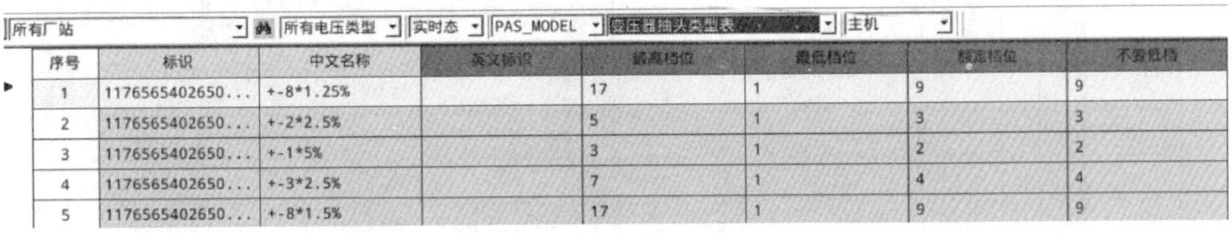

序号	标识	中文名称	英文标识	最高档位	最低档位	额定档位	不变低档
1	1176565402650...	+-8*1.25%		17	1	9	9
2	1176565402650...	+-2*2.5%		5	1	3	3
3	1176565402650...	+-1*5%		3	1	2	2
4	1176565402650...	+-3*2.5%		7	1	4	4
5	1176565402650...	+-8*1.5%		17	1	9	9

图 4-12　变压器抽头类型表

变压器参数的录入方式有三种，分别为：

(1) 打开“变压器绕组表”，选择分接头类型，填入额定功率（MV・A）、额定电压、短路损耗（kW）、有载调压标志（是，否）和短路电压百分比（只填百分号前面的值，例如 12 即表示 12%），如图 4-13 所示。

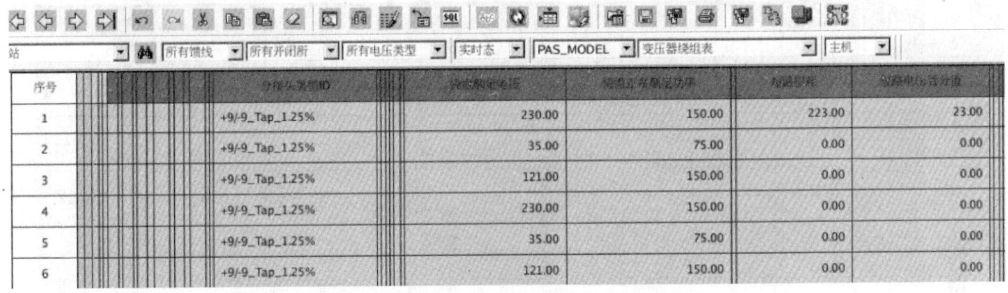

序号		分接头类型ID	绕组额定电压	绕组正常额定功率	短路损耗	短路电压百分值
1		+9/-9_Tap_1.25%	230.00	150.00	223.00	23.00
2		+9/-9_Tap_1.25%	35.00	75.00	0.00	0.00
3		+9/-9_Tap_1.25%	121.00	150.00	0.00	0.00
4		+9/-9_Tap_1.25%	230.00	150.00	0.00	0.00
5		+9/-9_Tap_1.25%	35.00	75.00	0.00	0.00
6		+9/-9_Tap_1.25%	121.00	150.00	0.00	0.00

图 4-13　变压器绕组表铭牌参数

短路损耗和短路电压百分比的录入方法。如果是双绕组变压器，只有一组损耗和电压百分比的实验数据，直接填入高压侧绕组的参数表中；如果是三绕组变压器，有三组损耗和电压百分比的数据（高中，高低，中低），那么将高中侧的数据填入高压侧绕组参数表，高低侧数据填入中压侧绕组参数表，中低侧数据填入低压侧绕组参数表。在计算绕组的电阻和电抗时，程序会进行相应的归算。

(2) 在变压器绕组表中填入分接头类型，填入额定功率（MV・A）、额定电压、有载调压标志（是，否）、正序电阻标幺值、正序电抗标幺值。

(3) 在变压器绕组表中填入分接头类型，填入额定功率（MV・A）、额定电压、有载调压标志（是，否）、正序电阻有名值、正序电抗有名值。

以上三种参数选其一即可。

如果进行故障计算还需要填入各绕组的零序电阻，零序电抗和中性点接地运行方式。

3. 容抗器

容抗器有两张表，分别为“并联电容/电抗器表”和“串联补偿器表”。

打开“并联电容/电抗器表”和“串联补偿器表”，选择容抗器的类型，填入额定电压/

额定电流和额定容量（Mvar）即可，如图 4-14 和图 4-15 所示。

这里需要注意的是，电容器的额定容量为正——提供无功；而电抗器的额定容量为负——吸收无功；并联需要填入额定电压，串联需要填入额定电流。

序号	容抗器类型	额定容量	额定电压	是否...
1	并联电抗	-60.00	35.00	0
2	并联电抗	-60.00	35.00	0
3	并联电容	60.00	35.00	0
4	并联电抗	-60.00	35.00	0
5	并联电抗	-60.00	35.00	0
6	并联电抗	-60.00	35.00	0

图 4-14　并联电容/电抗器表

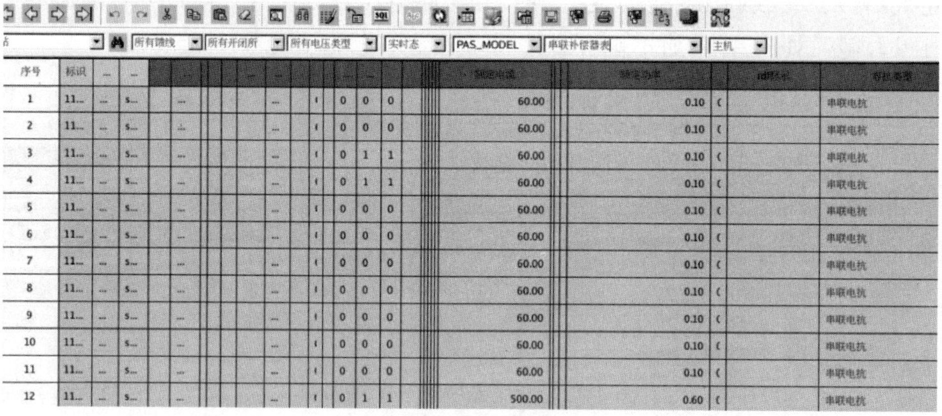

序号	标识	...	...						
1	11...	...	s...	0	0	0	60.00	0.10	串联电抗
2	11...	...	s...	0	0	0	60.00	0.10	串联电抗
3	11...	...	s...	0	1	1	60.00	0.10	串联电抗
4	11...	...	s...	0	1	1	60.00	0.10	串联电抗
5	11...	...	s...	0	0	0	60.00	0.10	串联电抗
6	11...	...	s...	0	0	0	60.00	0.10	串联电抗
7	11...	...	s...	0	0	0	60.00	0.10	串联电抗
8	11...	...	s...	0	0	0	60.00	0.10	串联电抗
9	11...	...	s...	0	0	0	60.00	0.10	串联电抗
10	11...	...	s...	0	0	0	60.00	0.10	串联电抗
11	11...	...	s...	0	0	0	60.00	0.10	串联电抗
12	11...	...	s...	0	1	1	500.00	0.60	串联电抗

图 4-15　串联补偿器表

4. 发电机

打开“发电机表”，选择发电机类型，填入额定容量（MV·A）、机组额定出力、机组有功出力上下限（MW）和无功出力上下限（Mvar）即可，如图 4-16 所示。

序号	发电机类型	额定容量	机组无功上限	机组无功下限	机组有功...	机组有功下限
4	火电	126.49	83.00	-20.00	135.00	65.00
5	火电	436.03	246.00	0.00	390.00	195.00
6	火电	436.03	246.00	0.00	390.00	195.00
7	火电	436.03	246.00	0.00	390.00	195.00
8	火电	629.36	320.00	-50.00	610.00	300.00

图 4-16　发电机表

如果要进行故障计算还需要填入发电机的等值正序阻抗、等值零序阻抗。

三、设备参数模型验证和复制

完成节点入库操作并录完参数后，单击网络建模界面上的“模型验证”按钮，对节点入库生成的网络模型进行验证。界面的信息栏将提示验证错误或告警，经过模型验证、检查提示信息、消除错误后，可以进行模型复制。单击网络建模界面上的“模型复制”按钮，将电网模型复制给状态估计模块，若复制成功，则运行信息显示模型复制给状态估计成功，如图 4-17 所示。

图 4-17　模型更新

模块三　状态估计

一、状态估计的基本概念

状态估计是根据网络接线的信息、网络参数、一组有冗余的模拟量测值和开关量状态，求取可以描述电网稳定运行情况的状态量、母线电压幅值和相角的估计值，并校核实时量、量测量的准确性。通过运行状态估计程序能够提高数据精度，滤掉不良数据，并补充一些量测值，为电力系统在线网络分析应用提供可靠而完整的电网运行数据。

（一）实时量测误差和不良数据产生的原因

遥测量要传送到调控中心监控系统中，需要经过许多环节。首先由量测器（电压互感器、电流互感器）测得电压和电流，经功率变换器将两者相乘并变换到统一规格的信号电压，再由模数转换器转为数字编码（或通过交流采样直接转换成数字编码），经远动通道送到控制中心监控系统。这些环节均存在误差，也可能出现故障或收到干扰，因此量测值与其真实值总是有差异的。

1. 电力系统量测误差来源大体可归纳为：

(1) 量测器（电压互感器、电流互感器）的误差。

(2) 变换器的误差。

(3) 模数转换器的误差。

(4) 数据传送过程的误差。

(5) 量测和传送过程中的时间延迟（量测器有传送速度，采样又按一定的周期扫描）。

(6) 运行中三相不平衡及功率因数的变化，会给单相量测和计算带来误差。

2. 电力系统调控中心接收的不良数据来源大体可归纳为：

(1) 量测与传送系统受到较大的随机干扰。

(2) 量测与传送系统出现的偶然故障。

(3) 电力系统快速变化中各测点间的非同时性。

(4) 系统正常操作或大干扰引起的过渡过程。

(二) 状态估计的主要功能

1. 根据量测的精度（加权）和基尔霍夫定律，按照最佳估计准则，一般采用最小二乘法，对生数据进行计算，得到最接近于系统真实状态的最佳估计值。

2. 对生数据进行不良数据的检测与辨识，删除或改正不良数据，提高数据系统的可靠性。

3. 推算出完整而精确的电力系统的各种电气量。如根据周围相邻的变电站的量测量推算出某一没有远动装置采集数据的变电站的电气量，或者根据现有类型的量测量推算出另一些伪量测的电气量，例如根据有功功率量测值推算出各节点电压的相角。

4. 根据遥测量估计电网的实际开关状态，纠正偶然出现的错误状态遥信量，保证数据库中电网接线方式的正确性。状态估计的这种功能称之为网络接线辨识或遥信预处理。

5. 如果把某些可疑或位置的参数作为状态量处理时，也可以用状态估计的方法估计出这些参数的值。例如有载调压变压器如果分接头位置没有传送到调控中心时，可以作为参数把它估计出来。当然根据运行资料估计某些网络参数，用来纠正离线和在线计算中参数的大误差也不是非常困难的事情。状态估计的这种用法称为参数估计。

6. 通过状态估计程序的离线模拟试验，可以确定电力系统数据采集与传送的合理性，即确定合适的测点数量及其分布，用以改进现有的远动系统或未来的远动系统。

(三) 状态估计的算法

1. 加权最小二乘法状态估计基本算法。

2. 快速分解状态估计算法。

3. 对量测量变换的状态估计算法。

4. 逐次型状态估计算法。

二、D5000 系统状态估计模块的使用

(一) 画面及操作

运行状态估计画面是使用者使用状态估计的最直接最方便途径，状态估计各种参数设置，计算范围的控制、结果显示检查、对量测控制等都通过画面进行。使用者只有了解画面的构造、功能、操作方法等才能正确使用和维护状态估计。

1．主画面

先进入网络分析目录画面，单击“状态估计”按钮可进入状态估计的主画面，如图 4-18所示。

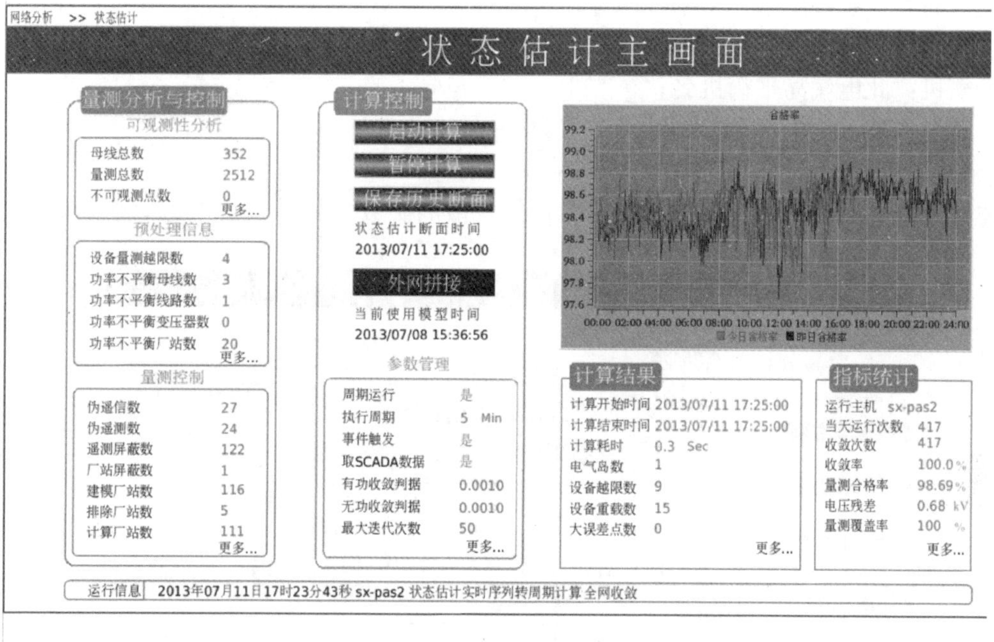

图 4-18　状态估计主画面

主画面上主要有量测分析与控制、计算控制、计算结果、指标统计等几类信息。进程控制类信息和按钮介绍如下。

（1）启动计算

启动计算可以启动状态估计程序。单击“启动计算”，无论状态估计处于周期运行模式时还是非周期运行模式时，状态估计都只计算一次。

（2）暂停计算

暂停计算可以停止状态估计程序运行。当处于周期模式时，单击“暂停计算”，状态估计即停止计算。

（3）是否周期运行

状态估计启动并处于周期模式下时，显示文字“是”。

（4）电气岛/迭代信息

此表在每次计算后，显示出此次计算各步迭代的有功最大偏差和无功最大偏差的偏差值，以及偏差发生在哪个厂站和哪个电压等级。当迭代发散时，使用者可根据此表提供的信息进行调试检查。

（5）指标统计

显示状态估计当天运行次数、收敛次数、收敛率，最近一次计算的量测覆盖率和遥测合格率。

（6）最新消息

显示出状态估计程序当前运行状况，如“状态估计正常结束”“ 状态估计迭代发散”。

2. 分析与展示

(1) 电气岛信息

此表列出系统当现运行方式下几个电气岛（带电子系统）的有关信息，如图 4-19 所示。

电气岛号：系统中第几个电气岛号；

平衡机厂站：此电气岛平衡机所在厂站名；

平衡机：此电气岛平衡机名；

计算节点数：此电气岛参加计算节点数；

收敛状态：此次计算是否收敛；

连续发散次数：此电气岛进行计算时连续发散的次数。

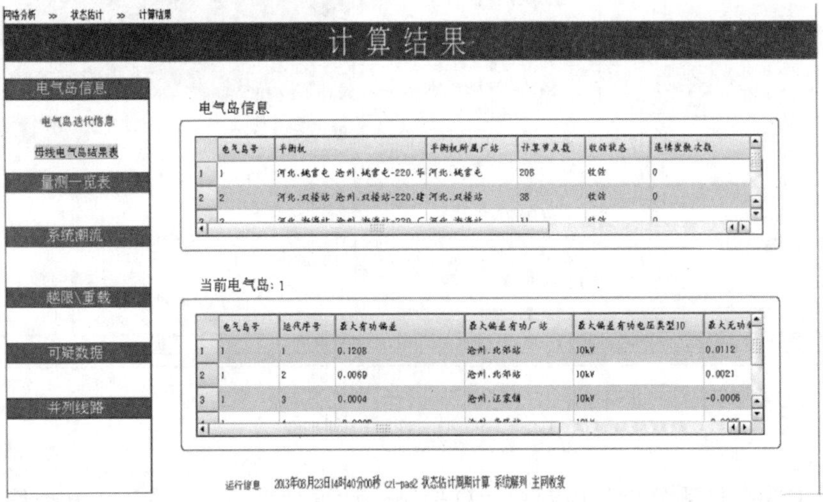

图 4-19 电气岛信息

(2) 越限重载告警

此表列出状态估计计算结束后对设备进行越限重载检查的结果，主要包括母线电压越限、发电机越限、线路越限重载信息、变压器越限/重载信息，如图 4-20 所示。

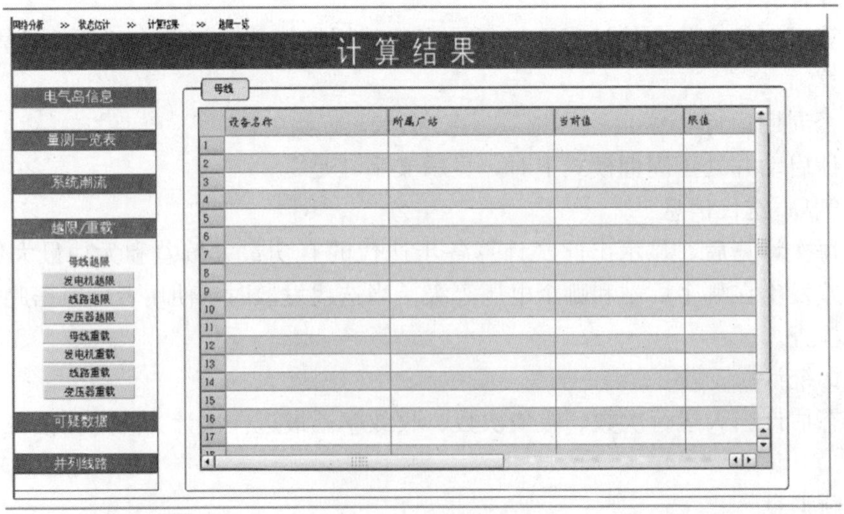

图 4-20 母线电压越限

（3）系统潮流

各表显示系统中各设备计算及量测情况。如线路潮流、变压器潮流、母线电压、发电机潮流、负荷潮流等。如图 4-21 所示。

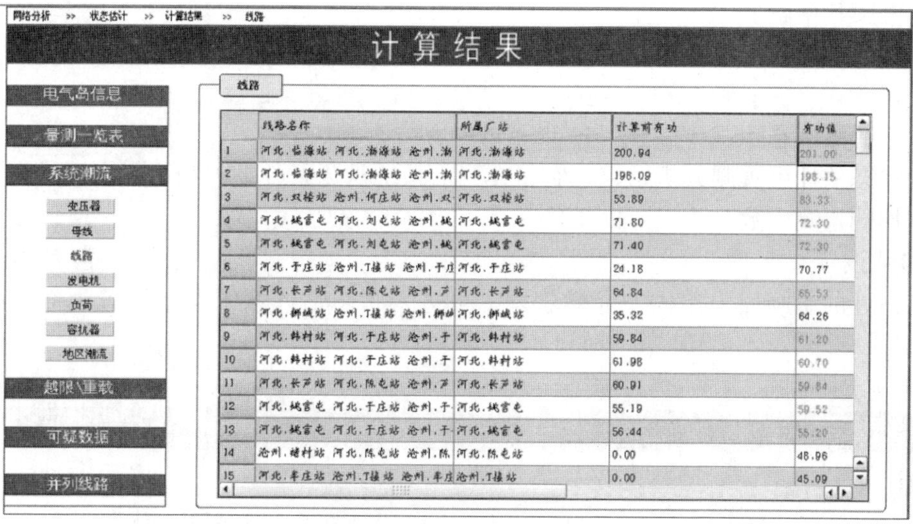

图 4-21　线路潮流

3. 量测分析

（1）遥测预处理告警

在状态估计主画面单击“预处理信息”即进入遥测预处理画面，如图 4-22 所示。显示状态估计计算前对遥测数据合理性粗检结果，使用者可根据告警信息了解 SCADA 量测情况。

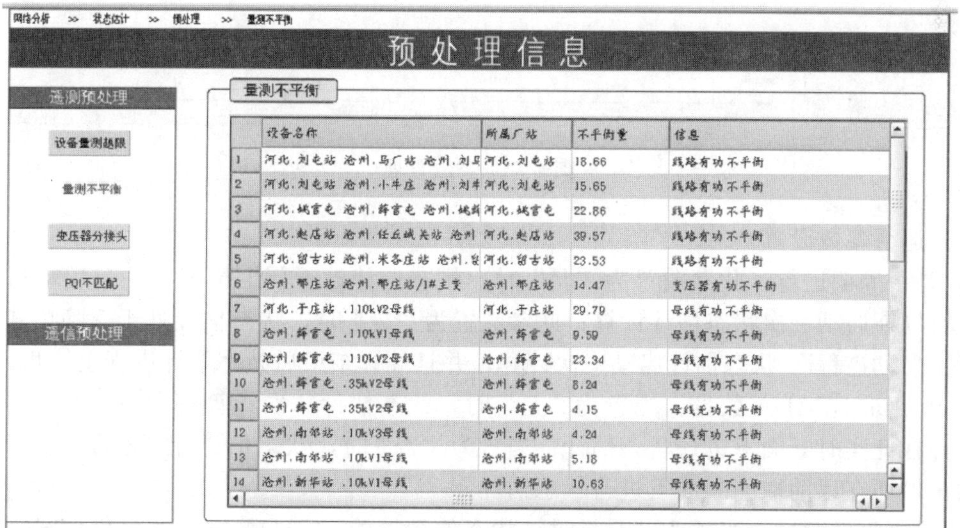

图 4-22　遥测预处理

（2）遥信预处理告警

在状态估计主画面单击“预处理信息”即进入遥信预处理画面。“遥信预处理信息”显示状态估计检查出的状态可疑的开关刀闸、电磁环网、线路电抗、母线分裂运行等。对正母刀闸付母刀闸同时为合时，状态估计也可提出刀闸状态可疑。对线路开关状态校验时，状态估计通过本端遥测和线路对端遥测判断线路是否在运行。

（3）可疑数据表

显示状态估计计算检查出量测数据可疑的设备。可疑数据表只显示当前计算中的可疑数据。

（4）伪遥测信息

显示状态估计可观测分析结果。它是在当前系统量测条件下，为了对全网进行状态估计而必须增加的量测个数。

4．参数设置

状态估计的主画面中单击“参数管理”可进入状态估计系统参数设置画面，如图 4-23 所示。

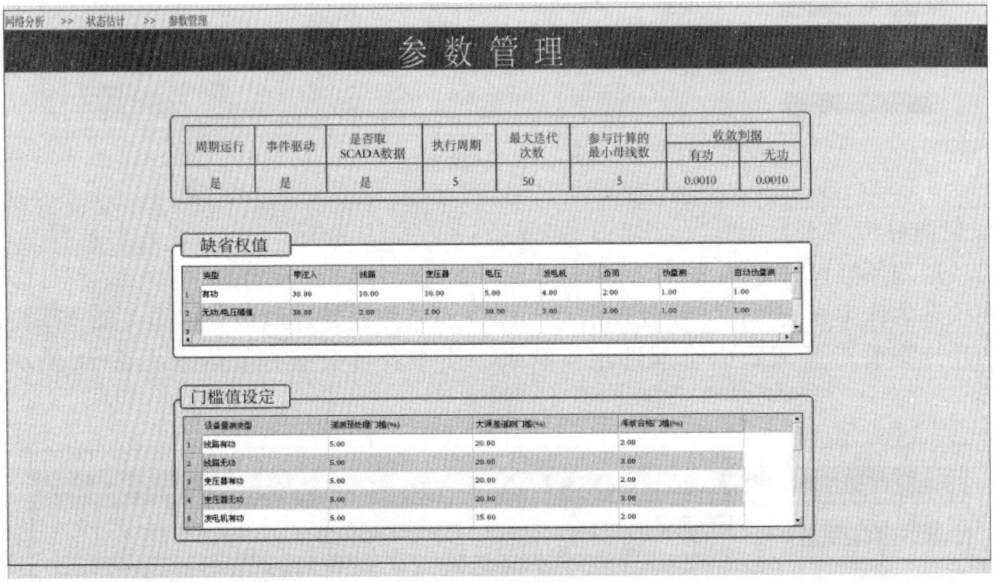

图 4-23　参数管理

（1）运行参数设置

1）是否周期运行：此参数置为“是”时，状态估计处于周期模式，一旦启动后将每隔一个执行周期启动一次状态估计计算；此参数置为“否”时，状态估计处于召唤模式，只有人工点“启动进程”，状态估计启动一次计算，并且计算结束后状态估计进程也停止。

2）是否取 SCADA 数据：当置为“是”时，状态估计每次计算都取 SCADA 实时遥测遥信，并在此实时断面下进行状态估计；当置为“否”时，状态估计计算不取 SCADA 实时遥测遥信，而在以前取的断面下进行状态估计。

3）是否事件驱动：当置为“是”时，状态估计接收 SCADA 发出的事件信号，接收到事件信号延迟 8 秒后进行状态估计计算。

4）执行周期：状态估计周期运行时，每过一个执行周期启动一次计算。

最大迭代次数：状态估计计算时迭代的最大次数，如还不收敛就提示到达最大迭代次数。

5）有功收敛精度：状态估计迭代计算时，最大电压相角改变步长小于有功收敛精度就表明有功已经收敛。

6）无功收敛精度：状态估计迭代计算时，最大电压幅值改变步长小于无功收敛精度就表明无功已经收敛。

（2）遥测预处理门槛值设置

在“参数管理”画面上单击“门槛及缺省权重设定”即可进入量测缺省权重设定和遥测预处理的门槛值设定。

1）并列母线电压偏差门槛值：当运行并列运行母线都有电压量测时，要比较其差值是否大于该门槛值，如果大于该值，则并列母线电压偏差告警，并且放弃两个母线的电压量测。

2）母线有功不平衡门槛值：当连接某母线上所有设备都有有功量测时，设备有进程控制，有功量测和的绝对值大于该值时将进行遥测预处理告警。

3）母线无功不平衡门槛值：当连接某母线上所有设备都有无功量测时，设备无功量测和的绝对值大于该值时将进行遥测预处理告警。

4）线路有功不平衡门槛值：当某线路两端有功量测和去除线路有功损耗的绝对值大于该值时将进行遥测预处理告警。

5）线路无功不平衡门槛值：当某线路两端无功量测和去除线路无功损耗的绝对值大于该值时将进行遥测预处理告警。

6）变压器有功不平衡门槛值：当变压器三侧（两卷变压器两侧）都有有功量测时，其量测值的和去除变压器有功损耗的绝对值大于该门槛值将进行遥测预处理告警。

7）变压器无功不平衡门槛值：当变压器三侧（两卷变压器两侧）都有无功量测时，其量测值的和去除变压器无功损耗的绝对值大于该门槛值将进行遥测预处理告警。

8）PQI 不匹配门槛值：当某一设备同时有有功、无功和电流量测时，用电压和有功、无功计算出电流，计算电流与量测电流的差值百分比大于该门槛时将进行遥测预处理告警。

（二）主要程序

状态估计中的一些主要的程序及其作用如下：

1. tnet_main：状态估计主程序，常驻进程，可以接收消息立即计算或按周期计算，运行在状态估计服务器，可以为其他应用提供最近的收敛断面。

2. tnet_control：可以给状态估计主程序发送立即计算的消息，或者设置数据库中暂停计算、进入调试状态、周期运行等标志，可以在任意节点运行。

三、状态估计调试

（一）状态估计不收敛的表现

1. 有功发散：迭代计算中，某个母线的相角过大。有功发散时，有功偏移最大的母线是最可疑的部分，需要检查该母线周围的拓扑结构、设备参数和量测。

2. 无功发散：迭代计算中，某个母线的电压过大或过小。无功发散时，无功偏移最大的母线是最可疑的部分，需要检查该母线周围的拓扑结构、设备参数和量测。

3. 发散的意义：系统的参数或量测有错误，无法找到合理的母线电压幅值与相角，来满足已有的量测。

（二）状态估计合格率调试

状态估计大误差点列表中给出了所有不合格的量测按照误差排序列表，提高状态估计合格率就是要消除表中列出的不合格量测点。

在刚刚开始调试状态估计时，状态估计的合格率还比较低（如<90%），系统中的问题比较多，而大误差点列表中给出的较大计算误差的量测点往往是多种原因综合作用的结果，不一定是其所在厂站的参数或量测错误直接引起的。

在开始调试状态估计时，不宜直接从误差百分数排序入手，而需要先从整个系统的角度进行调试。状态估计调试的整体原则：先整体再局部，先高压再低压，先有功再无功。

当高压网（主网架）的状态估计比较准确后，再利用可疑数据中的大误差点列表逐一检查修正。在处理表中的不合格的量测时，一般采用有功—电压—无功的顺序，即先修正大误差表中的有功，再修正电压，最后修正无功。

1. 整体调节

首先要保证其高电压等级计算正确。因为最高电压等级对应的电力网络是骨干网络，是其他电压等级对应的电力网络的电源。整体调试方法：

（1）先逐厂站检查最高电压等级对应电网中的厂站，检查状态估计结果和量测数据直接的偏差。

（2）对于误差较大的厂站，进行人工分析，找出量测和参数中的问题。

（3）在调试的过程中，一般先调节有功，因为SCADA系统中有功量测的准确度比无功高，相对要比无功更容易调试。调试有功的过程中也就解决了大多数量测中的遥信、遥测问题。

2. 有功调节

（1）线路、主变量测不平衡

线路、主变两端的潮流有功、无功的数值、符号是否匹配。可以通过预处理信息中的量测不平衡列表来检查。

（2）母线量测不平衡

母线注入和流出是否有不平衡，如有不平衡找出错误的量测。可以在预处理信息中的量测不平衡列表中的母线有功（无功）不平衡来检查。

（3）发电机量测不平衡

发电、负荷的符号是否存在不正确，可以通过有功注入不合理来检查，对不合理的注入，注意检查量测符号是否错误。

（4）遥测屏蔽不合理

有无不应该屏蔽的遥测情况。可以通过量测控制的全部伪量测列表来检查。在该表中给出的量测均被屏蔽，状态估计计算时不采用该量测值。

（5）遥测遥信不匹配

有无遥信断开但是遥测值不为0的情况。可以检查可疑数据中大误差点列表中找状态估计为0但是量测不为0的情况。这种情况可能是遥信错误。可通过遥信预处理中的可疑的开关刀闸列表检查有误的遥信状态。

（6）母联（分段）断路器、隔离开关位置错误

检查母联开关是合上还是分开。如果分开，则双母结构中各条出线、主变的正、付母闸刀位置是否正确。有无母联开关分，但是线路、主变的正、付母闸刀均合上的情况。避免由于双母线是分列运行，其电压、相角不同，但由于闸刀位置错误导致错误合环，计算结果错误。可通过对比两条母线的电压量测是否完全相同来判定是否错误合环，并对错误闸刀位置进行纠正。

（7）并列运行母线电压量测相差较大。检查母联开关是否错误的合上或母线电压量测采集错误。

（8）错误的旁路代

检查有无线路、主变被旁路代的情况。如果有，旁路开关和线路的旁路闸刀是否状态正确。

（9）对有大量不合理的有功流动的线路，检查线路的开关的遥信是否错误的合上，导致错误合环，把两个相角相差较大的节点合在一起。

（10）双回线上的估计结果与量测不一致，双回线参数可能有误。

（11）环网上的计算结果与量测不一致，环网上的线路的参数可能有误。

（12）并列运行的两台主变计算出的有功与量测不一致，主变的阻抗参数可能有误。

（13）可在层次库中直接修改绕组的 r、x，调节合适后再修改实时库。

3. 无功调节

有功调节正确后，基本上系统中的开关、刀闸的状态也就正确了。有功调节的方法也都适用于无功的调节。无功调节还需要考虑以下一些问题。

（1）主变挡位的调节

估计得到的主变无功是否与量测偏差较大，检查估计结果中是否出现了双主变之间的无功环流。如果有，检查并列运行的双主变分头参数是否正确、计算采用的挡位值是否正确。

估计得到的母线电压值是否与量测值偏差较大，如有偏差，则主变参数和挡位有问题。

主变挡位对系统无功、电压有较大的影响，为了减少错误的挡位对系统的干扰，应利用主变周围的有功、无功、电压量测对挡位进行校验和修正。

对于挡位可估计的绕组，如果估计结果已经达到挡位上限（如挡位＝1 为最大挡）但是电压仍不合理的，很可能是分头类型参数有误。

（2）联容抗器的调节

电容器开关遥信状态是否正确。

注意电容器计算得到的无功是正的（发出无功）、电抗器是负的（吸收无功），单位都是 Mvar。如果数值不合理，检查电容器参数。

（3）高压线路的充电无功的调节

220kV 以上的线路会有充电无功。尤其是 500kV 高压线路的充电无功很大。对于高压线路（尤其是 500kV 线路）的充电无功是否正确计算。

一般的电网中在 500kV 线路端点或 500kV 主变低压侧（35kV 侧）均连接电抗器来吸收无功。检查这些电抗器是否建模，相关的开关刀闸状态是否正确。

（4）对线路上的大的不合理无功的处理

对有大量不合理的无功流动的线路，同时检查线路两端的电压是否与量测不符。可能是因为线路或母联开关遥信是否错误的合上，导致错误合环，把两个电压相差较大的母线合在一起。

模块四　自动电压控制 AVC 基础

一、概述

自动电压控制（以下简称 AVC）应用基于智能电网调度技术支持系统 D5000 平台一体

化设计，其主要功能是在满足电网安全稳定运行前提下，保证电压和功率因数合格，并尽可能降低系统因不必要的无功潮流引起的有功损耗。AVC 从网络分析应用（PAS）获取控制模型、从电网稳态监控应用（SCADA）获取实时采集数据并进行在线分析和计算，对电网内各变电所的有载调压装置和无功补偿设备进行集中监视、统一管理和在线控制，实现全网无功电压优化控制闭环运行。

（一）主要功能

AVC 应用主要有以下功能：

1. 在网络模型的基础上，根据 SCADA 实时遥信信息，实时动态跟踪电网运行方式的变化，正确划分供电区域，实现动态分区调压。

2. 根据设定的限值，监视电网内母线电压越限及功率因数越限信息，并给出调节措施。

3. 程序处于闭环运行状态时，将调压指令转化为遥控命令，经 D5000 系统下发到一次设备。

4. 考虑足够的安全措施，辨识电网及监控系统各种异常的运行情况，闭锁调压设备自动控制并给出提示。

5. 具有事件记录功能，可记录调节指令、有载调压装置和无功补偿设备的动作情况、异常报警事件和遥控信息。

6. 在线统计 AVC 系统闭环投运率、控制成功率，统计设定时间段内调压设备的动作次数，便于分析。

（二）系统架构

AVC 应用主要由三个模块构成：自动电压调整程序（AVC _ MAIN）、遥控程序（DO _ CTLS）和报警程序（AVC _ ALM）。自动电压调整程序从 SCADA 获得电网的实时运行状态，根据分区调压原则，对电网电压进行监视，发现电压异常时提出相应的调节措施。当系统处于自动控制状态时，将调节措施交给遥控程序，执行变压器的升降和电容器的投切，遥控环节是 AVC 应用的关键环节，AVC 应用闭环运行是否成功将在很大程度上取决于电网基础自动化状况。报警程序负责显示自动电压调整程序提出的调压建议和遥控程序所做的自动调压措施。

信息流向如图 4-24 所示。

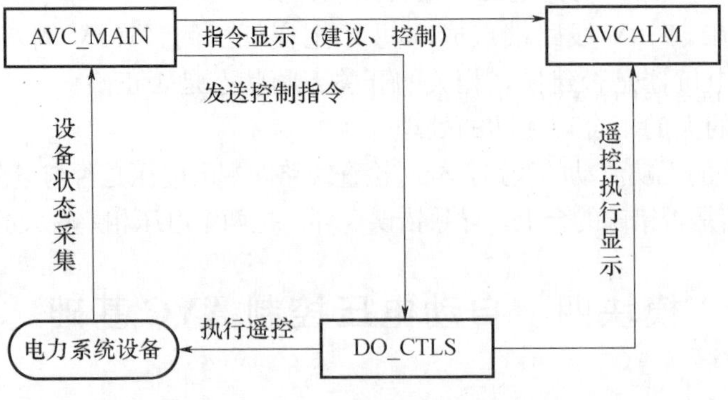

图 4-24　AVC 信息流向图

（三）专业术语

1. 闭环：AVC 由 SCADA 系统获得电网的实时运行状态，分析计算后发出控制指令，电网运行状态变化后反馈回 AVC，形成闭环控制。

2. 开环：AVC 仅对当前电网的运行情况进行分析计算，提出调节建议，但不形成控制指令的运行状态称为开环状态。开环与闭环的区别在于开环不下发遥控，而闭环下发遥控。

3. 自动控制：（设备状态）表示该设备运行正常，无异常告警及保护事件，设备允许 AVC 自动控制。

4. 设备闭锁：（设备状态）表示该设备运行异常，不允许 AVC 自动控制。设备闭锁状态有“人工闭锁”“自动闭锁”和“全闭锁”三种。

5. 人工闭锁：调度监控人员指定设备在 AVC 应用下不可控。人工闭锁状态只能由人工解除。

6. 自动闭锁：AVC 系统判断设备异常，不可控。自动闭锁状态由告警信号或保护信号触发，当所有告警信号及保护信号复归后，自动闭锁状态可自动解除。

7. 全闭锁：设备既有人工闭锁，又有自动闭锁的状态。

8. 告警信号：AVC 对设备的运行情况进行监视和分析，出现异常情况时，闭锁设备的自动控制。常用的告警信号有主变滑档、容抗器拒动、母线单相接地等。

9. 保护信号：AVC 保护信号由 SCADA 保护信号关联 AVC 设备生成，当 D5000 系统收到保护动作信号时，可自动闭锁关联的 AVC 设备。

10. 命令类型：分为“控制”“建议”和“提示”三种。

11. 控制：表示本系统对设备进行分析计算，并对其进行直接发命令控制，不需要值班员手动遥控。

12. 建议：表示本系统对设备进行分析计算，但不会对其进行直接发命令控制，只是提示值班员对设备进行操作。

13. 提示：表示本系统对设备进行分析计算，发现设备不具备控制条件，提示值班员检查设备情况。

14. 操作类型：对于电容器和电抗器，操作类型分为“投”和“切”；对于变压器，操作类型分为“升”和“降”。

二、运行监视

运行监视界面展示的为 AVC 主要的监控内容，包括 AVC 日常巡检、查看、检查闭锁状态及原因、其他信息等。

在设备信息中已经能够查看厂站及母线的分区及基本信息，更详细、更全面的信息可以在控制状态图中进行巡检，通过右键操作，使用人员可以完成绝大部分的 AVC 操作。

AVC 主界面如图 4-25 所示，通过主界面上的画面链接进入各内容界面，进行相应内容的监视及操作。

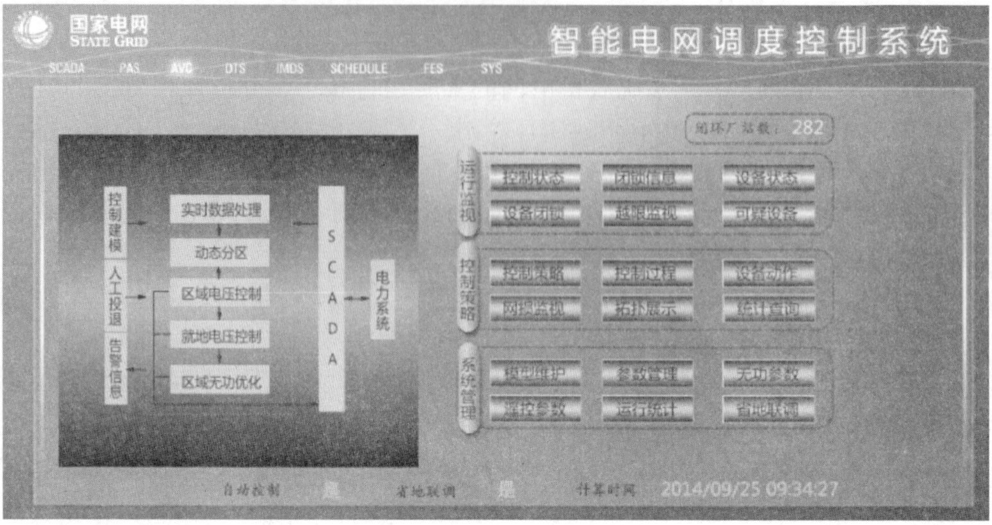

图 4-25　AVC 主界面

(一) 控制状态图监视

控制状态图显示各变电站及所属母线、变压器、电容器控制状态。控制状态分级设置，其优先级是：厂站＞母线＞主变分头或电容器。厂站控制状态图如图 4-26 所示。

厂站的运行模式：有“开环”和“闭环”两种模式。可通过右键进行切换。

母线状态：母线闭锁状态，以及 AVC 应用下取到的线电压。

主变状态：主变闭锁状态及分接头位置。

电容状态：容抗器闭锁状态以及电容器开关位置。

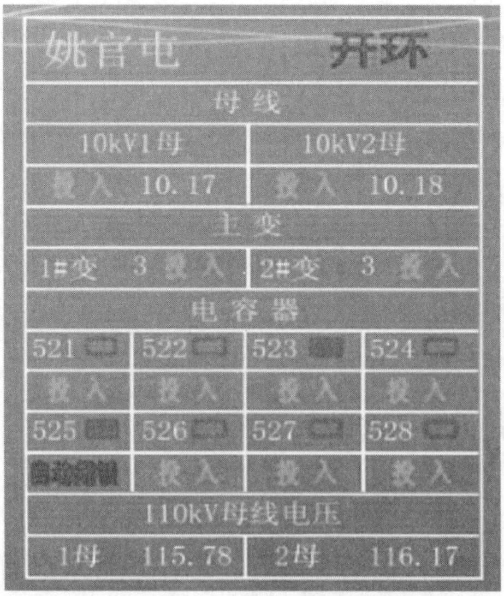

图 4-26　厂站控制状态图

(二) 控制状态图操作

1. 厂站开闭环切换

厂站控制状态的切换方法为在“开环”上右键，选择“厂站控制变位”，在弹出的窗口中输入用户名和口令，即可将相应状态切换为“闭环”。如图 4-27 所示。

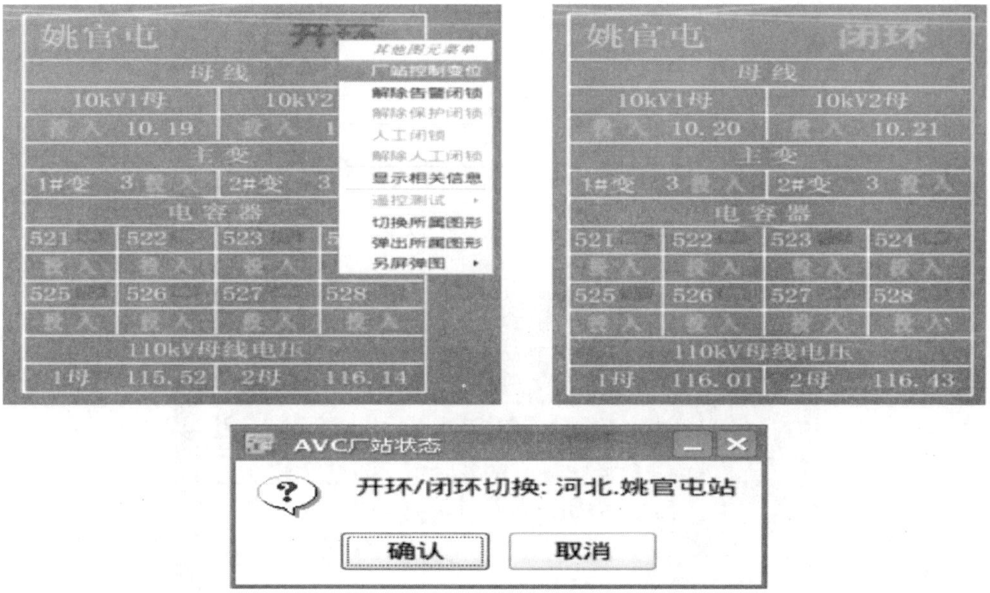

图 4-27　厂站开环、闭环状态切换

2. 人工闭锁及解锁

人工闭锁母线、主变或容抗器的方法为在设备状态图元上右键单击，在弹出菜单中选择“人工闭锁”，如图 4-28 所示，在提示框中输入备注，如图 4-29 所示，单击 OK 后即完成对该设备的人工闭锁操作。

在对控制状态图的浏览时可通过 Tip 信息查看具体的人工闭锁信息，如图 4-30 所示。

解锁人工闭锁操作在右键菜单中选择“解除人工闭锁”，弹出对话框显示备注信息，单击“确认”后即可解除该设备的人工闭锁。

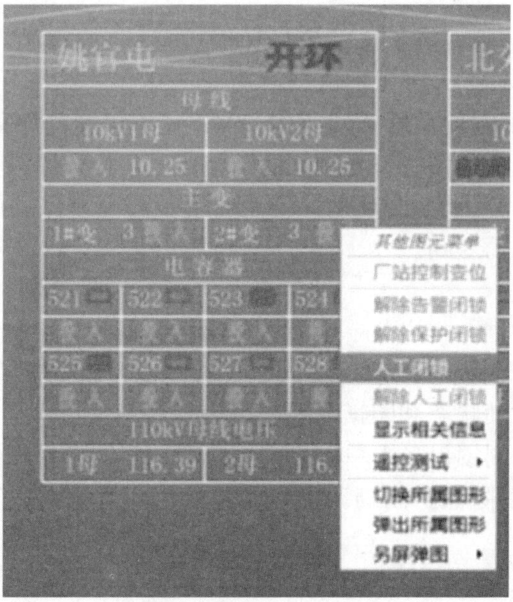

图 4-28　设备人工闭锁操作

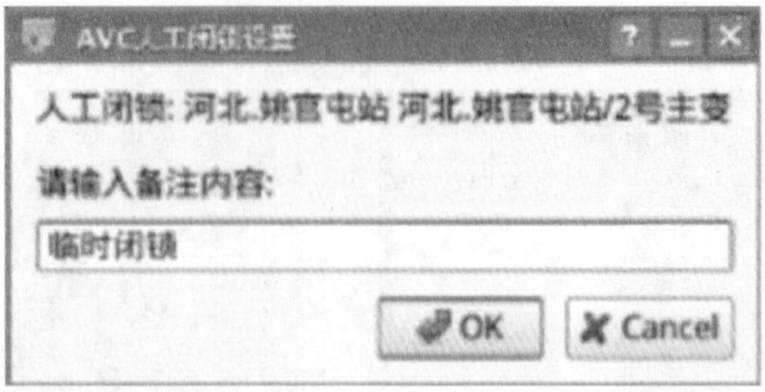

图 4-29 人工闭锁输入备注

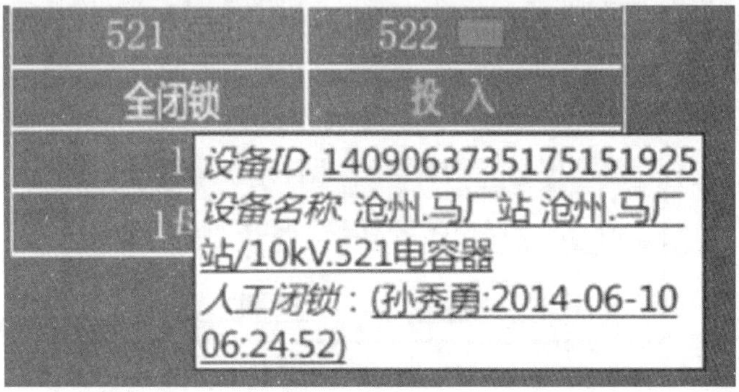

图 4-30 控制状态图 Tip 中的人工闭锁信息

注：闭锁和解锁设备均需用户具有 AVC 置数权限，且在设备所在责任区。

3. 详细信息查看

在厂站、母线、主变或容抗器状态图元上单击右键，选择“显示相关信息”，可弹出窗口查看厂站或设备的详细信息。

设备详细信息展示该设备是否参与 AVC 计算、开闭环状态、该设备所有的告警信号及保护信号、最近半小时的控制策略。

4. 闭锁查看与解除

AVC 闭锁信号主要分为两类：告警信号和保护信号。告警信号由 AVC 内部检测并触发，保护信号由关联的 SCADA 中保护信号触发生成。

AVC 闭锁信号是为了方便监控人员了解 AVC 设备闭锁的原因并进行相应的处理。设备被自动闭锁时，监控人员应及时查看具体的闭锁信号，检查原因并处理。在确认问题已解决后，该设备可以投入 AVC 自动控制时，需及时解锁告警或保护信号。自动复归类型的闭锁信号在问题消失后可自动复归。

（1）闭锁浏览及解锁

在闭锁设备上单击右键，弹出菜单选择“显示相关信息”，可显示当前设备的闭锁状态及闭锁原因。也可切换到“闭锁信息”画面，查看当前系统内所有已出现的告警及保护信号。信息提示中显示的闭锁状态和闭锁原因。

需要解除闭锁时，在闭锁设备上单击右键，选择“解除告警闭锁”或“解除保护闭锁”，如果当前无保护信号，“解除保护闭锁”的按钮是灰色不可选的，若 SCADA 保护信号未复归，该按钮也不可选。

点选“解除告警闭锁”后，会弹出确认窗口，请求确认解锁设备，确认之后显示当前设备的告警信号，选择“确认解锁”则会解锁这些信号。

（2）复归方式

AVC 闭锁复归方式有自动解锁和人工解锁两种。

自动解锁：当 AVC 检测到触发某类告警或保护闭锁的信号复归时，将自动解除对相关设备的闭锁；对于 AVC 告警信号，还可设置为在告警信号复归后，延时一段时间解锁。

人工解锁：AVC 检测到触发某类告警或保护闭锁的信号复归时，不会自动解除对相关设备的闭锁，而需通过人工确认的方式解除闭锁。

（3）告警信号

AVC 告警信号是为保证 AVC 安全运行由 AVC 系统定义的一系列告警信号，当此类信号触发时，闭锁相应设备并发出告警信号。此类信号的触发和解除由 AVC 系统完成。

AVC 告警信号类别定义在 AVC 告警类型表中，系统根据每个告警类型对应的设备生成具体的告警信号。“是否抑制告警”选为“是”时，将不处理此类告警。

（4）保护信号

AVC 保护信号由维护人员在 SCADA 保护节点表中拖入需闭锁的 AVC 设备而触发生成，一个保护信号最多可闭锁 4 个设备。AVC 接收到保护动作信号时闭锁对应设备，接收到复归信号时可自动复归。

常用的保护信号包括主变的轻重瓦斯信号、过载信号等，以及容抗器的过流、过压保护。由于各站配置的保护不同，需继电保护专业人员提供哪些保护需闭锁主变调档及容抗器开关投切，并指定复归方式。

保护信号的复归方式默认为人工解锁，可人工改为自动解锁方式。瞬动类型的保护信号禁止设定为自动解锁方式。

注：瞬动类型的保护信号不能设定为自动解锁，是因为 AVC 根据 EMS 系统接收到的保护复归信号解锁 AVC 保护信号。瞬动类型的保护信号在动作后立即复归，如设定为自动解锁的 AVC 闭锁信号，则不能起到闭锁设备的作用。有可能控合开关，引起后备保护动作，造成故障扩大。凡是复归信号不代表故障已解除，可投入自动控制的保护信号，均不能设定为自动解锁。

（三）动作查询

AVC 动作查询界面列表显示电容器开关动作和主变调档事件，记录动作时刻、动作前后电压、是否 AVC 操作等内容，如图 4-31 所示。

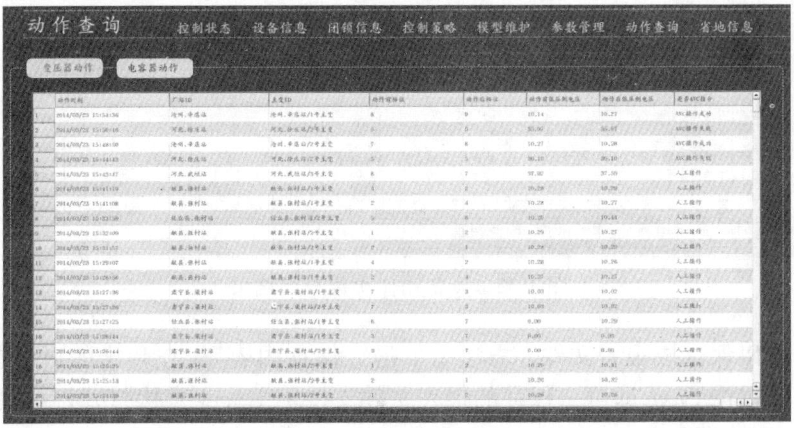

图 4-31 AVC 动作查询

电容器动作事件表和变压器动作事件表中记录最近发生的设备动作事件，同时 AVC 也将动作事件保存到历史库，可通过告警查询工具方便地进行查看。关于告警查询工具的使用参见平台相关使用手册，本节不再赘述。

(四) 历史查询及报表统计

1. 历史查询

AVC 采用和平台 D5000 一体化设计，可以通过 D5000 的告警查询功能查询 AVC 的历史记录。

AVC 在告警查询工具中单独分类，具体为：AVC 变压器动作事件、AVC 告警信息事件、AVC 电容器调压事件、AVC 操作信息事件、AVC 调压命令事件、AVC 遥控操作记录。

2. 报表统计

单击主界面上的“统计查询”，即可打开 AVC 统计查询工具。该统计查询工具可以查询：

(1) 设备动作次数（可分厂站、主变、电容器、电容投运时间、日统计）;

(2) 电压合格率;

(3) 功率因数（力率）合格率;

(4) 控制策略。

可按日查询，也可查询多日的记录，支持将查询结果保存为 Excel 表格。

查询方法：先选择厂站，再选择开始时间和结束时间，最后单击“统计查询”。查询结果如图 4-32 所示。

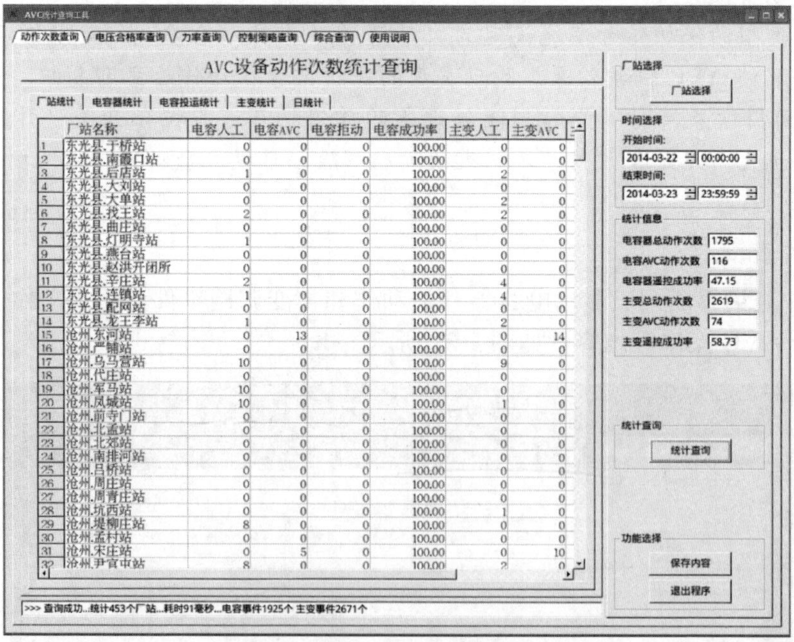

图 4-32 设备动作次数查询结果

查询结果可以保存成报表文件，方法是单击“保存内容”，在弹出的对话框中选择保存路径和文件名，单击 Save 即可。保存的报表文件支持用 Excel 直接打开，可用 FTP 等工具将生成的报表文件复制到 Windows 环境下，用 Excel 查看。

三、系统维护

（一）模型维护

1. 模型维护

本节将以新厂站接入 AVC 系统为例说明 AVC 系统维护需要做的各项工作。新建厂站接入 AVC 控制需要进行生成网络模型、生成 AVC 模型、测试投运等几个步骤，流程如图 4-33 所示。

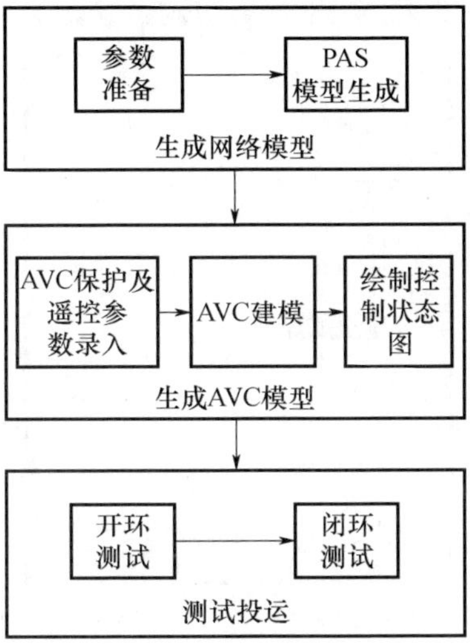

图 4-33　AVC 厂站接入流程图

考虑网络安全防护和方便维护，AVC 作为 EMS 的一个重要应用子系统，与平台一体化设计，数据流无缝衔接。AVC 从 PAS 网络建模获取静态电气网络模型，并能由建模软件自动生成控制模型和进行严格验证，控制模型定义厂站、母线电压监测点、功率因数监控点、控制设备（有载调压变压器及容抗器等）等记录并形成静态的联结关系。

AVC 系统建模数据流程如图 4-34 所示。

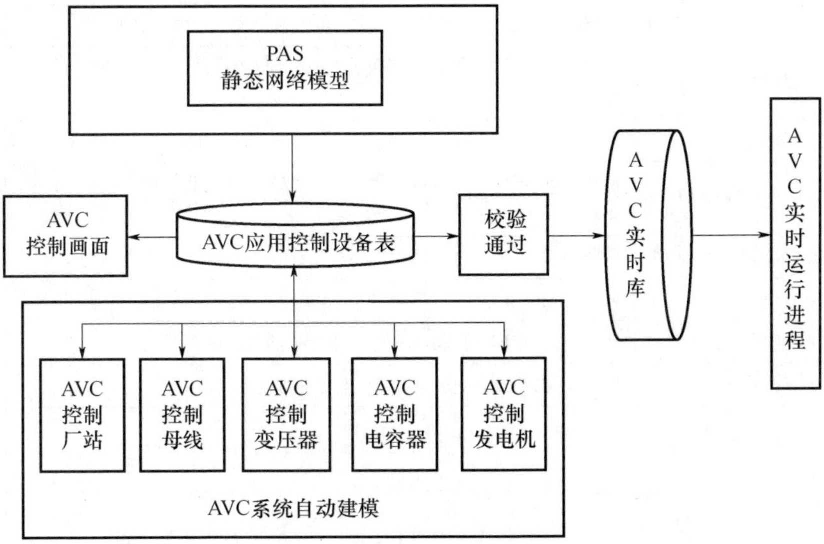

图 4-34　AVC 系统建模数据流程图

2. 建模前准备

（1）核对设备所属应用

在厂站一次接线图上核对所有设备是否都已经选择了投运，尤其是厂站进线、母联开关和变压器绕组。所有设备是否都选择了PAS和AVC应用，尤其是开关是否选择了PAS和AVC应用。单击拓扑着色，查看厂站拓扑是否正常，将所有关键刀闸和手车置为遥信封锁合。

查看设备是否选择了PAS和AVC应用的方式如图4-35所示。

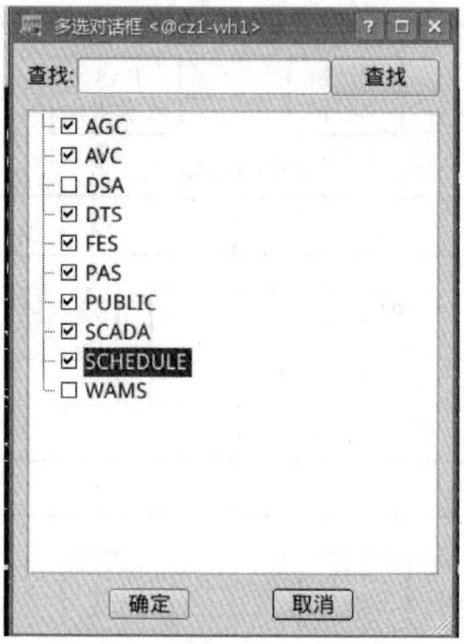

图4-35　核对设备是否选择了PAS和AVC属性

（2）厂站节点入库及参数填写

将该厂站节点入库，在数据库dbi中核对该厂站主变的分接头类型ID、电容器的额定容量以及厂站进线的长度和线路类型参数是否填写好。

AVC所需参数类型见表4-1。

表4-1　AVC参数一览表

参数类型	参数名称	数据库位置	备注
变压器参数	主变分接头类型ID	PAS_MODEL/变压器绕组表/主变高压侧/分接头类型ID	
变压器参数	主变容量	PAS_MODEL/变压器绕组表/主变高、中、低压侧/绕组正常额定功率	
变压器参数	主变额定电压	PAS_MODEL/变压器绕组表/主变高、中、低压侧/额定电压	
变压器参数	正序电阻标幺值	PAS_MODEL/变压器绕组表/主变高、中、低压侧/正序电抗标幺值	可填默认值0.02
电容器参数	容抗器类型	PAS_MODEL/容抗器表/容抗器类型	
电容器参数	额定电压	PAS_MODEL/容抗器表/额定电压	
电容器参数	额定容量	PAS_MODEL/并联电容电抗器表/额定容量	
线路参数	电流正常限	PAS_MODEL/交流线段表/电流正常限	
线路参数	正序电抗标幺值	PAS_MODEL/交流线段表/正序电抗标幺值	如用“长度类型”可通过线路长度、型号自动计算
线路参数	正序电纳标幺值	PAS_MODEL/交流线段表/正序电纳标幺值	

(3) PAS 网络模型更新

模型更新：进入网络建模界面，在右键菜单中单击“标幺值计算”，再单击“模型验证”按钮。如显示严重错误，需要进行相应的修改，直到没有严重错误为止，每次修改过以后都要重新做模型验证。

AVC 模型更新：AVC 模型维护界面如图 4-36 所示。

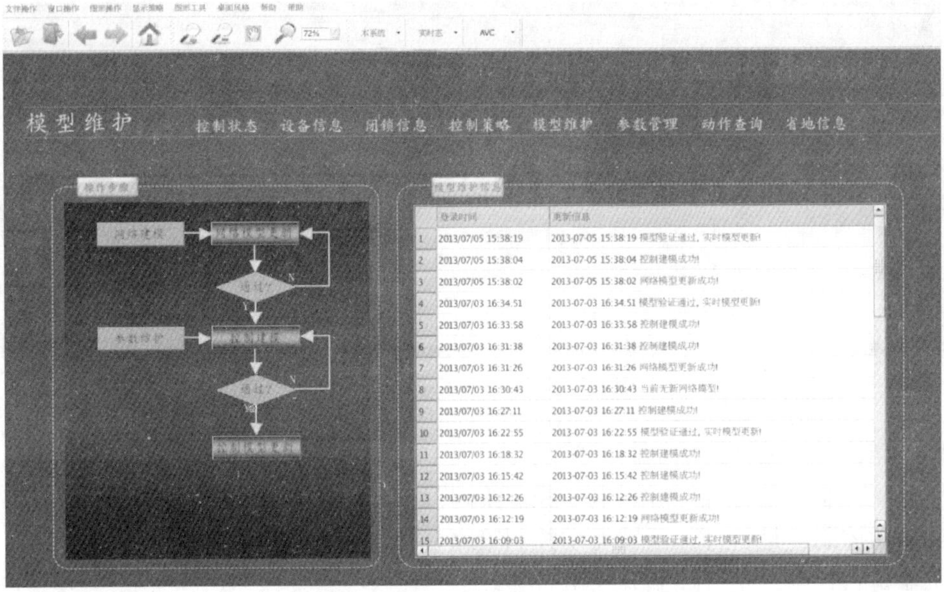

图 4-36 AVC 模型维护界面图

首先单击“网络模型更新”按钮，待右边模型维护信息表中出现“网络模型更新成功”消息后说明更新成功。然后单击“控制建模”，出现“控制建模成功”消息后单击“控制模型更新”，看到“模型验证通过，实时模型更新”的消息后，AVC 建模完成。建模时需注意操作步骤，严禁单击多次。

AVC 建模采用的是离线建模的方式，在备库更新模型并验证成功后，才同步到实时控制模型，建模过程和实时控制互不影响，保证了实时控制的安全性。

(二) 参数维护

AVC 从网络建模继承设备参数，例如容抗器额定电压及额定容量、主变绕组额定容量及分接头类型等。本节介绍 AVC 控制参数的浏览和录入。

AVC 参数管理界面包括全局参数设置、运行参数设置和特殊运行参数设置，如图 4-37 所示。

1. 全局参数

全局参数维护在 AVC 主画面的“参数管理”中。

全局参数主要包括：

自动控制：AVC 系统闭环控制标志，“是”为闭环控制，“否”为开环。

关口类型：确定 AVC 无功控制的关口，分为主变和母线两种。

取样次数：对母线电压无功量测值多次进行采样比较，连续达到设定次数时，才认为该母线电压（或无功）越限。

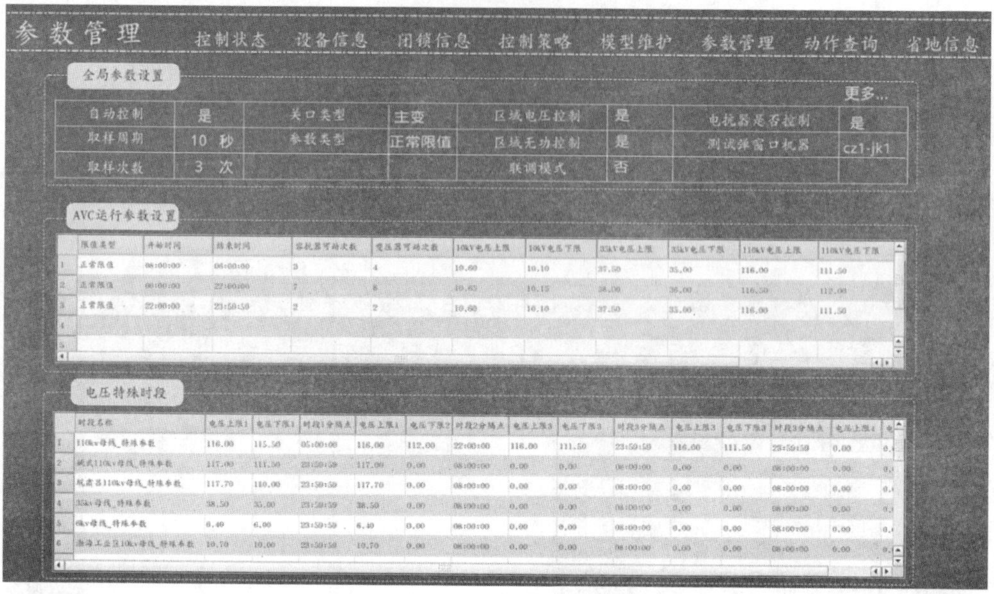

图 4-37　AVC 参数管理界面图

取样周期：两次采样之间的时间间隔。

区域电压控制：是否打开区域电压控制策略。

区域无功控制：是否打开区域无功控制策略，即功率因数控制。

电抗器是否控制：是否控制并联电抗器。

参数类型：运行参数采用什么种类的限值，包括“正常限值”“低限限值”和“季度限值”三种。

联调模式：AVC 是否与省调联调标志，“是”时接收省调无功指令，“否”时为就地控制。

测试弹窗口机器：供自动化人员对新加入厂站的设备进行闭环测试时使用，选定后会有请求确认执行的窗口弹出在该机器界面上，由人工干预执行。

全局参数可在参数管理界面修改，双击要修改的参数，在弹出对话框中选择要修改的值。也可在数据库中“AVC 控制参数表”中直接修改。

2. 并列母线电压取值设置

对于并列运行的母线，AVC 计算时会将其作为一条计算母线处理，因此其母线电压的取值有三种处理方式：平均、自动、优先级。

在数据库中打开 AVC 母线表，通过设置测点取值方式、优先级，两个字段来配置，具体说明见表 4-2。

表 4-2　并列母线电压取值设置

序号	测点取值方式	优先级	取值方式
1	平均		平均值
2	自动	相同	随机取其中一条母线
3		不相同	取优先级值小的母线

3. 取数周期与次数

AVC 每个周期从 SCADA 中获取一次实时数据，判断越限的条件是需要满足连续几个取数次数都越限才认为是越限。

取数周期：是一个全局参数，一般设置为 10 秒，也可以根据实际情况进行调整，即每隔 10 秒从 SCADA 中取一次量测数据。

取数次数：有全局，每个站也可以设置单独的取数次数，如果厂站设置了单独的采样次数，就使用单独的，否则采样全局采样次数。

全局参数设置：

参数维护界面上直接设置，或者在数据库中维护：打开 AVC 控制参数表，设置取数次数、取数周期，如图 4-38 所示。

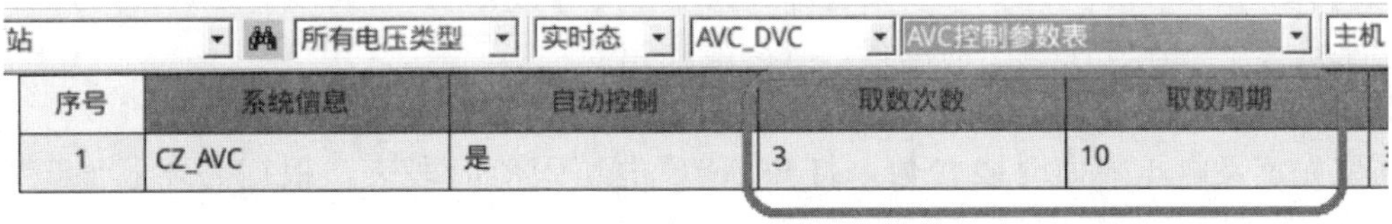
站　所有电压类型　实时态　AVC_DVC　AVC控制参数表　主机

序号	系统信息	自动控制	取数次数	取数周期
1	CZ_AVC	是	3	10

图 4-38　全局取数次数与周期设置

厂站单独设置：

在数据库中维护：打开 AVC 厂站表，设置“采样次数”，如图 4-39 所示。

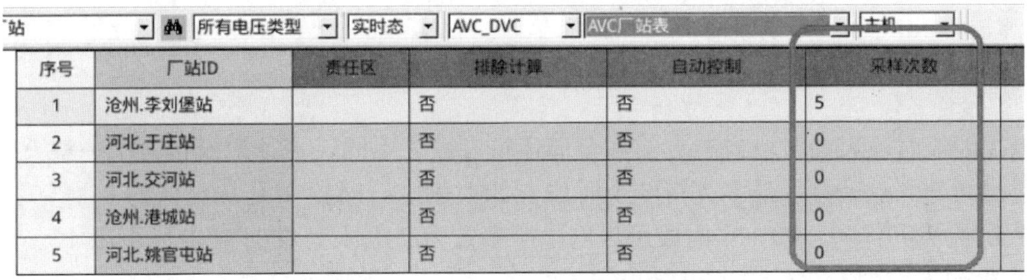
站　所有电压类型　实时态　AVC_DVC　AVC厂站表　主机

序号	厂站ID	责任区	排除计算	自动控制	采样次数
1	沧州.李刘堡站		否	否	5
2	河北.于庄站		否	否	0
3	河北.交河站		否	否	0
4	沧州.港城站		否	否	0
5	河北.姚官屯站		否	否	0

图 4-39　厂站单独采样次数设置

4. 限值类型设置

AVC 的策略计算按照设定的各类限值参数进行，对于全局参数，可支持多种限值，目前包括：正常限值、低限值、一季度限值、二季度限值、三季度限值、四季度限值。

限值类型必须与全局参数配合使用，即选择了某中限值类型，必须在“AVC 全局运行参数表”对该限值类型进行定义，否则会造成获取限值异常。

该方法本质上是事先设定了多组全局限值，方便切换使用。

可以在“参数管理”和数据库“AVC 控制参数表”中进行修改。

5. 电压限值设置

AVC 电压限值主要设定各电压等级的电压上下限值。具有全局和特殊设置两类，设备设置了特殊限值时，该特殊限值起效，否则全局限值起效。这样既减少了使用人员的维护工作量，又能实现个别设备单独设置限值的需求。

全局电压参数设置：打开 AVC 全局运行参数表，设置各电压等级电压上下限，如图 4-40所示。

序号	限值类型	开始时间	结束时间	10kV电压上限	10kV电压下限	20kV电压上限	20kV电压下限	35kV电压上限	35kV电压下限
1	正常限值	00:00:00	06:00:00	10.60	10.10	22.00	19.00	37.50	35.00
2	正常限值	06:00:00	22:00:00	10.65	10.15	22.00	19.00	38.00	36.00
3	正常限值	22:00:00	23:59:59	10.60	10.10	22.00	19.00	37.50	35.00

图 4-40　AVC 全局运行参数表

上图中将一整天时间分在一个时段中，也可设置多时段限值，各时段时间可灵活配置，注意上一时段的结束时间与下一时段的开始时间相同，避免空白时段，最终以 23：59：59 结束。

限值类型可选择“正常限值”“低限值”“一季度限值”等，满足不同考核类型的需求，系统选择何种限值类型需要在界面或数据库中设定。

注意：选择使用了某限值类型，必须事先在“AVC 全局运行参数表”中定义好，否则将造成获取限值出差错。比如，如果选择使用了“一季度限值”，而在“AVC 全局运行参数表”中未定义“一季度限值”的限值，将会造成异常。

单独电压参数设置

需要先定义电压限值时段参数，打开 AVC 电压限值时段表，根据需要添加记录，如图 4-41所示。

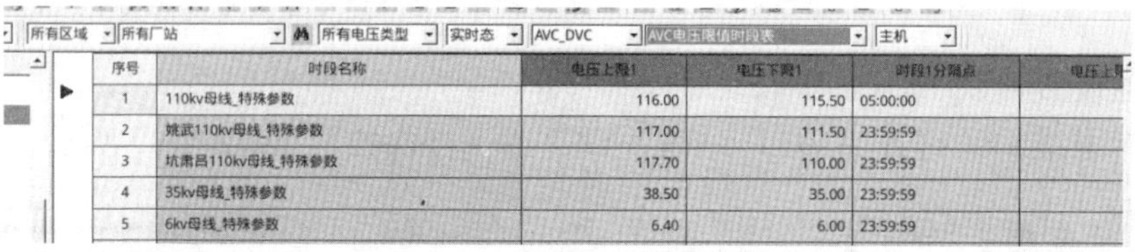

序号	时段名称	电压上限1	电压下限1	时段1分隔点	电压上限2
1	110kv母线_特殊参数	116.00	115.50	05:00:00	
2	姚武110kv母线_特殊参数	117.00	111.50	23:59:59	
3	坑肃吕110kv母线_特殊参数	117.70	110.00	23:59:59	
4	35kv母线_特殊参数	38.50	35.00	23:59:59	
5	6kv母线_特殊参数	6.40	6.00	23:59:59	

图 4-41　AVC 电压限值时段表

电压限值时段表的时段设置方式和全局运行参数表不同，一条记录包含了一整天的时间段，以时间分隔点区分，最多支持 8 个时段。如上例中，时段 1 是从默认的 00：00：00 至时段 1 分隔点 06：00：00，本时段可填的电压参数为“电压上限 1”“电压下限 1”。注意最后的时段分隔点要以 23：59：59 结束。

然后打开 AVC 母线表，在对应记录的域“时段类型”中选择刚才新建的时段名称。则全局参数中的电压参数对此厂站失效，特殊电压限值参数对此母线生效。

6. 低限模式设置

低限模式作为 AVC 限值类型的一种，但有一些特殊：

每个站可设置是否启用低限模式，如当期为低限模式下，只有该站设置了低限才使用低限限值，否则使用正常限值或该母线的特殊参数。

厂站低限模式，在数据库 AVC 厂站表，“低限模式”如图 4-42 所示。

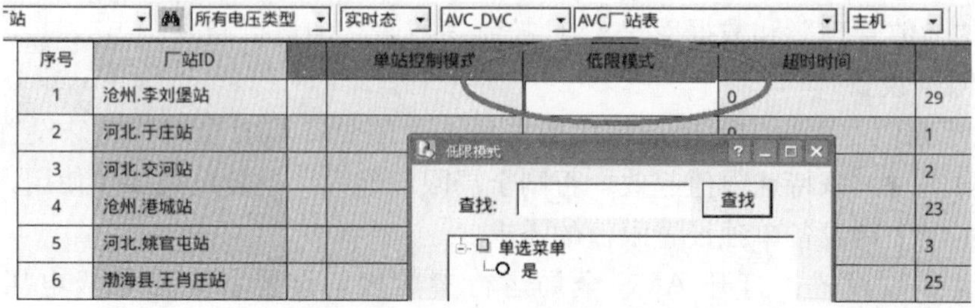

序号	厂站ID	单站控制模式	低限模式	超时时间	
1	沧州.李刘堡站			0	29
2	河北.于庄站			0	1
3	河北.交河站				2
4	沧州.港城站				23
5	河北.姚官屯站				3
6	渤海县.王肖庄站				25

图 4-42　厂站设置是否低限模式

7. 无功限值设置

AVC 支持多种无功限值模式，灵活配置，满足不同情况下的需求。以站为单位，可设置四种模式，见表 4-3。

表 4-3 无功限值模式模式的设置

序号	方法	说明	备注
1	自动选择	优先采用功率因数计算法，在轻负荷时自动切换至电容容量折算法，通过有功低限门槛值来判断	默认方式
2	功率因数	通过功率因数限值与当前有功折算出无功控制限值	
3	电容容量折算	设定允许倒送本站最大电容容量的一定系数，设定最多允许吸收本站最大电容容量的一定系数	适用于轻负荷站
4	固定无功限值	人为设定一对固定的无功上下限值	

注意：

1）无功限值模式设置，以厂站为单位进行设置，默认为自动选择模式。

2）功率因数参数，既有全局限值，每站都可以配置独立的功率因数限值，均支持时段划分。

3）功率因数参数和有功轻负荷门槛，以及允许倒送及吸收系数，既有全局限值，也可针对变电站独立配置，均支持时段划分。

无功限值模式设置：在数据库 AVC 厂站表中设置“无功限值模式”，如图 4-43 所示。

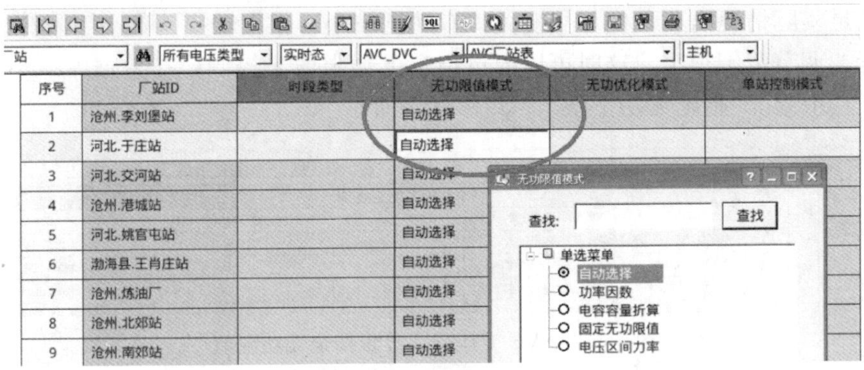

图 4-43 厂站设置无功限值模式

全局无功参数设置：在数据库 AVC 全局运行参数表中设置无功类型限值：功率因数上下限、有功门槛值，及电容折算法需要的“倒送系数”和“吸收系数”，如图 4-44 所示。

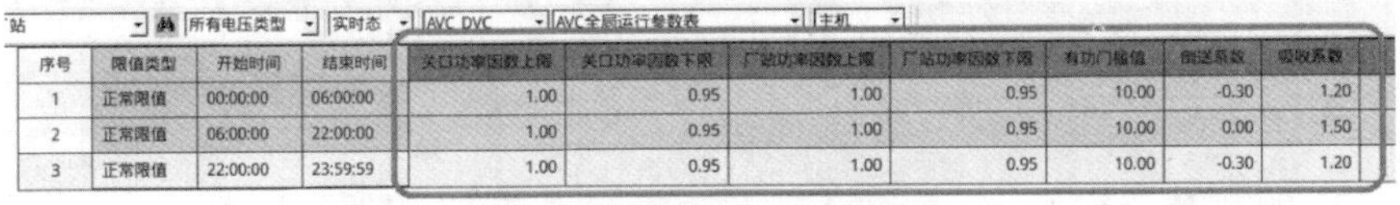

图 4-44 全局无功限值设置

独立无功参数设置：打开 AVC 无功限值时段表，根据需要添加一条记录，如图 4-45 所示。

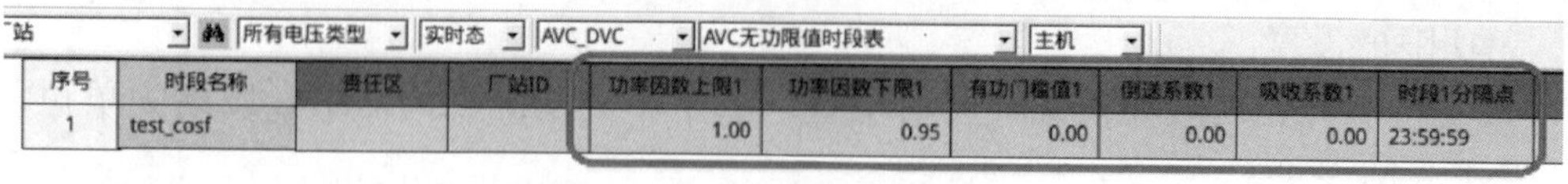

图 4-45　AVC 无功限值时段表

注意无功限值时段表的时段设置方式和全局运行参数表不同，一条记录包含了一整天的时间段，以时间分隔点区分。如上例中，时段 1 是从默认的 00：00：00 至时段 1 分隔点 06：00：00，本时段可填的无功参数值为“功率因数上限 1”“功率因数下限 1”“有功门槛值 1”“倒送系数 1”“吸收系数 1”。注意最后的时段分隔点要以 23：59：59 结束。

然后打开 AVC 厂站表，在对应记录的域“时段类型”中选择刚才新建的时段名称，如图 4-46 所示。则全局参数中的无功参数对此厂站失效，特殊无功限值参数对此变压器生效。

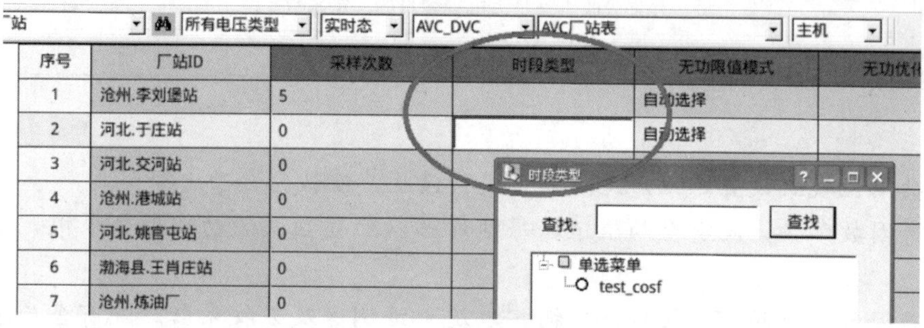

图 4-46　AVC 厂站表选择时段类型

固定无功限值设置：虽然可以设置特殊的功率因数限值，但有时候，设置功率因数的方式仍不能满足实际情况需要，例如主变关口有功比较小，根据功率因数上下限算出的无功上下限很接近，调节范围很窄。这时可以通过指定无功限值来控制，在数据库 AVC 变压器表中“指定无功上限”“指定无功下限”，如图 4-47 所示。

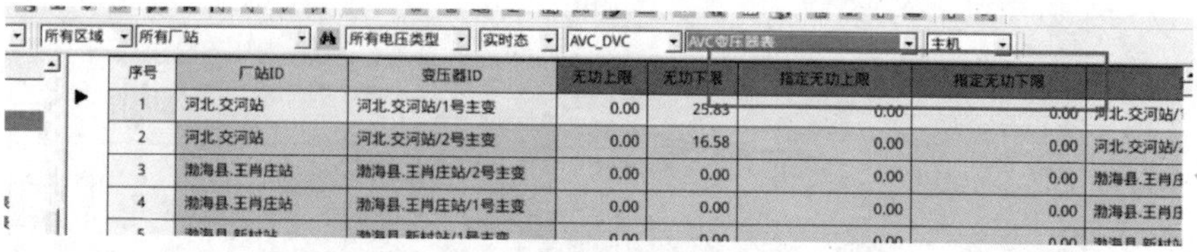

图 4-47　AVC 变压器表设置指定无功限值

指定无功上下限需要该厂站的无功限值模式选择“固定无功上下限”。设置在 AVC 厂站表中，如图 4-48 所示。

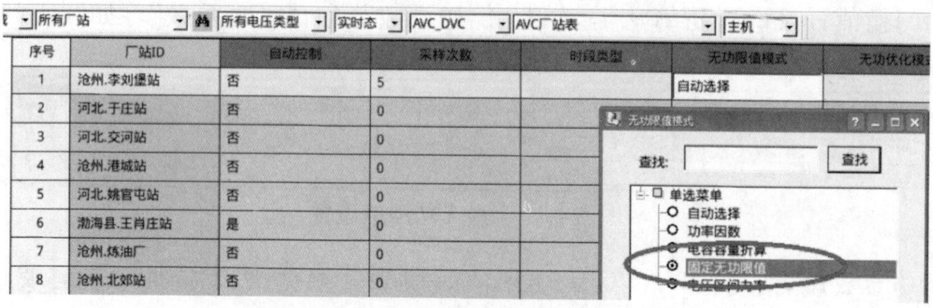

图 4-48　AVC 厂站表设置无功限值模式

8. 动作次数设置

在 AVC 全局运行参数中定义全局的动作次数限值，与电压、无功限值参数一样。

特殊限值参数设置：打开 AVC 动作次数时段表，根据需要添加一条记录，如图 4-49 所示。

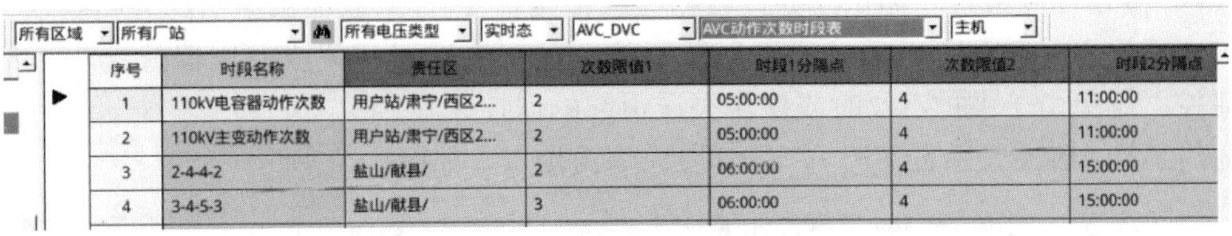

所有区域 所有厂站 所有电压类型 实时态 AVC_DVC AVC动作次数时段表 主机

序号	时段名称	责任区	次数限值1	时段1分隔点	次数限值2	时段2分隔点
1	110kV电容器动作次数	用户站/肃宁/西区2...	2	05:00:00	4	11:00:00
2	110kV主变动作次数	用户站/肃宁/西区2...	2	05:00:00	4	11:00:00
3	2-4-4-2	盐山/献县/	2	06:00:00	4	15:00:00
4	3-4-5-3	盐山/献县/	3	06:00:00	4	15:00:00

图 4-49 AVC 动作次数限值表

动作次数限值表的时段设置方式和全局运行参数表不同，一条记录包含了一整天的时间段，以时间分隔点区分。如上例中，时段 1 是从默认的 00：00：00 至时段 1 分隔点 06：00：00，本时段可填的电压参数为“电压上限 1”“电压下限 1”。注意最后的时段分隔点要以 23：59：59 结束。

然后打开 AVC 变压器表或 AVC 电容器表，在对应记录的域“时段类型”中选择刚才新建的时段名称，如图 4-50 所示。则全局参数中的动作次数参数对此厂站失效，特殊动作次数限值参数对此变压器生效。

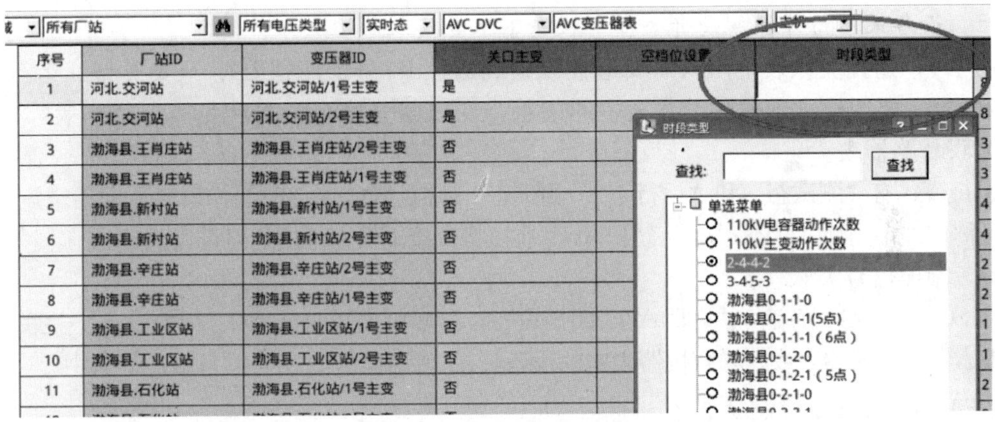

所有厂站 所有电压类型 实时态 AVC_DVC AVC变压器表 主机

序号	厂站ID	变压器ID	关口主变	空档位设置	时段类型
1	河北.交河站	河北.交河站/1号主变	是		
2	河北.交河站	河北.交河站/2号主变	是		
3	渤海县.王肖庄站	渤海县.王肖庄站/2号主变	否		
4	渤海县.王肖庄站	渤海县.王肖庄站/1号主变	否		
5	渤海县.新村站	渤海县.新村站/1号主变	否		
6	渤海县.新村站	渤海县.新村站/2号主变	否		
7	渤海县.辛庄站	渤海县.辛庄站/2号主变	否		
8	渤海县.辛庄站	渤海县.辛庄站/1号主变	否		
9	渤海县.工业区站	渤海县.工业区站/1号主变	否		
10	渤海县.工业区站	渤海县.工业区站/2号主变	否		
11	渤海县.石化站	渤海县.石化站/1号主变	否		

图 4-50 AVC 变压器表选择时段类型

9. 并列挡位维护

如果两台并列运行的主变存在挡位不一致时，需要维护 AVC 并列挡位对照表，如两台主变对应关系见表 4-4。

表 4-4 AVC 并列挡位对照表的设置

1 号主变	1	2	3	4	5	6	7
2 号主变	5	7	9	11	13	15	17

设置方法如下：一般选择一台主变为标准，比如“1 号主变”，则：

对于参考标准主变，1 号主变，按实际填写，即“1 挡位”填“1”，“2 挡位”填“2”，“3 挡位”填“3”，依次类推。

对应2号主变，按对应关系填，当实际为多少挡位时对于标准主变的挡位值，因此“5挡位”填“1”，“7挡位”填“2”，“9挡位”填“3”，依次类推。每个对应的挡位可都填写为“0”。

10. AVC遥控关系表维护

AVC和D5000平台一体化设计，数据无缝衔接，AVC采取筛选遥信的方式获取设备遥控点号，遥控点号和D5000系统严格保持一致。只有电容器开关或变压器分接头才能进行自动遥控。避免由于维护不及时或操作失误引起的误控风险。

通过AVC遥控关系表筛选AVC可遥控的遥信点，如图4-51所示。

站 | 所有电压类型 | 实时态 | AVC_DVC | AVC遥控关系表 | 主机

序号	遥控ID号	厂站ID	开关类型	运行模式
1	沧州.吕桥站/1号主变-高	沧州.吕桥站	变压器分接开关	测试态
2	沧州.吕桥站/2号主变-高	沧州.吕桥站	变压器分接开关	测试态
3	沧州.吕桥站/10kV.521开关	沧州.吕桥站	电容器开关	测试态
4	河北.武垣站/35kV.电容器3124开关	河北.武垣站	电容器开关	测试态
5	河北.武垣站/35kV.电容器3221开关	河北.武垣站	电容器开关	测试态
6	河北.武垣站/3号主变-高	河北.武垣站	变压器分接开关	测试态
7	河北.武垣站/35kV.电容器3222开关	河北.武垣站	电容器开关	测试态

图4-51　AVC遥控关系表

在AVC遥控关系表中维护好记录信息后，在AVC电容器表和AVC变压器表中可以看到AVC取到的遥控点号信息，可以与FES下行遥控信息表中的遥控点号进行比对。

注：设备未参与计算，或者冷备用状态下不会获取遥控点号。

在AVC遥控关系表中填入需要遥控设备的遥控ID号、厂站ID、开关类型、运行模式。遥控ID号需要用检索器关联设备表中的记录，变压器分接开关关联变压器绕组表，电容器开关关联断路器表。

运行模式有“测试态”和“运行态”。测试态下该点AVC遥控时会弹出对话框请求调度员确认，可称作“半闭环”状态；运行态下AVC遥控将直接下发，不用经过调度员确认。

11. 保护信号关联

在SCADA保护节点表中关联AVC闭锁设备，最多可关联四个AVC相关设备。关联方式为使用检索器将变压器表或并联容抗器表中的设备记录拖拽到AVC相关设备ID1等域中。

（三）绘制AVC控制状态图

AVC控制状态图是平时调度员使用AVC时监视的主画面，增加新厂站后需及时维护。控制状态图上的各个图标关联对应AVC设备表的指定域，具体参见图4-52。

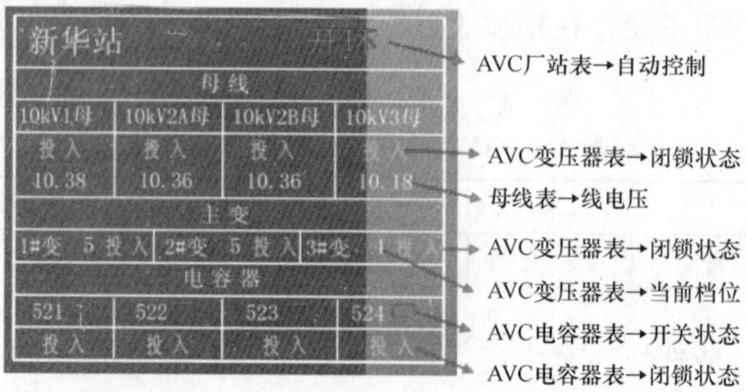

图4-52　控制状态图图元对应的实时库域

第五章　网络基础及调度数据网

模块一　网络基础知识

一、网络的定义

互联网是由大大小小的网络、设备连接起来的大网络。而网络类型可以根据覆盖的地理范围，划分成局域网和广域网，以及介于局域网和广域网之间的城域网。

局域网-LAN（Local Area Network），将小区域内的各种通信设备互联在一起所形成的网络，覆盖范围一般局限在房间、大楼或园区内。局域网一般指分布于几公里范围内的网络，几公里以内的，可以通过某种介质互联的计算机、打印机、Modem或其他设备的集合。

城域网-MAN（Metropolitan Area Network），覆盖范围为中等规模，介于局域网和广域网之间。通常是在一个城市内的网络连接，一般距离为十公里左右。

广域网-WAN（Wide Area Network），连接地理范围较大，常常是一个国家或是一个洲。在大范围区域内提供数据通信服务，主要用于互联局域网。广域网的目的是让分布较远的各局域网互联。

二、网络拓扑结构

网络拓扑结构是指用网线等传输媒介互联各种设备的物理布局，即网络中各类设备的连接关系。网络的拓扑结构有很多种，主要包括总线型结构、星形结构、树形结构、环形结构、网状结构、分布式结构等，如图5-1所示。

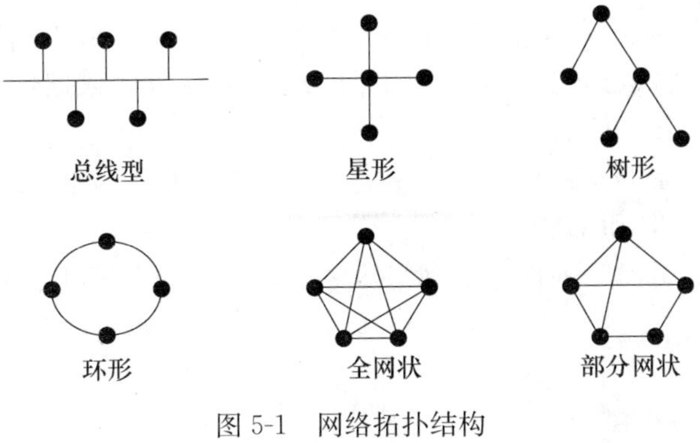

图5-1　网络拓扑结构

三、网络模型

(一) OSI参考模型

1. OSI参考模型依层次结构来划分：第一层，物理层（Physical layer）；第二层，数据链路层（datalink layer）；第三层，网络层（network layer）；第四层，传输层（transport layer）；第五层，会话层（session layer）；第六层，表示层（presentation layer）；第七层，应用层（application layer）。

2. 七层 OSI 参考模型（图 5-2）具有以下优点：

（1）简化了相关的网络操作。

（2）提供即插即用的兼容性和不同厂商之间的标准接口。

（3）使各个厂商能够设计出互操作的网络设备，加快数据通信网络发展。

（4）防止一个区域网络的变化影响另一个区域的网络，因此，每一个区域的网络都能单独快速升级。

（5）把复杂的网络问题分解为小的简单问题，易于学习和操作。

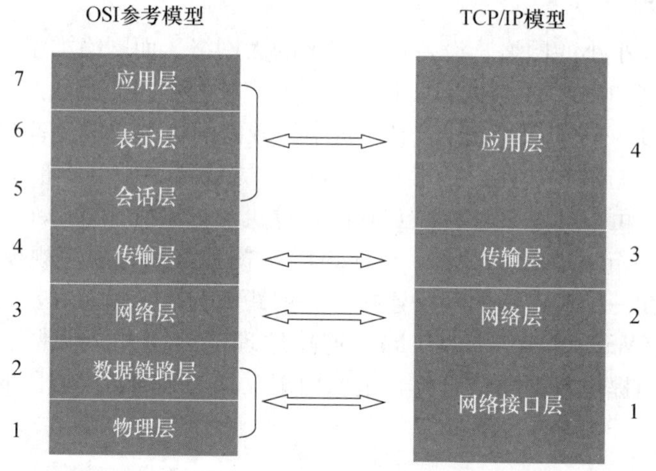

图 5-2　OSI 七层模型与 TCP/IP 模型

（二）TCP/IP 模型

TCP/IP 模型依层次结构来划分：

（1）网络接口层，负责处理与传输介质相关的细节。包含物理线路和接口、链路层通信。主要协议包括以太网/FDDI/令牌环；SLIP/HDLC/PPP；X. 25/帧中继/ATM。

（2）网络层，负责将数据包送达正确的目的地。主要包含数据包的路由、路由的维护。主要协议包括 IP、ICMP、IGMP。

（3）传输层，负责提供端到端通信。主要包含数据完整性校验、差错重传、数据的重新排序。主要协议包括 TCP 和 UDP。

（4）应用层。为应用程序进程提供网络服务，如 Telnet、FTP、e-mail 等。

四、传输层协议

（一）传输层协议的作用

TCP/IP 传输层的主要作用包括：提供面向连接或无连接的服务；维护连接状态；对应用层数据进行分段和封装；实现多路复用；可靠地传输数据；执行流量控制。

（二）TCP 基本原理

TCP 是面向连接的可靠的传输层协议。它支持在并不可靠的网络上实现面向连接的可靠的数据传输。TCP 通过校验和进行差错校验，通过序列号、确认和超时重传机制实现可靠传输，通过滑动窗口实现流量控制。

（三）UDP 基本原理

UDP 是无连接的传输协议，主要用于支持在较可靠的链路上的数据传输，或用于对延迟较敏感的应用，如图 5-3 所示。UDP 实现简单，资源占用少，实时性强，适用于可靠性高的网络和延迟敏感的应用。

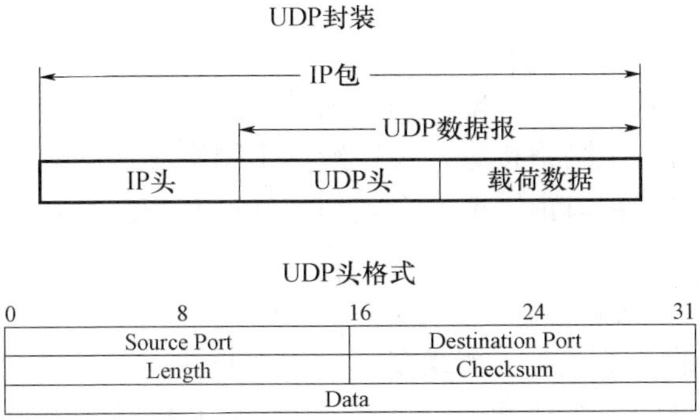

图 5-3 UDP 协议

（四）TCP 与 UDP 的对比（表 5-1）

表 5-1 TCP 与 UDP 各项功能对比

功能项	TCP	UDP
连接服务的类型	面向连接	无连接
维护连接状态	维持端到端的连接状态	不维护连接状态
对应用层数据的封装	对应用层数据进行分段和封装，用端口号标识应用层程序	与 TCP 相同
数据传输	通过序列号和应答机制确保可靠传输	不确保可靠传输
流量控制	使用滑动窗口机制控制流量	无流量控制机制

模块二 网络地址和子网划分

一、IP 地址基础

IPv4 的地址管理主要用于给一个物理设备分配一个逻辑地址。听起来很复杂，但实际上很简单。一个以太网上的两个设备之所以能够交换信息就是因为在物理以太网上，每个设备都有一块网卡，并拥有唯一的以太网地址。如果设备 A 向设备 B 传送信息，设备 A 需要知道设备 B 的以太网地址。像 Microsoft 的 NetBIOS 协议，它要求每个设备广播它的地址，这样其他设备才能知道它的存在。IP 协议使用的这个过程叫作地址解析协议。不论是哪种情况，地址应为硬件地址，并且在本地物理网上。

（一）地址的分类

IPv4 的设计者目前面临着一个地址管理困境。在 Internet 发展早期，网络很小，但问题是未来的发展，互联设备很多。在20世纪70年代初期，建立Internet的工程师们并未意识到计算机部分IP地址管理与子网划分下载机和通信在未来的迅猛发展。局域网和个人计算机的发明对未来的网络产生了巨大的冲击。开发者们依据他们当时的环境，并根据那时对网络的理解建立了逻辑地址分配策略。他们知道要有一个逻辑地址管理策略，并认为32位的地址已足够使用。从当时的情况来看，32位的地址空间确实足够大，能够提供4294967296个独立的地址。针对网络的大小不同，为有效地管理，地址以分组方式来分配。有的分组较大，有的分组中等，而有的分组较小。这种管理上的分组也叫地址类。

（二）地址分配方法

地址管理的任务之一就是地址分配。当开始进行地址分配时，必须要了解如何使用网络中的地址。有些设备只有一个网络接口，可以给这个网络接口分配一个物理地址；有些设备有多个网络接口，每个网络接口都需要一个物理地址；有些设备有多个网络接口，而每个网络接口需要多个地址。

1. 每个网络接口有一个地址

一个连接到网络上的设备需要一个或多个网络接口，并且每个接口都需要IP地址。在网络中一个用于文字处理的工作站有一个以太网接口，它仅需要一个IP地址。

2. 多穴设备

路由器是一个网络设备，用于将一个数据报从一个物理网传送到另一个物理网。从它的特性和功能来看，路由器将需要多个网络接口，并且每个网络接口需要一个IP地址。多于一个网络接口的设备叫多穴设备，实现过程叫作多穴化。

当一个新设备连接到网络上时，地址管理员应该从可能的地址组中选择出一个没有使用的地址。这个信息不仅要提供给使用设备的用户，而且还要使用这个信息对设备进行配置。由于所有设备都在同一个网络上，所以分配给用户的地址必须来自同一个地址组。否则，IP数据传送规则就不能正常工作。

由于操作系统的不同和设备的不同，实际的IP地址配置过程也是不一样的，所以要查阅所使用系统的文档。最后，重要的一步就是在地址管理员文档上仔细记录此次地址的分配，以便这个地址不会再分配给其他设备。

3. 多网化——每个网络接口有多个地址

有许多设备的网络接口需要多个地址。请看下面这个例子：

现在为一个小公司开发一个Internet站点。网络管理员知道，这个站点将来还会扩大，但现在并不需要一个复杂的网络。只安装一个服务器用作Web服务器、ftp服务器、mail服务器和公司的DNS服务器。以后，随着网络服务的增长，每个功能都将使用一个新服务器。

当给目前的服务器分配IP地址时，管理员要做出选择。一种方法是服务器一直使用一个地址。当要增加一些新的服务器时，再为它们分配新的IP地址；另一种方法是为服务器分配4个IP地址。每个IP地址都与未来使用的新服务器的地址相一致。此时，管理员就已经知道将来要使用哪些地址，并且可以在DNS上为将来带有正确地址的新设备建立一个条目。在一个网络接口上建立多个IP地址的过程叫多网化或二级地址管理。

二、子网划分的目的

当设计IP协议时，那时的网络和计算机与今天的网络和计算机有很大的不同。随着局域网（LAN）和个人计算机的出现，计算机网络的结构也发生了很大变化。过去使用大型计算机在低速、广域网上进行通信；而现在则使用小型计算机在快速、局域网上进行通信。

为了说明子网划分的必要性，我们首先要看一看如何使用 IP 来发送数据报。为了便于理解，先看一下邮局发送邮件的过程。如果你想将信息发送到本地家庭中的一个成员，你可首先将内容写在纸上，然后直接给他或她。IP 网络也是这样做的。如果要把 IP 数据报送给在同一个物理网络上的计算机，那么这两个设备应能够直接通信。由于它们都在同一个以太网上，可直接进行信息交流。它们同时在同一个 IP 网络中，所以，通信时不需要任何其他设备的帮助。

再反过来看一看与此过程相类似的邮局。某家庭中的一个孩子搬出了家中自己所住的房间，并进入大学。为了与这个孩子进行通信，则需要其他人的帮助。首先写一封信，把它放入信封，然后把它邮出。邮局能够保证信件准确到达接收地址。计算设备也是按此原则进行工作的。

为了与不在相同物理网中的设备进行通信，计算设备也需要其他设备的帮助，像邮局负责将信传送给在大学中学习的孩子一样，路由器通过广域网将信息传送给目的网络，这样信息将被发送到路由器上进行转发。

三、VLAN 的划分

（一）VLAN 划分方式

根据端口划分有基于端口的 VLAN 划分；根据 MAC 划分有基于 MAC 的 VLAN 划分；根据 IP 进行划分有基于 IP 子网的 VLAN 划分；根据协议划分有基于协议的 VLAN 划分；根据几种划分依据组合进行划分有基于策略的 VLAN 划分。

（二）VLAN 接口类型

VLAN 的接口类型有两种，即 Access 端口和 Trunk 端口。

接入链路属于某一个特定的端口，这个端口属于一个并且只能是一个 VLAN。这个端口不能直接接收其他 VLAN 的信息，也不能直接向其他 VLAN 发送信息。不同 VLAN 的信息必须通过三层路由处理才能转发到这个端口上。

干道链路是可以承载多个不同 VLAN 数据的链路。干道链路通常用于交换机间的互联，或者用于交换机和路由器之间的连接。干道链路的英文叫作“trunklink”。

数据帧在干道链路上传输的时候，交换机必须用一种方法来识别数据帧是属于哪个 VLAN 的。IEEE802.1Q 定义了 VLAN 帧格式，所有在干道链路上传输的帧都是打上标记的帧（taggedframe）。通过这些标记，交换机就可以确定哪些帧分别属于哪个 VLAN。

和接入链路不同，干道链路是用来在不同的设备之间（如交换机和路由器之间、交换机和交换机之间）承载 VLAN 数据的，因此干道链路是不属于任何一个具体的 VLAN 的。通过配置，干道链路可以承载所有的 VLAN 数据，也可以配置为只能传输指定的 VLAN 的数据。

干道链路虽然不属于任何一个具体的 VLAN，但是可以给干道链路配置一个 pvid（portVLANID）。当干道链路不论什么原因，trunk 链路上出现了没有带标记的帧时，交换机就给这个帧增加带有 pvid 的 VLAN 标记，然后进行处理。

（三）VLAN 路由

划分广播域技术之一——VLAN。VLAN 隔离广播的同时，也禁止了不同 VLAN 之间的用户通信，VLAN 间的通信成为新的焦点，VLAN 路由（三层路由功能）成功地解决了 VLAN 间的通信。二层交换机和路由器在功能上的集成构成了三层交换机，三层交换机在功能上实现了 VLAN 的划分、VLAN 内部的二层交换和 VLAN 间路由的功能。

模块三　网络路由协议

一、路由协议基础

（一）路由协议分类

根据路由协议算法分类，可分为距离矢量路由选择协议和链路状态路由选择协议；距离矢量路由选择协议包括 RIP 和 BGP，其中，BGP 也被称为路径矢量协议；链路状态路由选择协议又称为最短路径优先路由选择协议，包括 OSPF 和 IS-IS。

根据业务应用分类，路由协议可分成单播路由协议和组播路由协议；单播路由协议包括 RIP、OSPF、BGP 和 IS-IS 等；组播路由协议包括 DVMRP、PIM-SM、PIM-DM 等。

根据作用范围分类，路由协议可分为自治系统内部的路由协议和自治系统之间的路由协议；自治系统内部的路由协议包括 IGP、RIPv1/v2、OSPF、ISIS，自治系统之间的路由协议包括 EGP、BGP。

（二）路由优先级

当存在多个路由来源时，具有较高优先级（数值越小优先级越高）的路由来源提供的路由将被激活，用于指导报文的转发。

华为设备缺省的路由优先级见表 5-2。

表 5-2　华为设备路由协议或种类优先级对应表

路由协议或路由种类	相应路由的优先级
DIRECT	0
OSPF	10
STATIC	60
RIP	100
IBGP	130
OSPFASE	150
EBGP	170
UNKNOWN	255

（三）静态路由

1. 在组网结构比较简单的网络中，只需配置静态路由就可以使路由器正常工作，仔细设置和使用静态路由可以改进网络的性能，并可为重要的应用保证带宽。

2. 还有一种静态路由类型为接口静态路由，它用于表示那些直接连接到路由器接口上的目的网络。接口静态路由优先级是 0，这意味着它是直接连接网络的路由。

3. 静态路由还有如下的属性：

（1）可达路由：正常的路由都属于这种情况，即 IP 报文按照目的地标示的路由被送往下一跳，这是静态路由的一般用法。

（2）目的地不可达的路由：当到某一目的地的静态路由具有“reject”属性时，任何去往该目的地的 IP 报文都将被丢弃，并且通过 ICMP 消息通知源主机目的地不可达。

（3）目的地为黑洞的路由：当到某一目的地的静态路由具有“blackhole”属性时，任何去往该目的地的 IP 报文都将被丢弃。同“reject”的区别是不向源主机发送任何消息。

（4）缺省路由是一种特殊的路由，可以通过静态路由配置，某些动态路由协议也可以生成缺省路由，如 OSPF 和 IS-IS。

（5）在路由表中，缺省路由以到网络 0.0.0.0（掩码为 0.0.0.0）的路由形式出现。

（6）当路由器收到一个目的地在路由表中查找不到的数据包时，会将数据包转发给缺省路由指向的下一跳。缺省静态路由配置举例：

[RTB] iproute-static0.0.0.0　0.0.0.0　1.1.1.1

二、动态路由协议

（一）动态路由协议基础

动态路由协议（图 5-4）定义：路由协议是路由器之间交互信息的一种语言，路由器之间通过路由选择协议共享网络状态和网络可达性的一些信息。

路由器依靠动态路由协议来传播和收集路由选择信息。路由协议定义了一套路由器与邻接路由器通信时使用的规则。动态计算路由，适应网络变化，找出本地路由器到网络中其他网段的路由。

动态路由协议包括 RIP：路由信息协议；OSPF：开放式最短路径优先；ISIS：中间系统到中间系统；BGP：边界网关协议。

自治系统：由同一个技术管理机构管理、使用统一选路策略的一些路由器的集合。

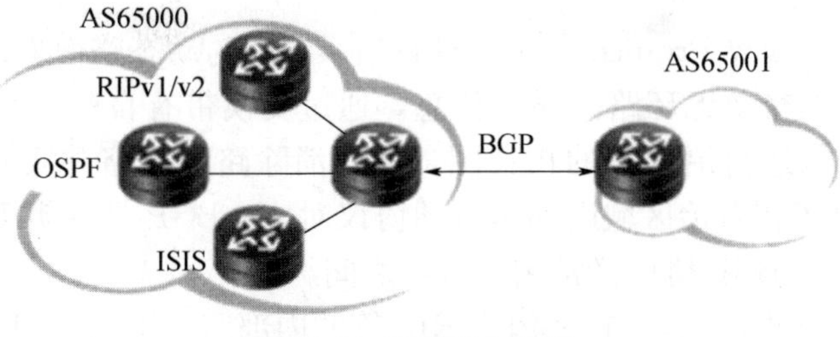

图 5-4　动态路由协议

（二）OSPF 协议

OSPF（Open Shortest Path First）属于 IGP 内部网关路由协议，协议基于链路状态算法。OSPF 直接运行于 IP 协议之上，使用 IP 协议号 89。

1. OSPF 基本特点

（1）适应范围——OSPF 支持各种规模的网络，最多可支持几百台路由器。

（2）快速收敛——如果网络的拓扑结构发生变化，OSPF 立即发送更新报文，使这一变化在自治系统中同步。

（3）无自环——由于OSPF通过收集到的链路状态用最短路径树算法计算路由，故从算法本身保证了不会生成自环路由。

（4）子网掩码——由于OSPF在描述路由时携带网段的掩码信息，所以OSPF协议不受自然掩码的限制，对VLAN提供很好的支持。

（5）区域划分——OSPF协议允许自治系统的网络被划分成区域来管理，区域间传送的路由信息被进一步抽象，从而减少了占用网络的带宽。

（6）等值路由——OSPF支持到同一目的地址的多条等值路由，即到达同一个目的地有多个下一跳，这些等值路由会被同时发现和使用。

（7）路由分级——OSPF使用4类不同的路由，按优先顺序来说分别是：区域内路由、区域间路由、第一类外部路由、第二类外部路由。

（8）支持验证——它支持基于接口的报文验证以保证路由计算的安全性。

（9）组播发送——OSPF在有组播发送能力的链路层上以组播地址发送协议报文，即达到了广播的作用，又最大限度地减少了对其他网络设备的干扰。

2. OSPF网络类型

根据链路层协议类型，OSPF将网络分为四种类型。

（1）广播类型：链路层协议是Ethernet、FDDI（光纤分布式数据接口）、TokenRing（令牌环），以组播的方式发送协议报文，选举DR/BDR。

（2）非广播多路访问类型：链路层协议是帧中继、ATM、HDLC或X.25时。手工指定邻居，选举DR/BDR，DR/BDR要求和DROTHER完全互联。

（3）点到多点类型：是由其他网络类型强制更改的，常见的做法是将非全连通的NBMA改为点到多点的网络。多播hello包自动发现邻居，不要求DR/BDR的选举。

（4）点到点类型：链路层协议是PPP或LAPB。无须选举DR/BDR，当只有两个路由器的接口要形成邻接关系的时候才使用。

（三）BGP协议

1. BGP协议的定义

BGP（Border Gateway Protocol）是一种自治系统间的动态路由发现协议，它的基本功能是在自治系统间自动交换无环路的路由信息，通过交换带有自治系统号（AS）序列属性的路径可达信息，来构造自治区域的拓扑图，从而消除路由环路并实施用户配置的路由策略。与OSPF和RIP等在自治区域内部运行的协议对应，BGP是一类EGP协议，而OSPF和RIP等为IGP协议。BGP协议经常用于ISP之间。

BGP是一种外部路由协议，与OSPF、RIP等的内部路由协议不同，其着眼点不在于发现和计算路由，而在于控制路由的传播和选择最好的路由。通过携带AS路径信息，可以彻底解决路由循环问题。为控制路由的传播和路由选择，它为路由附带属性信息。

2. BGP协议的结构

与OSPF，RIP等IGP协议相比，BGP的拓扑图要更抽象和粗略一些。因为IGP协议构造的是AS内部的路由器的拓扑结构图。IGP把路由器抽象成若干端点，把路由器之间的链路抽象成边，根据链路的状态等参数和一定的度量标准，每条边配以一定的权值，生成拓扑图。根据此拓扑图选择代价（两点间经过的边的权值和）最小的路由。这里有一个假设，即路由器（端点）转发数据包是没有代价的。而在BGP中，拓扑图的端点是一个 AS 区域，边是 AS 之间的链路。此时，数据包经过一个端点（AS 自治区域）时的代价就不能假设为 0 了，此代价要由 IGP 来负责计算。这体现了 EGP 和 IGP 是分层的关系。即 IGP 负责在 AS 内部选择花费最小的路由，EGP 负责选择 AS 间花费最小的路由。

BGP 作为 EGP 的一种，选择路由时考虑的是 AS 间的链路花费、AS 区域内的花费（由 BGP 路由器配置）等因素。为了减小路由表的体积和发送路由的通信量，BGP 还支持 CIDR（Classless Inter Domain Routing）。它使用带有较短的掩码（相对于自然掩码）的路由来在一条路由中表达更多的路由信息。

3. BGP 协议的运行方式

BGP 在路由器上以两种方式运行：IBGP（Internal BGP）和 EBGP（External BGP）。

（1）在 IBGP 中两个交换 BGP 报文的对等体属于同一个自治系统。

虽然 BGP 是运行于自治系统之间的路由协议，但是一个 AS 的不同边界路由器之间也要建立 BGP 连接，只有这样才能实现路由信息在全网的传递，如 RTB 和 RTD，为了建立 AS100 和 AS300 之间的通信，我们要在它们之间建立 IBGP 连接。

IBGP 对等体之间不一定是物理上直连的，但必须保证逻辑上全连接（TCP 连接能够建立即可）。为了 IBGP 对等体路由通告的可靠性，我们一般都是采用 loopback 接口建立 IBGP 邻居关系，同时必须指定路由更新报文的源接口。

（2）在 EBGP 中两个交换 BGP 报文的对等体属于不同的自治系统。

一般的路由器都默认要求 EBGP 对等体之间是有物理上的直连链路，同时它们一般也提供改变这个缺省设置的配置命令。允许同非直连相连网络上的邻居建立 EBGP 连接。

（3）BGP 的路由通告原则为多条路径时，BGPSpeaker 只选最优的给自已使用；BGP-Speaker 只把自己使用的路由通告给相邻体；BGPSpeaker 从 EBGP 获得的路由会向它所有 BGP 相邻体通告（包括 EBGP 和 IBGP）；连接一建立，BGPSpeaker 将把自己所有 BGP 路由通告给新相邻体。

这些通告原则都是 BGP 的设计者在设计 BGP 路由协议时硬性规定的几条原则中比较容易理解的。

主要是结合前两条，即为：BGPSpeaker 只把最优路由通告出去在实际运用中，可能会疏忽。

4. BGP 协议的报文

BGP 报文种类有 4 种类型的报文，分别为 OPEN、UPDATE、NOTIFICATION 和 KEEPALIVE。

BGP 对等体间通过发送 OPEN 报文来交换各自的版本、自治系统号、保持时间、BGP 标识符等信息，进行协商。UPDATE 报文携带的是路由更新信息。其中包括撤销路由信息和可达路由信息及其路径属性。当 BGP 检测到差错（连接中断、协商出错、报文差错等）时，发送 NOTIFICATION 报文，关闭同对等体的连接。KEEPALIVE 报文在 BGP 对等体间周期地发送，以确保连接保持有效。OPEN 报文主要用于建立邻居（BGP 对等体）关系，它是 BGP 路由器之间的初始握手消息，应该发生在任何通告消息之前。其他在收到 OPEN 消息之后，即以 KEEPALIVE 消息作为响应。一旦握手成功，则这些 BGP 邻居就可以进行 UPDATE（更新）、KEEPALIVE（保持激活）以及 NOTIFICATION（通知）等消息的交换操作。

模块四　电力调度数据网

一、什么是调度数据网

国家电网调度数据网（SGDnet）是为电力调度生产服务的专用数据网络，是实现各级调度中心之间及调度中心与厂站之间实时生产数据传输和交换的基础设施。调度数据网具有实时性强、可靠性高的特点，其安全性直接关系到电力生产安全稳定运行。按照“统一调度、分级管理”的原则，调度数据网按照“统一规划设计、统一技术体制、统一路由策略、统一组织实施”的方针，进行设计、建设、运行和管理。

在电网技术以及调度业务快速发展的今天，传统的以各业务系统服务的专线传输方式难以全面满足调度业务发展的需要，也难以适应技术的发展，电网信息传输的网络化趋势已日益明显，调度业务系统的信息传输和组织方式也将实现根本转变。为适应电网发展的需要，满足调度机构在正常运行和应急状态下对信息的需求，同时为备调建设及新一代智能调度技术支持系统提供可靠的支撑，建设一个坚强的调度数据网，全面提高网络可靠性及业务保障能力成为调度数据网发展的主要任务。

二、调度数据网现状

现有河北电力调度数据网是按照《国家电力调度数据网络总体技术方案》设计，于2004年开始建设，2005年12月正式投入运行。网络采用扁平化设计，分为两层：骨干层和接入层。骨干层由省调和6个地调组成，采用双环形拓扑；接入层由各接入厂站组成，采用星形拓扑。骨干节点之间采用155M POS链路互联，接入节点采用2M E1链路接入骨干节点。

河北电力调度数据网采用IP Over SDH技术路线，利用MPLS VPN承载应用业务，全网划分三个VPN：VPN1为实时VPN，VPN2为非实时VPN，VPN3为私有业务VPN。其中VPN1承载控制区业务，VPN2和VPN3承载非控制区业务。

网络硬件设备主要包括了华为公司的NE40、NE20、AR4640和H3C公司的MSR8805、MSR6608，MSR5040。省调网管软件采用H3C iMC智能网络管理平台。

河北电力调度数据网主要接入的业务有SCADA/AGC、自动电压控制（AVC）、广域测量系统（WAMS）、电能量计量系统（TMR）、保护信息管理系统、调度员培训系统（DTS）、火电厂烟气污染物监测系统、热电厂热力参数管理系统和并网发电厂管理系统。

三、数据网网络结构

调度数据网采用分层网络结构，具体分为骨干网和接入网两级网络。骨干网和接入网根据网络规模可分为三层：即核心层、汇聚层和接入层。核心层为网络业务的交汇中心，通常情况下核心层只完成数据交换功能；汇聚层位于核心层和接入层之间，主要完成业务的汇聚和分发；接入层主要将用户业务接入网络，实现质量保证和访问控制。

国家电力调度数据网骨干网由省调、备调、六个地调共8个节点组成，每个节点部署两台不同厂家的核心路由器，分别接入骨干网第一、第二平面。

省调接入网分为三层：核心层、汇聚层和接入层。核心层由省调和备调的各两台核心路由器组成，汇聚层由六个地市的汇聚路由器组成，接入层由220kV及以上变电站节点和省调直调发电厂节点组成。

地调接入网分为两层：汇聚层和接入层。汇聚层由地调和监控中心节点组成。接入层由110kV及以上变电站、省调直调发电厂、地调直调发电厂和县调节点组成。

四、数据网路由及分区

(一) 网络路由

1. 自治域间路由

调度数据网由两级自治域组成，即由国调、网调、省调、地调节点组成骨干自治域（骨干网），由各级调度直调厂站组成相应接入自治域（接入网），其中县调（区调）纳入地调接入网络，如图5-5所示。

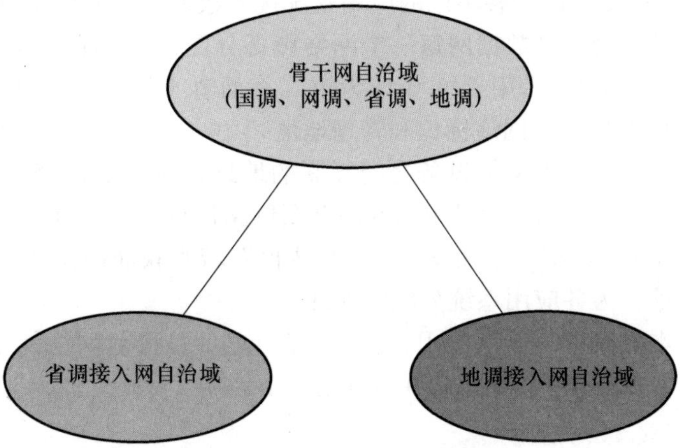

图5-5 调度数据网组成域

各接入网应通过两点分别接入骨干网双平面。各接入网间不设直接互联路由，若有业务需求，应通过骨干网连接。骨干网及接入网均采用统一分配的AS号，网（域）间互联协议采用BGP-4。

2. 自治域内路由

省调接入网和地调接入网自治域内采用OSPF作为域内路由协议。

3. VPN路由

省调接入网和地调接入网域内采用MP-IBGP协议实现VPN内部路由及信息的传递。采用路由反射技术实现域内IBGP互联。接入网和骨干网域间选用MP-EBGP协议实现跨域互联。

4. 公网路由

省调、地调接入网和骨干网互联，公网路由互通采用静态路由方式。

(二) 网络分区

1. 骨干网分区

调度数据网骨干网由国调、网调、省调、地调节点组成，为进一步提高网络稳定性，骨干网按分区组织。国调、网调、省调及备调节点构成OSPF 0区（backbone），各地调节点按所属网省调为单位构成子区，所有子区通过主备调两点接入0区，子区全网统一编码，河北子区编号为13。

2. 省调接入网分区

省调接入网核心层由省调、备调节点和6个汇聚节点组成，位于OSPF的0区，接入层节点按照地理位置每个地区一个编号。

3. 地调接入网分区

地调接入网汇聚层由2个地调汇聚节点和一个监控站节点组成，位于OSPF的0区，接入节点OSPF子区号全地区统一编码。

（三）IP地址分配

国家电网调度数据网地址空间为1.0.0.0到254.0.0.0，以一个A类地址为单元进行分配，接入网地址空间为13.0.0.0/8。根据用途，IP地址分为网络（组网）地址和应用（主机）地址两大类，其中网络地址由网络标识地址（Loopback）、网络设备互联链路地址组成，应用地址由包括厂站在内的各不同的应用系统接入数据网络的地址组成。

1. 网络标识地址：为调度数据网每一个网络设备分配Loopback0管理地址，保持网络设备在网络中拥有唯一ID。启用2.0.0.0为第二平面骨干网网络标识和管理地址，启用13.2.0.0为省调和地调接入网网络标识和管理地址。

2. 网络互联链路地址：为网络设备之间互联的地址，应考虑汇聚，按子区和自治域成块分配。启用3.0.0.0为第二平面骨干网网络互联链路地址，启用13.3.0.0为省调和地调接入网网络互联链路地址，第二平面骨干网与接入网跨域互联地址在3.0.0.0中分配。

3. 应用系统地址：为各应用系统分配的地址。

4. 保留地址：本方案中未涉及的IP地址为保留地址。目前网络使用的10.0.0.0地址作为第二平面网的保留地址空间，以备在特殊情况下使用。

（四）IP地址汇聚

从调度可用地址空间分析，网络地址可达数万。因此，地址必须进行有效控制，在地址编码时应考虑地址汇聚的可能。地址汇聚通常在各分区的边界处（ABR和ASBR），区内网络地址及边界地址按分区分配，以便在分区边界汇聚。由于在运行中存在分区分裂或不稳定等问题，汇聚将产生路由问题，因此汇聚应以网络分区的稳定和完整性为基础。

第六章　UPS 电源

模块一　UPS 概述

一、UPS 的发展过程

初期的不间断电源装置是旋转型的，它是采用柴油发电机（以下简称“油机”）→电动机→发电机组来实现电能的变换。在正常情况下，市电供给电动机，电动机去带动发电机，把发电机发出的电供给负载。电源系统中的飞轮惯性很大，它是一个储能装置。当市电发生断电时，电动机就停止运行。这时靠飞轮的惯性使发电机继续发电。同时立即启动油机供电，从而使负载不断电。这种不间断电源装置运行稳定可靠、维护简单方便，但笨重、效率低、噪声大、操作控制也不灵活。

由于电力半导体器件的发展，特别是可控硅制造工艺的不断改进，质量不断提高，价格逐步降低，便开展对静止型不间断电源装置的研制。于是在 20 世纪 60 年代初出现了用可控硅制成的静止型不间断电源装置。它以可控硅组成电能变换电路，用蓄电池作为贮能元件。当市电发生断电时，由蓄电池代替整流器向逆变器供电，从而使负载不断电。它与旋转型电源装置相比，没有电动机、发电机和飞轮之类的旋转体，因此具有重量轻、效率高、噪声小、操作控制灵活等优点，但它过载能力差、系统结构也比较复杂、维护技术要求高。从 60 年代到 70 年代，这种不间断电源装置发展得很快，使用也很广泛。它采用了波形叠加技术，主电路采用可控硅。由于可控硅不能自关断，因此逆变器需要换向电路，同时逆变器输出的电压需要进行滤波。而换向电路和交流滤波电路都是电感和电容所组成，它们的出现不但增大了体积，而且惯性大，使电源装置输出的动态性能变差。同时，由于大电流可控硅频繁地工作，使电网波形变差，干扰其他用户。

到了 80 年代，就利用自关断的巨型功率晶体管（UR）来制作成实用的静止型不间断电源装置，这样既省去了换向电路，简化了主回路，减小了体积，提高了效率，改善了动态性能，也提高了可靠性。但由于功率晶体管是一种少数载流子工作的半导体器件，它要求的驱动电流较大，对器件各参数的选择也要求严格。随后又发展到利用自关断的功率场效应晶体管（MosFET）来制作成实用的静止型不间断电源装置。功率场效应晶体管是多数载流子工作的器件，它采用电压驱动，因此没有存储时间，从关断到开通的速度很快，所需的驱动功率也小，所以用功率晶体管和功率场效应晶体管制作成的静止型不间断电源装置，目前使用得很广泛。

到了 90 年代，就利用绝缘栅双极晶体管（IGBT）来制作成实用的静止型不间断电源装置。绝缘栅双极晶体管是一种由双极晶体管和功率场效应晶体管的组合器件，既具有功率场效应晶体管的栅极电压可控的特性和快速开关的特性，又具有双极晶体管的大电流处理能力和低饱和压降的特点，因此用它制成的不间断电源装置具有广阔的发展前途。

二、为什么要使用 UPS

由于供电网络和负载的复杂性以及自然界雷击等因素的影响，供给负载的交流电不是稳定的标准正波会出现各种不良现象，这些市电问题分类如下：

1. 市电断电（空气开关跳闸，电子配电盘故障）：零电压持续 2 个周波以上。

2. 电压浪涌（大型负载设备关闭或雷击引起）：电压高于 110%额定值，持续一个或多个周波。

3. 波形下陷（大型负载设备突然启动、电网切换）：电压低于 80%～85%额定值，持续一个或多个周波。

4. 高压尖脉冲（由闪电、电子开关的工作、电焊设备、静电放电等引起）：电压峰值高达 6000V，持续时间一般为 0.5～5 个周波。

5. 瞬态高压（由雷电、电子开关的工作、电焊设备、静电放电等引起）：电压峰值高达 20000V，持续时间为 0.5～5 个周波。

6. 谐波干扰（由电动机、继电器、广播设备、无线通信设备、微波通信设备、电焊机等产生的 RFI、EMI）。

7. 频率漂移（小水电、发电机造成）。

8. 持续高、低压（由电力变压器的调节能力差引起，负载重时，电压降低）。

对于精密负载设备来讲，如大型数据中心、电信移动计费中心、银行证券等金融系统的电脑网络、医疗设备、工业控制仪器等，上述市电问题会引起数据丢失、设备坏或死机、停止工作等，影响用户的正常工作。

三、UPS 的定义及功能

UPS（Uninterruptible Power Supply）是一种利用电池化学能作为后备能量，以逆变器为主要组成部分，输出为恒压恒频，在市电断电或发生异常等电网故障时不间断地为用户设备提供稳定交流电的一种能量转换装置。

UPS 的作用主要有两个：一是应急使用，防止突然断电而影响正常工作，给计算机或其他电力电子设备造成损害；二是消除市电上的电涌、瞬时高电压、瞬时低电压、电线噪声和频率偏移等“电源污染”，改善电源质量，为计算机或其他电力电子设备提供高质量的电源。

四、UPS 系统的基本组成

下面以在线式 UPS 为例，UPS 系统主要由整流器（REC）、逆变器（INV）、旁路/逆变静态开关、五个开关组成，这五个开关是主路输入空开、旁路输入空开、维修旁路空开、输出空开以及蓄电池开关等。

系统组成如图 6-1 所示。其中，空气断路器 Q1 控制主路交流电源输入，整流模块将交流电源变成直流电源，逆变模块进行 DC/AC 变换，将整流模块和蓄电池提供的直流电源变换成交流电源，经过隔离变压器输出。蓄电池组在交流停电时通过逆变向负载供电。输入电源也可以通过旁路静态开关从旁路回路向负载供电。另外，要求对负载供电不间断而对 UPS 内部进行维修时，可使用维修旁路开关 Q3BP。

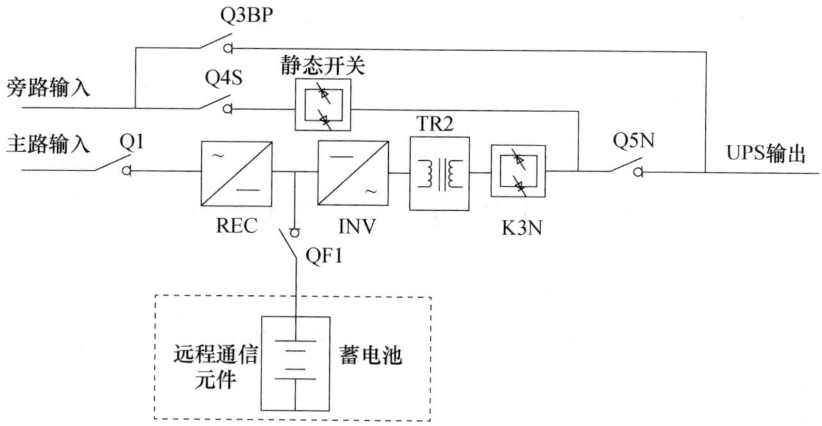

图 6-1　UPS 系统的基本组成框图

Q1：整流器输入开关；QF1：电池电路保护断路器；Q4S：静态旁路输入开关；Q5N：逆变器输出开关；Q3BP：手动维修旁路开关。

1. 整流器

整流器是一个将交流电转化为直流电的整流装置。它有两个主要功能：第一，将交流电变成直流电，经滤波后供给逆变器；第二，给蓄电池提供充电电压，即又起到一个充电器的作用。

2. 逆变器

逆变器是一种将整流器或蓄电池提供的直流电转化为交流电的装置。它是由逆变桥、控制逻辑和滤波电路组成。

3. 蓄电池

蓄电池是 UPS 用来作为储存电能的装置，它由若干个电池串联而成，其容量大小决定了其维持供电的时间。主要功能是：一是当市电正常时，将电能转换成化学能储存在电池内部；二是当市电故障时，将化学能转换成电能提供给逆变器或负载。

4. 静态开关

静态开关又称静止开关，它是一种无触点开关，其作用是实现电源从一路到另一路的自动切换。保证在逆变器无输出或突然过载的情况下同时将负载切换到旁路电源。

五、UPS 的工作模式

UPS 作为不间断电源，在不同的状态下，它的工作模式也有所不同（以在线式 UPS 为例）。

1. 正常工作模式

系统的供电原理是当市电正常时，UPS 会将市电的交流电转换为直流电，而后一路为蓄电池充电；同时另一路将直流电转换为稳定的交流电供负载使用。

2. 旁路运行模式

当 UPS 超载、旁路命令（手动或自动）、逆变器过热或机械故障，UPS 一般将逆变输出转为旁路输出，即由市电直接供电。

3. 电池工作模式

一旦市电发生异常时，将储存于蓄电池中的直流电转换为交流电，此时逆变器的输入改由蓄电池组供应，逆变器持续提供电力供负载使用。

4. 旁路维修模式

当 UPS 电源进行检修时，通过手动设置旁路保证负载设备的正常供电，当维修操作完成后，重新启动 UPS 电源，此时的 UPS 电源转为正常模式运行。

模块二　UPS 的分类及工作原理

科学技术的不断进步、电路结构不断更新和完善以及多种电路结构形式并存等因素始终是 UPS 技术发展进程中的基本特点。对 UPS 的电路结构形式进行分类的方法如下：

1. 按动静分类：旋转型、动静型和静止型。
2. 按功率分类：小功率、中功率和大功率。
3. 按输出波形分类：方波（准正弦波）和正弦波。
4. 按输出电压的相数分类：单相和三相。
5. 按不停电供电方式分类：在线式、后备式和在线互动式。

下面重点介绍后备式、在线式和在线互动式这三类的工作原理。

一、后备式 UPS

1. 后备式 UPS 的工作原理

当电网供电正常时，一路市电通过整流器对蓄电池进行充电，而另一路市电通过自动稳压器初步稳压、吸收部分电网干扰后，再由旁路转换开关直接给负载供电。此时，蓄电池处在充电状态，直到蓄电池充满而转入浮充状态。UPS 相当于一台稳压性能较差的稳压器，仅对市电电压幅度波动有所改善，对电网上出现的频率不稳、波形畸变等“电污染”不做任何调解。

当电网电压或电网频率超出 UPS 的输入范围时，即在非正常的情况下，交流电的输入已被切断，整流器（充电器）停止工作，蓄电池进行放电，在控制电路的控制下逆变器开始工作，使逆变器产生 220V、50Hz 的交流电，此时 UPS 供电系统转换为由逆变器继续向负载供电。后备式 UPS 的逆变器总是处于后备供电状态。后备式 UPS 的原理框图如图 6-2 所示。

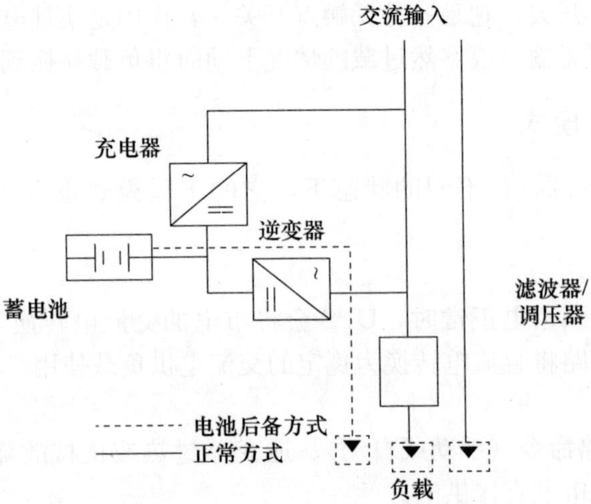

图 6-2　后备式 UPS 原理框图

从后备式 UPS 的工作原理可以看出，在大部分供电时间内，负载所使用的电源就是市电（或经过调压器简单调压的市电），负载还是会承受从市电网路进来的浪涌、尖脉冲、干扰、频率漂移等不良影响。显然，这时的 UPS 实质上是一台稳压器，只能对市电的高低压问题有所改善，而不能解决大部分市电供电问题，它是一种价格便宜、技术含量低的 UPS，适合不太重要的电力电子设备使用。

2. 后备式 UPS 的特点

后备式 UPS 的优点：产品价格低廉，运行费用低。由于在正常情况下逆变器处于非工作状态，电网能量直接供给负载，因此后备式 UPS 的电能转换效率很高。蓄电池的使用寿命一般为 3～5 年。

后备式 UPS 的缺点：当电网供电出现故障时，由电网供电转换到逆变器供电存在一个较长的转换时间，对于那些对电能质量要求较高的设备来说，这一转换时间的长短是至关重要的。再者，由于后备式 UPS 的逆变器不经常工作，不易掌握逆变器的动态状况，容易形成隐性故障。所以后备式 UPS 一般应用在一些非关键的小功率设备上。

二、在线式 UPS

1. 在线式 UPS 的工作原理

所谓在线式是指不管电网电压是否正常，负载所用的交流电压都要经过逆变电路，即逆变电路始终处于工作状态。在线式 UPS 一般为双变换结构。所谓双变换结构是指 UPS 正常工作时，电能经过了整流器（AC/DC）、逆变器（DC/AC）两次变换后再供给给负载。在线式 UPS 的原理框图如图 6-3 所示。

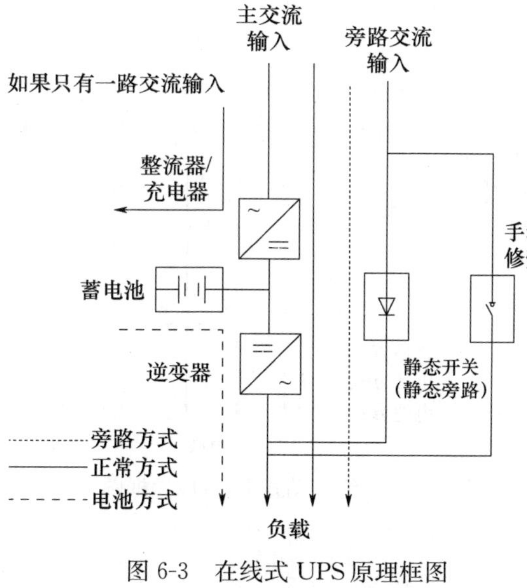

图 6-3　在线式 UPS 原理框图

当在线式 UPS 在电网供电正常时，电网输入的电压一路经过噪声滤波器去除电网中的高频干扰，以得到纯净的交流电，然后分别进入整流器/充电器对蓄电池充电，另一路进入整流器进行整流和滤波，并将交流电转换为平滑直流电供给给逆变器，而逆变器又将直流电转换成 220V、50Hz 的交流电供负载使用。

当发生市电中断时，交流电的输入已被切断，整流器不再工作，此时蓄电池放电把能量输送到逆变器，再由逆变器把直流电变成交流电，供负载使用。因此，对负载来说，尽管市电已经断开，但此时负载并未因市电中断而停运，仍可正常工作。

2. 在线式 UPS 的特点

在线式 UPS 的特点是有极宽的输入电压范围，无切换时间且输出电压稳定精度高，特别适合对电源要求较高的场合，但是成本较高。

目前，在线式 UPS 使用较为广泛。无论市电正常与否，在线式 UPS 的逆变器始终处于工作状态。逆变器具有稳压和调压作用，因此在线式 UPS 能对电网供电起到“净化”作用，同时具有过负荷保护功能和较强的抗干扰能力，供电质量稳定可靠。在线式 UPS 从根本上完全消除了来自市电的任何电压波动和干扰对负载工作的影响，真正实现了对负载的无干扰、稳压、稳频供电，输出的正弦波的波形失真系数小。

三、在线互动式 UPS

1. 在线互动式 UPS 的工作原理

所谓在线互动是指输入市电正常时逆变器处于热备份状态，仅作为充电器给蓄电池充电。在线互动式 UPS 在市电正常时，供给负载为改良了的市电，市电故障时，负载完全由蓄电池提供能量经逆变器变换后供电。在线互动式 UPS 中有一个双向变换器，既可以当逆变器使用，又可作为充电器使用。在线式 UPS 的原理框图如图 6-4 所示。

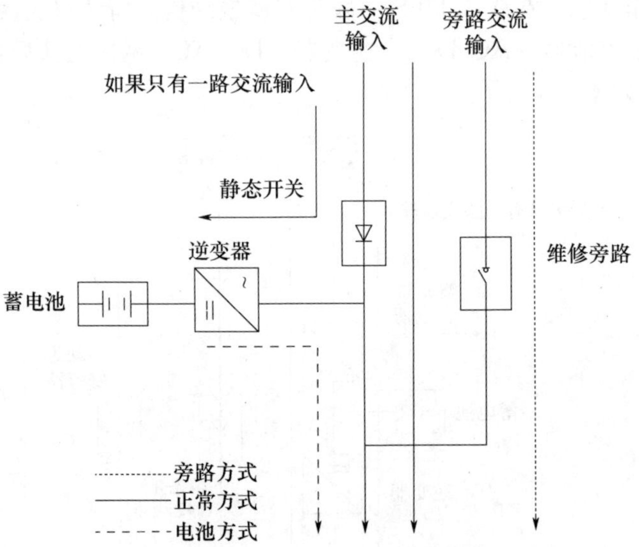

图 6-4　在线互动式 UPS 原理框图

2. 在线式 UPS 的特点

在线式 UPS 不太适合为中-大功率和敏感性负载的供电，因为无法进行频率的调节。但近年来，数据中心基于追求“高效节能”的原因，在大功率的 UPS 中又重新采用这种配置。其优点为：电路简单，效率高，缺点为：频率不能调节，动态特性差。

为了进一步改善在线式 UPS 的功能，可在输入开关和智能调压之间串接一个电感，目的在于当市电故障时，逆变器可以立即向负载供电。因为串联电感对逆变器的逆变输出反馈到电网的电流有很强的抑制作用，避免了输入开关未关断时短路逆变器输出的危险。这样做可以使在线式 UPS 的转换时间减小到零，使其完全具备双变换在线式的转换功能，同时，还增强了整个 UPS 的抗干扰能力。但是，这样做却带来了降低 UPS 输入功率因数不良的后果。

四、三种 UPS 的比较

以上就后备式 UPS、在线式 UPS 和在线互动式 UPS 的基本原理做了简单介绍，表 6-1 对这三种 UPS 进行了比较。

表 6-1　后备式、在线互动式、在线式 UPS 比较表

	后备式	在线互动式	在线式
市电下逆变器状态	后备份	热备份	工作
输出电源质量	低（供电差，仅是不停电功能）	中等（分段稳压，滤除部分干扰）	最高（稳压，滤除所有干扰）
切换时间	5～12ms	4ms	0ms
成本	低	中等	高

模块三　UPS 的主要性能指标

UPS 的主要性能指标包括 UPS 的容量、输入特性指标、输出特性指标等。

一、UPS 的容量

容量是 UPS 的首要指标，可分为输入容量和输出容量。一般指标中所给出的容量都是指输出容量，也就是输出额定电压与输出额定电流的乘积，容量的单位为伏安（V·A）。UPS 的负载性质因设备的不同而不同，即 UPS 不但需要向负载提供有功功率（瓦），而且需要提供无功功率（乏），所以就用视在功率（伏安、V·A）来表示。在 UPS 容量的选择要留有余量，建议负载容量不超过 UPS 额定容量的 70%～80%为佳。

二、UPS 的输入特性指标

1. 输入电压及范围

UPS 的输入电压指标应说明输入交流电压的相数及数值，如单相或三相，220V、380V 等。一般说来，单相输入电压为 220V、三相为 380V，电压范围基本可允许±10%的变化范围。UPS 允许输入电压的变化范围表明 UPS 对市电电压变化的适应能力如何。UPS 所允许的输入电压变化范围越宽表明对市电的适应能力越强。

2. 输入频率及范围

输入频率指标应说明 UPS 产品所适应的输入交流电的频率及允许的变化范围。一般输入频率为 50Hz，频率变化范围在±5%变化都应适应。

3. 输入电流

输入电流指标是指 UPS 在保证额定输出功率和保证蓄电池充电的功率时其输入交流线电流（三相）或相电流（单相）的有效值，即额定输入电流，有时通过输入容量指标给出。需要注意的是，配电设备或配线的选择要考虑 UPS 的过负荷承受能力，要考虑瞬间冲击等因素，因而容量一定是比额定输入大，即留有一定的余量。

4. 功率因数

UPS 的功率因数分为输入功率因数和额定负荷功率因数。

输入功率因数是指UPS的逆变器（在线式）工作而非旁路时，UPS向电网索取的有功功率和电网向UPS提供的视在功率之比值。它反映出UPS利用电网能量的有效程度，UPS的输入功率因数越高越好。

额定负荷功率因数是指UPS作为交流电源使用时，要求所接负载向UPS索取的无功功率占UPS输出视在功率的比率。符合功率因数低说明负载向UPS索取无功功率的比率大，UPS必须降额使用。一般几千伏安的UPS均要求负载至少有0.8以上的功率因数。

5. 输入保护

输入电源故障或输入电源超出规定范围时，UPS转到电池供电，保证负载供电的连续性，后备式小于4ms，在线式应无间断。

三、UPS的输出特性指标

1. 输出电压

输出电压即UPS的额定输出电压，用户可以根据自己的设备所需的电压等级和供电制式选取UPS产品，如220V、380V等。

2. 输出电压静态稳定度

输出电压静态稳定度是稳定电源中常用的指标，输出电压稳定度指标是指在额定的输入电压范围内，负载电流由额定值的0至100%变化时其输出电压的相对变化量。

3. 输出电压动态稳定度

输出电压动态稳定度是指负荷电流作100%阶跃时输出电压瞬时最大相对变化量。

4. 过负荷能力

过负荷能力是指UPS的输出容量超过其额定输出容量的比率和可持续的时间。

5. 输出频率

输出频率是指UPS输出交流电的频率，一般为50Hz或60Hz。市电供电时，无论输出频率是50Hz还是60Hz，在线式UPS处于同步锁定状态，其输出频率漂移可达±2Hz；市电发生故障时，由内振决定UPS的输出频率，漂移为±（0.5～1）Hz。我国的交流电网频率为50Hz，所以我国一定选用输出频率为50Hz的UPS。

6. 输出波形

UPS输出波形是指逆变器工作时UPS输出电压的波形。总谐波失真（THD）是UPS输出波形的一个重要指标，是指谐波含量的均方根值与非正弦周期函数的均方根值之比，一般小于3%。

模块四　蓄电池工作原理

一、基本定义

蓄电池是一种电能的贮存装置，有各种形状大小电压和容量的蓄电池，其工作机理为：当两种性质有差异的金属浸没于电解液之中时，它们可以导电并在极板之间产生一定电动势，电动势大小或电压与所使用的金属有关，不同用途的蓄电池其电动势不同。例如有铅酸电池、镉镍电池、锂电池、锌银碱性电池等。

电池是保障UPS设备不间断供电的核心设备，负载设备对供电质量的要求决定了对电池的要求：

1. 使用寿命长：从投资经济性考虑，电池应具有较长的使用寿命。电池的使用寿命与电池工作环境以及循环充放电的频次有关。充放电频率越高，电池使用寿命越短。

2. 安全性高：电池电解质为硫酸溶液，具有强腐蚀性，另外，对于密封电池，电池的电化学过程会产生气体，增加电池内部压力，压力超过一定限度时会造成电池爆裂，释放出有毒、腐蚀性气体、液体，因此电池必须具备优秀的安全防爆性能。一般密闭电池都设有安全阀和防酸片，自动调节蓄电池内压，防酸片具有阻液和防爆功能。

另外电池还必须具备安装方便、免维护、低内阻等特性。本章以艾默生公司 UPS 电池为例介绍 UPS 电池相关特性。

蓄电池依据电解液性质分为铅酸电池和碱性蓄电池两大类，我们在这里只讨论其中一种蓄电池技术最成熟并在通信供电系统中广泛运用的铅酸蓄电池。

铅酸蓄电池有两种基本类型，阀控式 VRLA 铅酸蓄电池和开口排气式富液式铅酸蓄电池。这两种类型的铅酸蓄电池比较见表 6-2。

表 6-2　开口排气式富液式铅酸蓄电池和阀控式铅酸蓄电池比较

开口排气式	阀控式 VRLA
较早的技术	有好的使用环境
需要单独的电池房	可直接在办公环境中使用
定期维护	低维护、免维护
需要额外的安全防护	滤酸防爆、安全可靠
储存、使用保持直立状态	储存、使用可为任意方向
接线数量可能很大	可在负载内部或邻近使用
阀控式铅酸蓄电池已于许多使用领域取代了开口排气式	

二、蓄电池的结构

蓄电池的结构如图 6-5 所示。

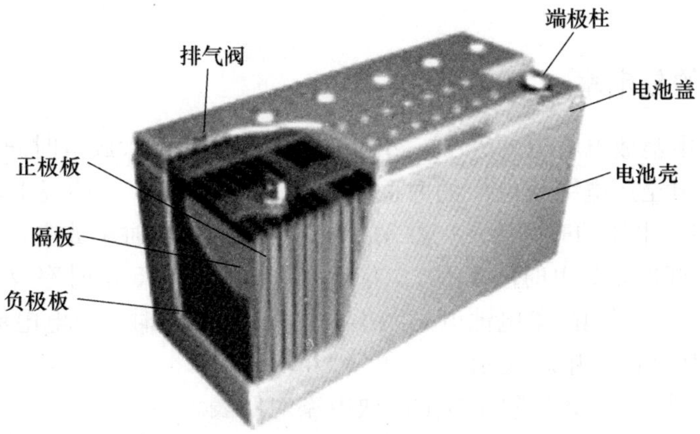

图 6-5　蓄电池的结构

蓄电池主要是由以下部件构成。

正极板及负极板：正极板及负极板是由特种铅钙合金制成的板栅和具有活性的物质构成的。

隔板：隔板具有良好的离子导电性，优良的耐热耐酸性。

安全阀：当电池内压力超过规定值时安全阀打开，放出电池内气体，恢复原有压力，防止电池破裂，内压正常后，阀复位，电池重新处于密封状态，同时兼有止外部气体进入电池作用。

电槽、中盖、上盖：由 ABS 制成有足够强度。

三、蓄电池的工作原理

阀控式密封铅酸蓄电池在充放电过程中的化学反应如下：

$$\underset{\text{正极活物质}}{PbO_2} + \underset{\text{电解液}}{2H_2SO_4} + \underset{\text{负极活物质}}{PB} \underset{\text{充电}}{\overset{\text{放电}}{\rightleftharpoons}} \underset{\text{正极活物质}}{PbSO_4} + \underset{\text{电解液}}{2H_2O} + \underset{\text{负极活物质}}{PbSO_4}$$

放电过程：将蓄电池正、负极与负载连接起来，由于负极电势低于正极电势，负极上盈余的电子在电场力作用下源源不断地流经负载，而达到正极，在负载上得到电能。在电池内部，由于电解液为导体，解离后的 H^+ 离子定向迁移到正极板附近，$SO_4{}^{2-}$ 离子则定向迁移到负极板附近，构成了电池内部电流放电过程。

放电过程中，负极板上的海绵状铅（Pb），正极板上的二氧化铅（PbO_2）与电解液中的硫酸（H_2SO_4）反应，生成硫酸铅（$PbSO_4$）。电解液中消耗了（H_2SO_4）分子，增加了水（H_2O）分子，所以电解液中的硫酸浓度降低，蓄电池内阻逐渐增大，电动势逐渐降低。

充电过程：充电是放电的逆过程，是由外电源作用下的电化反应。充电过程中，在外电源的作用下，正极板上的硫酸铅（$PbSO_4$）逐渐恢复成二氧化铅（PbO_2）；负极板上的硫酸铅（$PbSO_4$）逐渐恢复成海绵状铅（Pb），电解液中的硫酸浓度增大，蓄电池内阻逐渐减小，电动势逐渐增大。

模块五　蓄电池的技术特性

一、蓄电池的放电率

放电率表示蓄电池放电电流的大小，分为时间率和电流率。放电时间率是在在一定放电条件下，蓄电池放电至放电终止电压的时间长短。例如：在 25℃环境下，如果蓄电池以电流 I_t 放电至放电终止电压的时间为 t，这一放电过程成为 t 小时率放电，I_t 称为 t 小时率放电电流。依据 IEC 标准，放电时间率有 20、10、5、3、1、0.5 小时率及分钟率。放电电流率是为了比较额定容量不同的蓄电池电流大小而设立的，t 小时率放电电流以 I_t 表示，通常以 10 小时率电流为标准，用 I_{10} 表示。

以阳光电池为列，表 6-3 是阳光电池的放电率对照表。

表 6-3　阳光电池的放电率对照表

1.80V/C-放电 A20℃												
型号	5min	10min	15min	20min	30min	45min	1h	2h	3h	4h	5h	8h	10h
A406/165A	243.0	211.0	180.0	158.0	132.0	109.0	88.0	56.0	43.1	33.9	28.2	18.8	16.5
A412/5.5SR	11.3	9.3	7.8	6.5	5.1	4.0	3.2	2.1	1.5	1.2	1.0	0.7	0.5
A412/8.5SR	17.0	14.0	11.0	9.0	7.4	5.7	4.5	2.9	2.1	1.7	1.4	1.0	0.8
A412/12SR	21.0	18.0	14.0	12.0	10.0	8.0	6.2	3.7	2.8	2.2	1.9	1.3	1.2
A412/20G5	36.0	27.0	23.0	21.0	18.0	15.0	12.0	7.0	4.9	3.9	3.3	2.2	2.0
A412/32G6	63.0	51.0	42.0	26.0	30.0	23.0	19.0	12.0	8.6	6.8	5.7	3.9	3.2
A412/32F10	63.0	51.0	42.0	36.0	30.0	23.0	19.0	12.0	8.6	6.8	5.7	3.9	3.2
A412/50A	98.0	81.0	66.0	57.0	46.0	37.0	29.0	19.0	13.3	10.5	8.8	5.9	5.0
A412/50F10	98.0	81.0	66.0	57.0	46.0	37.0	29.0	19.0	13.3	10.5	8.8	5.9	5.0
A412/50G6	98.0	81.0	66.0	57.0	46.0	37.0	29.0	19.0	13.3	10.5	8.8	5.9	5.0
A412/65F10	120.0	95.0	76.0	64.0	52.0	45.0	39.0	23.0	16.7	13.4	11.3	7.6	6.5
A412/65G6	120.0	95.0	76.0	64.0	52.0	45.0	39.0	23.0	16.7	13.4	11.3	7.6	6.5
A412/85F10	147.0	125.0	105.0	91.0	75.0	60.0	49.0	31.0	22.3	17.6	14.7	10.0	8.5
A412/90A	166.0	142.0	118.0	100.0	79.0	61.0	50.0	32.0	12.5	18.3	15.5	10.8	9.0
A412/90F10	166.0	142.0	118.0	100.0	79.0	61.0	50.0	32.0	12.5	18.3	15.5	10.8	9.0
A412/100A	176.0	150.0	125.0	104.0	81.0	62.0	50.0	32.0	24.1	18.7	15.9	11.3	10.0
A412/100F10	176.0	150.0	125.0	104.0	81.0	62.0	50.0	32.0	24.1	18.7	15.9	11.3	10.0
A412/120A	202.0	155.0	133.0	119.0	102.0	85.0	67.0	39.0	28.7	23.0	19.4	13.2	12.0
A412/120F10	202.0	155.0	133.0	119.0	102.0	85.0	67.0	39.0	28.7	23.0	19.4	13.2	12.0
A412/180A	291.0	135.0	195.0	171.0	144.0	112.0	90.0	62.0	44.7	35.5	29.7	19.9	18.0

二、电池容量

电池容量是指蓄电池在规定条件（包括放电强度、放电电流及放电终止电压）下放出的电量多少或放电时间长短称为蓄电池容量，单位 A · h 或 A · min。

额定容量（标称容量）：是指在 25℃环境下，蓄电池以 10 小时率电流放电至放电终止电压所放出的电量，用 C_{10} 表示。

依据 GB/T13337.2 标准，在 25℃环境下，蓄电池容量与放电电流关系如下：

10 小时率放电电流 $I_{10}=0.1C_{10}$（A）；

3 小时率放电电流 $I_3=2.5I_{10}=0.25C_{10}$（A）；

1 小时率放电电流 $I_1=5.5I_{10}=0.55C_{10}$（A）；

10 小时率容量（额定容量、标称容量）C_{10}；

3 小时率容量 $C_3=0.75C_{10}$；

1 小时率容量 $C_1=0.55C_{10}$；

三、放电终止电压

在25℃环境下，以一定的放电率放电至能再反复充电使用的最低电压称为终止电压。一般地，10小时率蓄电池单体放电终止电压为1.8V；3小时率蓄电池单体放电终止电压为1.8V；1小时率蓄电池单体放电终止电压为1.75V。

四、放电特性

蓄电池的放电特性主要是放电容量与放电电流之间的关系、放电容量与温度之间的关系。

放电容量与放电电流之间的关系：放电电流越小放电容量越大；反之，放电电流越大放电容量越小。

放电容量与温度之间的关系：温度降低放电容量减少。

五、蓄电池寿命特性

影响蓄电池使用寿命的主要有以下几个因素。

环境温度：环境温度对蓄电池的寿命是非常明显的，环境温度越高，电池的寿命越短。

蓄电池温度与寿命的关系如图6-6所示。

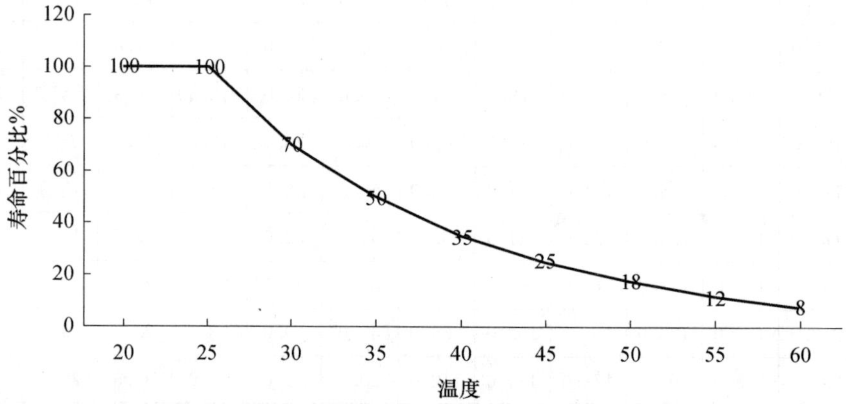

图6-6　蓄电池温度与寿命的关系

过度放电（放电深度）：蓄电池的寿命取决于其放电深度，放电深度越大，使用寿命就越短。当蓄电池被过度放电到输出电压为零时，会导致电池内部有大量的硫酸铅被吸附到电池的阴极表面，形成电池阴极的“硫酸盐化”。由于硫酸铅本身是一种绝缘体，它的形成必将对电池的充、放电性能产生不好的影响。因此，在阴极板上形成的硫酸盐越多，电池的内阻越大，电池的充、放电性能就越差，其使用寿命就越短。不能完全放电，避免过度放电，最好放电的幅度在30％～50％之间。

充电电压（浮充电流）：目前，蓄电池大多数都处于长期的浮充电状态下，只充电，不放电，这种工作状态极不合理。大量运行统计资料表明，这样会造成蓄电池的阳极板钝化，使蓄电池内阻急剧增大，使蓄电池的实际容量（A·h）远远低于其标准容量，从而导致蓄电池所能提供的实际后备供电时间大大缩短，减少其使用寿命。

放电次数（放电频率）：蓄电池放电次数也是影响电池寿命的一个主要因素，放电次数越多，寿命越短。

模块六　蓄电池的使用

一、蓄电池的安装

蓄电池的安装工作步骤如下：

1. 清点电池数量，如果发现有外壳破损的电池则不能进行安装。

2. 根据连接图纸的配件表核对连接条、连接电缆、端子套的规格数量。

3. 根据安装架的图纸清点横梁、立柱、连接螺栓等零部件的尺寸、规格。

4. 对蓄电池要轻搬轻放，严禁摔打。

5. 按照图纸组装好电池架并打地角螺栓进行固定（否则不抗震）。

6. 在将蓄电池搬上电池架或搬入电池柜时，应为各电池间保留 8mm 以上的通风散热空隙（以具体图纸设计为准）。在将蓄电池全部摆好后，逐只检查蓄电池的开路电压与极性，及时将摆反的蓄电池调整到正确位置。

7. 在确认蓄电池全部正常后，按照图纸对蓄电池进行连接；必须将扳手等工具的把手部分用绝缘胶带进行严密包裹。

8. 蓄电池连接完毕后，在确认电池组总开路电压 $U_{总}=U_{平均}\times$串联只数后，逐只检验确认全部的螺栓拧紧之后方可对电池组通电。

9. 在将电池组通电后，按照实际环境温度设置电池的充电电压并进行实际测量核实。

10. 电池组在正式投入使用之前，应进行一次均衡充电，均衡充电时间不应低于 15 小时。对于存储时间超过 6 个月的电池（夏季超过 3 个月），建议按照 2.4V/单体进行充电。

11. 对全部电池均衡充电结束后将电池转入浮充电状态即可正式投入运行或者进行性能测试。

二、蓄电池的使用环境及使用条件

使用环境：使用环境温度范围－15～＋45℃，避开热源和阳光直射场所，避开潮湿和可能浸水场所，避开完全密闭场所。

使用条件：多层安装时，层间温度差控制在 3℃以内；电池间距保持 5～10mm 之间，便于散热；确保换气通畅，保证室内氢气浓度小于 0.8%；新旧不同，厂家不同的产品不允许混合使用；浮充使用条件要满足限流小于等于 $0.2C_{10}$，电压满足电池要求；最佳环境温度在 20～25℃。

三、蓄电池的放电

蓄电池在放电时请将电池温度控制在－15～＋50℃的范围内；连续放电电流请控制在 3C20A 以下；放电终止电压依电流的大小而变化，放电时，电压不得低于规定电压；放电以后请迅速充电，如不小心过放电之后也请立即充电。

四、蓄电池的充电

浮充充电时，请用充电电压 2.25V/单格（25℃时的设定值），进行定电压充电或 0.002C20A 以下的电流进行定电流充电。以 25℃为起点每变化 1℃，单格电压变化 3mV。

循环充电时，充电电压以2.40～2.50V/单格（25℃时的设定值），进行定电压充电。温度在5℃以下或35℃以上进行充电时，以25℃为起点每变化1℃充电电压调整4mV/单格。

充电电流设为放电电流的0.25C_{20}A以下；充电量设为放电量的105%～110%，但环境温度在5℃以下时，设为110%～120%；为防止过充电尽量安装充电计时器，或自动转换成浮充充电方式。

第二篇

Ⅲ级技能

第七章　基础平台

模块一　Linux 操作系统常用命令

本章内容介绍了 Linux 系统常用命令的用法，通过本章学习可以对 Linux 命令用法有更深的理解，同时也可以掌握 Linux 操作系统的基本操作。

一、关机、重启、启动级别、基础操作等

1. shutdown 命令

命令详解：shutdown 命令安全地将系统关机。有些用户会使用直接断掉电源的方式来关闭 Linux 系统，这是十分危险的。因为 Linux 与 Windows 不同，其后台运行着许多进程，所以强制关机可能会导致进程的数据丢失，使系统处于不稳定的状态，甚至在有的系统中会损坏硬件设备。

而在系统关机前使用 shutdown 命令，系统管理员会通知所有登录的用户系统将要关闭。并且 login 指令会被冻结，即新的用户不能再登录。直接关机或者延迟一定的时间才关机都是可能的，还可能重启。这是由所有进程〔process〕都会收到系统所送达的信号〔signal〕决定的。这让像 vi 之类的程序有时间储存目前正在编辑的文档，而像处理邮件〔mail〕和新闻〔news〕的程序则可以正常地离开等。

shutdown 执行它的工作是送信号〔signal〕给 init 程序，要求它改变 runlevel。Runlevel 0 被用来停机〔halt〕，runlevel 6 是用来重新激活〔reboot〕系统，而 runlevel 1 则是被用来让系统进入管理工作可以进行的状态；这是预设的，假定没有-h 也没有-r 参数给 shutdown。

命令用法：

＃ shutdown h now 关机

＃ shutdown r now 重启

2. halt 命令

命令详解：最简单的关机命令

其实 halt 就是调用 shutdown-h。halt 执行时，杀死应用进程，执行 sync 系统调用，文件系统写操作完成后就会停止内核。

命令用法：

＃ halt 关机

3. reboot 命令

命令详解：reboot 的工作过程差不多跟 halt 一样，不过它是引发主机重启，而 halt 是关机。它的参数与 halt 相差不多。

命令用法：

＃ reboot 重启

4. init 命令

命令详解：init 是所有进程的祖先，它的进程号始终为 1，所以发送 TERM 信号给 init 会终止所有的用户进程、守护进程等。shutdown 就是使用这种机制。另外还有 telinit 命令可以改变 init 的运行级别，比如，telinit-is 可使系统进入单用户模式，并且得不到使用 shutdown 时的信息和等待时间。

命令用法：

＃ init 0 关机

＃ init 6 重启

系统运行级别

(0)：停止运行；

(1)：单用户模式，用于维护系统；

(2)：多用户模式，与 3 基本相同；

(3)：完整的多用户模式，字符界面操作；

(4)：未定义；

(5)：完整的多用户模式，图形界面操作；

(6)：重新引导系统。

5. runlevel 命令

命令详解：命令用于打印当前 Linux 系统的运行等级。

命令用法：

＃ runlevel 查看系统当前运行级别

6. date 命令

命令详解：显示日期指令，如果想知道系统当前时间，那么可以直接使用该命令进行查看。

7. cal 命令

命令详解：显示日历指令，可以列出当月月历，也可以指定年份及月份。

命令用法：cal [month] [year]

例：cal 6 2014 列出 2014 年 6 月份的月历。

8. bc 命令

命令详解：Linux 文本模式下简单好用的计算器，可以支持加减乘除基本运算，当我们没有计算器时可以使用该程序。

命令用法：在终端输入命令后，交互界面输入需要计算的计算公式。

9. uname 命令

命令详解：查看当前系统版本及内核版本等详细信息。

常用参数有：

-a 详细输出所有信息，依次为内核名称，主机名，内核版本号，内核版本，硬件名，处理器类型，硬件平台类型，操作系统名称

-n 显示主机在网络节点上的名称或主机名称

-r 显示 Linux 操作系统内核版本号

-o 显示操作系统名

命令用法：

例：uname a 显示系统内核、主机名等信息。

10. 系统中比较常用的几个按键［Tab］［Ctrl+C］［Ctrl+D］

Tab 键

在 Linux 系统中 Tab 是最棒的功能之一，该功能键具备命令补全与档案补齐的功能，可以避免我们打错指令或文件名，当输入第一个字时按下 Tab 键会将命令补全，当在一串指令的第二个字以后时，则是档案补全。

总结如下：

Tab 接在一串指令的第一个字后面，为命令补全；

Tab 接在一串指令的第二个字以后，则为档案补齐（显示目录下内容）。

Ctrl+C 组合键

在 Linux 系统中如果一个指令或者程序运行出错，而且处于停止不下的情况，那么此时我们就可以使用 Ctrl+C 组合键来强制终止目前的程序。举例来说，如果你输入了 find / 这个指令时，系统就会开始跑一些东西，此时按下 Ctrl+C 组合键，该命令就会停止。

Ctrl+D 组合键

表示结束当前输入（End of File 或 End of Input）的意思。另外，它也可以用来取代 exit 的输入。例如你想要直接离开文字接口，可以直接按下 Ctrl+D 组合键就能够直接退出了。

二、在线帮助

1. man 命令

命令详解：使用频率最高的一种帮助命令。

命令用法：

例：man ls

2. info 命令

命令详解：用法与 man 一样，但显示方式为分段显示，info 的说明文件将内容分为多个段落。

命令用法：

例：info ls 同样显示 ls 命令详细信息，只是显示方式与 man 有差别，该模式下使用交互按键来分段显示相关内容，具体参数如下：

空格键 向下翻一页；

Page Down 向下翻一页；

Page Up 向上翻一页；

Tab 在段落之间移动，有段落的地方，通常会以 * 显示；

n 前往下一个段落；

p 前往上一个段落。

3. help 命令

命令详解：显示命令的简要用法。

命令用法：

例：ls help 只显示 ls 常用的参数等简要信息。

三、磁盘操作相关

2TB 以下的硬盘可以使用 fdisk 或者 parted 命令分区，分区表 MSDOS（MBR）或者GPT。2TB 以上的硬盘只能用 parted 命令分区，分区表使用 GPT。

MSDOS（MBR）分区的限制：

只支持 4 个主分区，总分区数不能超过 15 个；只支持 2TB 以下的硬盘。

GPT 的限制：没有限制

1. df 命令

命令详解：显示磁盘的相关信息，可显示磁盘的文件系统与使用情况。

命令用法：

例：df h 查看当前系统各个分区文件系使用情况。

2. du 命令

命令详解：显示目录或文件的大小，可以显示指定目录或者单个文件及目录所占用的磁盘空间。

常用参数有：

-a 显示目录中个别文件的大小；

-b 显示目录或文件大小时，以 byte 为单位；

-s 仅显示总计大小；

-h 以 K、M、G 为单位，提高信息的可读性；

命令用法：

例：du -sh /var 统计根分区下 var 目录占用系统空间情况。

3. fdisk 命令

命令详解：查看磁盘分区表以及对磁盘分区，该命令提供交互界面。通常需要对磁盘分区及查看分区表信息的时候使用该命令。

命令用法：

例：fdisk-1 查看系统磁盘分区情况；

fdisk/dev/sda 对 sda 盘进行分区，交互界面使用；

输入 m 显示所有命令列表；

输入 p 显示磁盘分区情形；

输入 a 设定硬盘启动区；

输入 n 添加新分区；

输入 t 改变分区表类型；

输入 d 删除某个分区；

输入 w 对已经做的修改保存写入；

输入 q 退出分区界面。

4. mount 命令

命令详解：显示系统文件系统挂载情况以及挂载文件系统，该命令可以对外接 U 盘移动硬盘等设备进行挂载使用。

命令用法：

格式：mount 参数 设备名 挂载点

例：mount/dev/sdb1/mnt 将系统上识别到的 sdb1 设备挂载到系统的 mnt 目录下。

四、文件目录的相关操作

创建文件

touch 命令

命令详解：创建文本文件。

命令用法：

例：touch text 创建名为 text 的文本文件

vim ＋文件名 也可以创建文件，创建并进入 vim 编辑模式，如果不输入内容文件不会创建。

查看文件内容

1. cat 命令

用法：cat 文件名查看文件内容，显示文件全部内容，如果文件内容过长不建议使用 cat 来查看。

2. less

less 查看文件也是查看全部内容，和 cat 命令不同的是 less 命令会对文件内容进行分屏显示，可以上下翻页查看。

用法：less 文件名

全屏导航

Ctrl＋F 向前移动一屏；

Ctrl＋B 向后移动一屏；

Ctrl＋D 向前移动半屏；

Ctrl＋U 向后移动半屏。

单行导航

j 向前移动一行；

k 向后移动一行。

其他导航

G 移动到最后一行；

g 移动到第一行；

q/ZZ 退出 less 命令。

3. more

more 功能类似于 cat，cat 命令是整个文件的内容从上到下显示在屏幕上。more 会以一页一页的显示方便使用者逐页阅读，而最基本的指令就是按空白键（Space）就往下一页显示，按 b 键就会往回（back）一页显示，而且还有搜寻字串的功能。

用法：more 文件名

Enter：向下 n 行，需要定义。默认为 1 行；

Ctrl＋F：向下滚动一屏；

空格键：向下滚动一屏；

Ctrl＋B：返回上一屏。

4. head

用法：head 文件名 head 命令查看文件默认显示文件前 10 行

head-n 5＋文件名

5. tail

tail 用法和 head 用法相同，tail 默认显示的是文件最后 10 行。

用法：tail -n 5 文件名 显示文件末尾 5 行 数字可以视情况自己选择查看多少行。

6. cp 命令

命令详解：文件拷贝命令。

命令用法：

例：cp text text. bak 将文件 text 拷贝成 text. bak 文件，源文件还存在。

7. mv 命令

命令详解：移动文件或者修改文件名，需要改变文件存储目录以及修改文件名时使用到该命令。

命令用法：

例：文件改名：mv text file 将 text 文件名修改为 file；

移动文件 mv text/tmp 将 text 文件移动到/tmp 目录下。

8. rm 命令删除文件

命令详解：删除文件或者目录（如：rm-rf * 删除所有内容，包括目录和文件，其中 r 表示递归，f 表示强制）。

命令用法：

例：rm rf * 删除当前目录内所有文件（包括文件夹和普通文件）。

9. find 命令查找文件

命令详解：find 命令作用是查找文件，一般用于在系统中查找某个文件来使用。

命令用法：

例：find/-name file 在/分区下查找文件名为 file 的文件

-amin n

查找系统中最后 n 分钟访问的文件；

-atime n

查找系统中最后 n*24 小时访问的文件；

-cmin n

查找系统中最后 n 分钟被改变状态的文件；

-ctime n

查找系统中最后 n*24 小时被改变状态的文件；

-empt

查找系统中空白的文件，或空白的文件目录，或目录中没有子目录的文件夹；

-false

查找系统中总是错误的文件；

-fstype type

查找系统中存在于指定文件系统的文件，例如：ext2；

-gid n

查找系统中文件数字组 ID 为 n 的文件；

-group gname

查找系统中文件属于 gname 文件。

find 命令还有很多其他的用法，比如按文件大小查找，按文件权限查找，按文件类型查找等。

查找文件位置的命令还可以使用：

locate 可以查找文件和目录；

which 一般用来查找命令的绝对路径。

whereis 和 which 都可以用来查找命令的位置 whereis 还会显示其帮助文件的位置

root@xlgao：/home/xlgao＃ whereis cp；

cp：/bin/cp /usr/share/man/man1/cp. 1. gz；

root@xlgao：/home/xlgao＃ whereis ls；

ls：/bin/ls /usr/share/man/man1/ls. 1. gz。

10. tar 命令

命令用法：对文件或者目录进行归档、压缩解压缩。

当从一台 Linux 系统往凝思系统传文件时，如果中间必须经过 Windows 机器才可以传上来，那么最好在一开始的 Linux 机器上就将文件打包，再传到凝思系统上，因为经过 Windows 系统会改变一些文件的编码，导致传到凝思系统（或者其他 Linux 系统）后显示乱码或者传送的安装包不能安装的情况。

常用参数有：

-c 表示创建归档文件；

-z 是否需要对文件进行压缩；

-v 压缩的过程中显示被压缩文件；

-p 使用原文件的原来属性；

-f 用于指定建立的归档文件名；

-C 指定归档回复的目标目录例：tar czf myfile. tar. gz myfiles 对 myfiles 文件夹进行归档并压缩。

命令用法：

tar xzf myfiles. tar. gz-c restore 将 myfiles. tar. gz 压缩文件恢复到 restore 目录。

五、进程及任务管理

1. free 命令

命令详解：查看系统内存使用情况，需要查看系统内存使用率时使用。

常用参数：

-m 以 M 为单位查看内存使用情况（默认为 kb）；

-b 以字节为单位查看内存使用情况。

命令用法：

例：free-m 查看系统内存使用情况，单位为 M；

free-s 10 每 10 秒刷新一次内存使用情况。

2. top 命令

命令详解：top 命令可以动态显示系统的当前的进程及其他状况，类似于 Windows 的任务管理器，top 命令执行过程中可以使用交互命令，命令都是单字母的。

常用交互参数：

空格键——立刻刷新显示；

h——显示帮助画面给出一些简短的命令总结说明；

m——切换显示内存信息；

t——切换显示进程和 CPU 状态信息；

c——切换显示命令名称和完整命令行；

M——根据内存使用大小进行排序；

P——根据 CPU 使用百分比大小进行排序；

q——退出。

命令用法：

例：top→按 P 键 按进程占用 CPU 使用率大小进行排序。

3. ps 命令

命令详解：ps 命令是最基本同时也是非常强大的进程查看命令，用于查看系统进程信息。

常用的参数有：

-A 显示所有进程（等价于-e）；

-a 显示一个终端的所有进程，除了会话引线；

-N 忽略选择；

-d 显示所有进程，但省略所有的会话引线；

-x 显示没有控制终端的进程，同时显示各个命令的具体路径；

-p pid 进程使用 CPU 的时间；

-u uid or username 选择有效的用户 ID 或者是用户名；

-g gid or groupname 显示组的所有进程；

-U username 显示该用户下的所有进程，且显示各个命令的详细路径；

-f 全部列出，通常和其他选项联用；

-l 长格式（有 F，wchan，C 等字段）；

-o 用户自定义格式；

-v 以虚拟存储器格式显示；

-s 以信号格式显示；

-m 显示所有线程；

-H 显示进程的层次（和其他的命令合用，如：ps -Ha）。

命令用法：

例：ps-ef 查看系统所有进程的进程号，进程名称，进程 pid，父进程号等。

4. kill 命令

命令详解：用于中止后台进程，该命令通过向进程发送指定的新号来结束进程。

命令用法：

格式：kill-NUMBER 进程号。

常用参数：

-l 信号，如果不加信号的编号参数，则使用“-l”参数会列出全部的信号名称；

-a 当处理当前进程时，不限制命令名和进程号的对应关系；

-p 指定 kill 命令只打印相关进程的进程号，而不发送任何信号；

-s 指定发送信号；

-u 指定用户。

例：kill-l 显示所有信号名称。

六、网络相关

1. ifconfig 命令

命令详解：用于查看及设置网络接口信息，通常用于查看及设置系统为网络。

命令用法：

例：ifconfig 查看所有活动网络接口信息；

ifconfig a 查看所有网络接口，包括非活动网络接口；

ifconfig eth0 查看指定网络接口信息；

ifconfig eth0 172.16.3.1 netmask 255.255.255.0 up（临时 IP，重启网卡或者系统之后将无效）将 eth0 的地址设置为 172.16.3.1，并将该网卡激活；

ifconfig eth0 down 将 eth0 网卡停用。

2. ping 命令

命令详解：用于测试当前系统与其他主机的网络连接状况。

常用参数有：

-c 指定发送数据包的次数，到次数后自动停止。

命令用法：

例：ping 172.16.3.1 测试到地址为 172.16.3.1 主机的网络连通性，使用 Ctrl+C 来结束数据包的发送。

ping c 10 172.16.3.8 发送十个 icmp 数据包到 172.16.0.8 主机。

3. route 命令

命令详解：用于查看及设置系统路由信息。

命令用法：

例：route n 查看系统路由表信息；

route add default gw 172.16.3.254 添加默认路由信息；

route del default gw 172.16.3.254 删除默认路由信息；

route add net 192.168.0.0 netmask 255.255.255.0 gw 172.16.3.254 添加到指定网段的路由信息。

4. netstat 命令

命令详解：用于显示各种网络的相关信息，如网络连接，路由表，状态接口等。

常用参数有：

-a 显示所有选项，默认不显示 LISTEN 相关；

-t 仅显示 tcp 相关选项；

-u 仅显示 udp 相关选项；

-n 不显示别名，能显示数字的全部转化成数字；

-l 仅列出正在 LISTEN（监听）的服务信息；

-p 显示建立相关链接的程序名；

-r 显示路由信息，路由表；

-e 显示扩展信息，例如 uid 等；

-c 每隔一个固定时间，执行 netstat 命令。

命令用法：

例：netstat -a 列出所有端口；

netstat -at 列出所有 tcp 端口；

netstat -au 列出所有 udp 端口；

netstat -l 列出所有在监听状态的端口；

netstat -r 列出核心路由信息。

5. tcpdump 命令

命令详解：对网络上的数据包进行截获并对数据包进行分析，它支持针对网络层、协议、主机、网络或端口的过滤。

常用参数有：

-l 是标准输出变为缓冲行形式；

-n 指定将每个监听到的数据包的域名转换成 IP 地址显示；

-nn 指定将每个监听到的数据包中的域名转换成 IP、端口从应用名称转换成端口号显示；

-v 输出一个稍微详细的信息，例如在 IP 包中可以包括 ttl 和服务类型的信息；

-c 在收到指定数目的包后，tcpdump 就会停止；

-i 指定监听的网络接口；

-w 直接将包写入文件中；

-X 将协议头和包内容原原本本的显示出来。

命令用法：

例：tcpdump i eth0 监视第一个网络接口。

七、远程连接命令

1. ssh 命令

命令详解：SSH 的英文全称是 Secure Shell。作用是连接远程 Linux 主机，并且数据在传输的时候是加密的，可以替代 telnet，又可以为 ftp 等提供一个安全的“通道”。

命令用法：ssh 远程主机 IP 地址或主机名。

常用参数：

-l 指定用户来登录远程主机；

-X 把远程主机 X11 应用程序显示到本机上，使用此参数登录远程主机；

-v 打开登录信息调试模式，一般用于登录不上的问题排查。

例：ssh 172. 16. 0. 1 用 sysadmin 用户，登录 172. 16. 0. 1 这台主机。

2. scp 命令

命令详解：scp 是 secure copy 的缩写，scp 是 Linux 系统下基于 ssh 登录进行安全的远程文件拷贝命令。Linux 的 scp 命令可以在 Linux 系统之间复制文件和目录。

命令用法：scp 参数 原路径 目标目录

常用参数：

-C 允许压缩（将-C 标志传递给 ssh，从而打开压缩功能）；

-p 保留原文件的修改时间，访问时间和访问权限；

-q 不显示传输进度条；

-r 递归复制整个目录；

-v 详细方式显示输出。scp 和 ssh 会显示出整个过程的调试信息，这些信息用于调试连接，验证和配置问题；

-l 限定用户所能使用的带宽，以 Kbit/s 为单位；

例：scp -r /opt/test 192.168.0.1：/root 将本机/opt/test 目录拷贝到远程主机 192.168.0.1 的/tmp 下。

3. sftp 命令

命令详解：sftp 命令可以通过 ssh 来上传和下载文件，是常用的文件传输工具，它的使用方式与 ftp 类似，但它使用 ssh 作为底层传输协议，所以安全性比 ftp 要好得多。

命令用法：sftp 远程主机 IP 连接成功后可以使用 get 等交互式命令进行操作。

交互界面常用参数：

lpwd 查看本地系统的当前目录；

cd ＜dir＞将本地系统的当前目录更改为＜dir＞；

ls 显示远程服务器上当前目录的文件名；

ls -l 显示远程服务器上当前目录的文件详细列表；

ls ＜pattern＞显示远程服务器上符合指定模式＜pattern＞的文件名；

lls 显示本地系统上当前目录的文件名；

get ＜file＞下载指定文件＜file＞；

put ＜file＞上传指定文件＜file＞。

例：将远程主机 192.168.0.2 系统中的/opt/test.txt 文件下载到本地/root 下。

4. telnet 命令（了解，从安全角度不建议使用）

命令详解：telnet 只是一种远程登录的工具，但是传输的数据是非安全的，一般在系统中被 ssh 所替代。

命令用法：telnet 远程主机 IP

例：telnet 192.168.0.2 连接远程主机 192.168.0.2。

模块二　Linux 操作系统的用户管理

和用户管理相关的文件：

/etc/passwd 操作系统用户信息；

/etc/shadow 文件中的记录与 passwd 文件中的是一一对应关系，passwd 中用 x 表示密码。shadow 文件中的用户密码是加密后的密码。

/etc/group 用户组信息。

用户管理相关命令

（1）groupadd 命令添加用户组：

＃ groupadd hr；

＃ groupadd sale；

＃ groupadd it；

＃ groupadd net01 -g 2000 添加组 net01，并指定 gid 2000。

（2）groupdel 删除用户组：

＃ groupdel net01 删除组 net01；

＃ grep net01 /etc/group 查看/etc/group 中组 net01 信息。

（3）useradd 创建用户

node1：/opt ＃ useradd -m -s /bin/tcsh test；

Your passwd is AtcWYIBr。

node1：/opt ＃ passwd test

新的 UNIX 口令：

无效的口令：过短

重新输入新的 UNIX 口令：

passwd：已成功更新密码

然后就可以使用 test 用户来登录系统。

（4）useradd 常用参数有：

-d 设置用户的家目录；

-e 设置用户的有效期；

-g 设置用户的主族；

-G 设置用户的附加组；

-m 自动创建用户登录目录；

-s 指定用户登录时候的默认 shell；

-u 为用户指定一个新的 uid。

（5）id 命令 查看用户 uid 和 gid

node1：/opt ＃ id test；

uid＝126（test）gid＝100（users）组＝100（users）。

（6）userdel 删除用户

node1：/opt ＃ userdel -r test

-r 表示删除家目录。

我们可以使用 useradd 命令的一些参数在创建用户时指定一些选项

-u 指定 uid；

-g 指定 gid；

-d 指定家目录；

-s 指定 shell bash tcsh 等；

-m 创建默认的家目录 /home/创建用户的家目录 家目录的名称与用户名相同。

（7）usermod 修改用户信息

usermod 命令，可以修改用户的 uid、gid、家目录、用户、shell 等参数，与 useradd 命令相同。

(8) 修改用户过期时间

usermod -e 2017-12-13 test;

chage-E 2017-12-13 test。

(9) 查看用户过期时间

chage -l 用户名 可以查看用户过期时间。

node1: /opt # chage -l test

最近一次密码修改时间：3 月 20，2017；

密码过期时间：从不；

密码失效时间：从不；

账户过期时间：12 月 14，2017；

两次改变密码之间相距的最小天数：0；

两次改变密码之间相距的最大天数：99999；

在密码过期之前警告的天数：7。

(10) who 命令，查看当前登录系统的用户

例：who 查看当前登入系统的是哪个用户。

(11) su 命令

命令详解：切换用户，除超级用户外（root 切换普通用户不用输入密码），其他用户切换需要输入密码，切换到那个用户输入对应用户的密码，一般需要切换用户权限时使用。

命令用法：

例：su root 将当前用户切换为 root，但是不切换环境变量，需要输入密码；

su root 将当前用户切换为 root，环境变量也相应跟着切换；

su 后的-表示加载用户的环境变量；

su d5000 从超级用户切换到普通用户，不需要输入密码。

模块三　Linux 操作系统的文件管理

一、目录结构

当使用 Linux 的时候，如果您通过 ls l / 就会发现，在/下包含很多的目录，比如 etc、usr、var、bin 等目录，而在这些目录中，我们进去看，发现也有很多的目录或文件。

文件系统在 Linux 下看上去就像树形结构，所以我们可以把文件系统的结构形象地称为树形结构。

Windows：以多根的方式组织文件 C：\ D：\ E：\；

Linux：以单根的方式组织文件/，Linux 系统只有一个根分区。

node1：/ # ls

bin cdrom etc home lib64 lxcg proc sbin tmp var;

boot dev floppy lib mnt opt root sys usr。

常用目录：

bin 存放普通用户使用的命令 /bin/ls，/bin/date 外部命令；

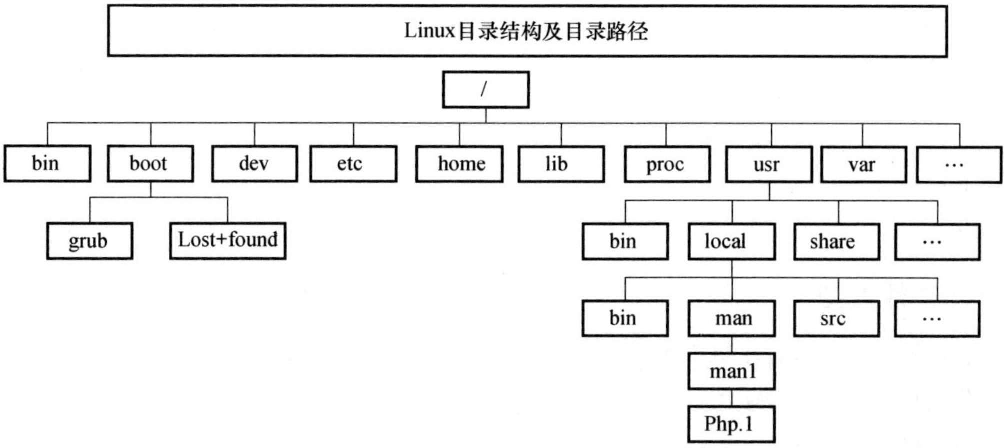

图 7-1　目录结构及目录路径

sbin 管理员使用的命令；

dev 存放设备文件 /dev/sda，/dev/tty1，dev/tty2，/dev/pts/1；

home 系统预设的用户家目录；

proc 虚拟的文件系统，反映出来的是内核，进程信息或实时状态；

usr 存放系统文件，相当于 C：\ Windows；

boot 存放的启动相关的文件，例如 kernel，grub（引导装载程序）；

etc 配置文件；

lib 库文件 Glibc；

lib64 库文件 Glibc；

media 英文意思是媒体，此目录为移动设备默认的挂载点，如光盘；

mnt 手工挂载设备的挂载点；

root root 用户的 HOME；

tmp 临时文件（主要是程序产生的临时文件）；

var 存放的是一些变化文件，比如数据库，日志，邮件。

二、路径

Linux 中的路径分为绝对路径和相对路径。

绝对路径：

在所有的 Linux 系统中绝对路径都是从根分区开始的，例如：/usr、/etc/X11/，如果一个路径是从 /（根）开始的，那么它就一定是绝对路径。

在 Linux 中判断用户当前所处的位置可以使用 pwd 命令，例如：

node1：/etc/init. d ＃ pwd

/etc/init. d 注：用户当前位于/etc/init. d。

相对路径：

相对路径是从 ./ 或者 ../ 开始的，表示用户当前操作所处的位置，或者当前所处位置的上级目录。

在 Linux 中：

. 表示当前目录，

.. 表示上级目录

-表示当前用户的家目录

node1：/etc/init. d # cd ..；

node1：/etc # pwd；

/etc。

三、文件类型

Linux 中文件是没有扩展名的！

区分文件类型的方法：

（一）通过 ls -l 命令

node1：/opt # ls -l

总用量 20

-rw-r--r-- 1 root root 162 3 月 20 11：15 a. c；

drwxr-xr-x 8 root root 4096 3 月 15 02：27 firefox；

lrwxrwxrwx 1 root root 12 3 月 20 13：21 init. d→/etc/init. d/；

drwxr-xr-x 2 root root 4096 3 月 20 11：51 javatest；

drwxr-xr-x 8 root root 4096 3 月 20 11：22 jdk1. 6；

drwxr-xr-x 7 root root 4096 3 月 15 02：28 openoffice4。

ls -l 文件名看第一个字符

-普通文件（文本文件、二进制、压缩文件、电影、图片）；

d 目录文件（蓝色）；

b 设备文件（块设备）存储设备硬盘，U 盘；

c 设备文件（字符设备）打印机，终端/dev/tty1；

s 套接字文件；

p 管道文件；

l 链接文件（淡蓝色）。

（二）使用 file 命令

node1：/opt # file init. d；

init. d：symbolic link to `/etc/init. d/'；

node1：/opt # filea. c；

a. c：ASCII C program text。

node1：/opt # file test/；

test/：setuid directory；

node1：/opt #。

四、文件权限

1. 用户组的概念

在 Linux 系统中每个用户必须属于一个组，不能独立于组外。在 Linux 中每个文件的所有者、所在组、其他组的概念。所有者：一般为文件的创建者，谁创建了这个文件，就是这个文件的所有者。所在组：当某个用户创建了一个文件后这个文件的所在组就是该用户的所在组，可以使用 ls -l 查看。其他组：除开文件的所有者和所在组的用户外，系统的其他用户都是文件的其他组。

2. 文件权限

ls -l 命令显示的内容如下：

-rwxr-xr-x 1 root root 899 3 月 20 12：49 1. c

10 个字符确定不同用户能对文件干什么

第一个字符代表文件类型（- 代表文件）；

从第 2 字符到第 10 个字符，每 3 个一组（rwz），读（r）、写（w）、执行（x）；

第一组 rwx：文件所有者的权限是读、写和执行；

第二组 rw-：与文件所有者同一组的用户的权限是读、写但不能执行；

第三组 r--：其他用户的权限是读，不能写和执行；

也可用数字表示为：r=4，w=2，x=1 因此 rwx=4+2+1=7；

1 表示连接的文件数；

第一个 root 表示用户；

第二个 root 表示用户所在的组；

899 表示文件大小（字节）；

3 月 20 12：49 表示最后修改日期；

c 表示文件名。

3. 特殊权限

文件和目录的权限除了 r w x 之外还有特殊权限。特殊权限包括 suid、sgid 和 sticky 三种

suid 权限：suid 一般只给可执行命令添加，类似于 4777，或者 u+s。

（1）用户或属主对应的前三位权限的 x 位上如果有 s 就表示有 suid 权限；

（2）suid 的作用是让普通用户可以以 root 的用户角色来运行只有 root 才能运行的程序或者命令。

sgis 权限：（2）是针对用户组权限位的修改。

当目录拥有 sgid 时，那么所有用户在本目录下创建文件时，该文件的属组和拥有 sgid 的父目录相同（只是属组随父），类似于 2777 或者 g+s。

sticky：删除保护，也保护目录本身。当你给一个目录添加了 t 权限，在这个目录下，所有人只能删除他自己的文件，不能删除其他人的文件。

例如 tmp 权限是 1777。

4. 权限设置修改

修改文件的属主属组　node1：/opt # chown d5000. d5000 a. c。

修改文件的权限：

（1）使用字母

	对象	赋值符	权限类型
chmod	u	+	r
	g	−	w
	o	=	x

(2) 使用数字

node1：/opt ＃ chmod 644 a. c；

node1：/opt ＃ ls -la. c；

-rw-r--r-- 1 d5000 d5000 162 3 月 20 11：15 a. c。

模块四　Linux 的 VI 编辑器

VI 命令是 Linux 最常用的编辑文件的命令，它的命令集众多。本模块只介绍 VI 的一些最常用命令。

VI 有两种状态，编辑状态和命令状态。编辑状态可以执行文本的输入，命令状态可以执行插入、删除、查找定位、存盘等操作。在编辑状态下用 Esc 键或 F11 键进入命令状态。

VI 常用的编辑命令如下：

1. 打开文件

VI file　[-r]：-r　只读。

2. 移动光标

k、j、h、l：上、下、左、右移动光标命令；

nG：跳转命令，n 为行数，该命令立即使光标跳到指定行；

Ctrl＋G：光标所在位置的行数和列数报告；

w、b：使光标向前或向后跳过一个单词；

0：使光标移至行首；

Shift＋0：使光标移至行尾；

G：光标移到最后文件一行。

3. 编辑命令（均需要在命令状态下按 Esc 键或 F11 键执行）

i、a、r：在光标的前、后以及所在处插入字符命令（i＝insert、a＝append、r＝replace）；

cw、dw：改变（置换）/删除光标所在处的单词的命令（c＝change、d＝delete）；

x、d＄、(n) dd：删除一个字符、删除光标所在处到行尾的所有字符以及删除整行或 n 行的命令；

o、O：在当前行下一行、上一行插入空白行；

nyy：在命令方式下，在光标所在行敲 yy 或 nyy，复制一行或 n 行，到需要的复制的地方后，执行 p 进行复制。

4. 查找命令（均需要在命令状态下按 Esc 键或 F11 键执行）

/string：从光标所在处向后查找相应的字符串的命令；

？ string：从光标所在处向前查找相应的字符串的命令。

5. 替换字符串（均需要在命令状态下按 Esc 键或 F11 键执行）

命令格式：fromline，toline s/string1/string2/g；

Fromline 为起始行号，toline 为终止行号（如果为最后一行，用＄表示），s 为命令，string1 为老字符串，string2 为新字符串，即从 Fromline 到 toline 将字符串 string1 替换为 string2。

6. 存盘退出命令

q、q!、: w、: wq：退出文件、强制退出、写文件、存盘退出。

例：在/etc/host 文件中增加一台 SCADA 服务器“scada1-1”的节点信息，scada1-1 和 scada1-2 是服务器的两个网卡名，双网 IP 为 192.1.101.1 和 192.1.102.1，则命令为：

\# vi /etc/hosts

“\#”表示当前用户为超级用户，因系统文件“hosts”超级用户才有权限修改。

用“G”，将光标移至最后一行，敲“o”，在当前下一行查入空白行，键盘输入“192.1.101.1 scada1-1”，按 Esc 键进入命令状态，用“yy”“p”命令复制当前行，复制后显示为：

```
192.1.101.1        scada1-1
192.1.101.1        scada1-1
```

光标移至下面行，利用 R 键，将“192.1.101.1”中“101”替换为“102”，将“scada1-1”替换为“scada1-2”，则替换后显示为：

```
192.1.101.1        scada1-1
192.1.102.1        scada1-2
```

按 Esc 键进入命令状态，敲“：wq”保存退出。

模块五　关系数据库的基本概念及 SQL 语句

一、关系数据库基本概念

数据库应用系统简称数据库系统，是一个计算机应用系统。它由计算机硬件、数据库管理系统、数据库、应用程序和用户等部分组成。

(一) 计算机硬件

它是数据库系统的物质基础，是存储数据库及运行数据库管理系统 DBMS 的硬件资源，主要包括主机、存储设备、I/O 通道等，以及计算机网络环境。

(二) 数据库管理系统 (DBMS)

负责数据库存取、维护和管理的系统软件。DBMS 提供对数据库中数据资源进行统一管理和控制的功能，将用户、应用程序与数据库数据相互隔离，是数据库系统的核心，其功能的强弱是衡量数据库系统性能优劣的主要指标。DBMS 必须运行在相应的系统平台上，有操作系统和相关系统软件的支持。

(三) 数据库

数据库（DB）是指数据库系统中以一定组织方式将相关数据组织在一起，存储在外部存储设备上所形成的、能为多个用户共享的、与应用程序相互独立的相关数据集合。数据库中的数据由 DBMS 进行统一管理和控制，用户对数据库进行的各种操作都是通过 DBMS 实现的。

(四) 应用程序

应用程序是在 DBMS 的基础上，由用户根据应用的实际需要开发的、处理特定业务的应用程序。

（五）数据库用户

用户是指管理、开发、使用数据库系统的所有人员，通常包括数据库管理员、应用程序员和终端用户。数据库管理员负责管理、监督、维护数据库系统的正常运行；应用程序员负责分析、设计、开发、维护数据库系统中运行的各类应用程序；终端用户是在 DBMS 与应用程序支持下，操作使用数据库系统的普遍用户。

综上所述，数据库中包含的数据是存储在存储介质上的数据文件的集合；每个用户均可使用其中的部分数据，不同用户使用的数据可以重叠，同一组数据可以为多个用户共享；DBMS 为用户提供对数据的存储组织、操作管理功能；用户通过 DBMS 和应用程序实现数据库系统的操作与应用。

用关系表示的数据模型称为关系模型。在数据库理论中，关系是指由行与列构成的二维表。在关系模型中，实体与实体间的联系都是用关系表示的。也就是说，二维表格中既存放着实体本身的数据，又存放着实体间的联系。关系不但可以表示实体间一对多的联系，通过建立关系间的关联，也可以表示多对多的联系。

关系模型是建立在关系代数基础上的，具有坚实的理论基础。与层次模型和网状模型相比，具有数据结构单一、理论严密、使用方便、易学易用的特点。目前，绝大多数数据库系统的数据模型均采用关系模型。

二、SQL 语言

（一）SQL 的组成

SQL 包含 3 个部分：

（1）数据操作语言 DML，例如：SELECT、INSERT、UPDATE、DELETE。

（2）数据定义语言 DDL，例如：CREATE、ALTER、DROP。

（3）数据控制语言 DCL，例如：COMMIT WORK、ROLL-BACK WORK。

（二）数据查询语言

SQL 是一种查询功能很强的语言，只要是数据库存在的数据，总能通过适当的方法将它从数据库中查找出来。SQL 中的查询语句只有一个，SELECT，它可与其他语句配合完成所有的查询功能。SELECT 语句的完整语法，可以有 6 个子句。完整的语法如下：

SELECT 目标表的列名或列表达式集合；

FROM 基本表或（和）视图集合；

[WHERE 条件表达式]；

[GROUP BY 列名集合]；

[HAVING 组条件表达式]；

[ORDER BY 列名 [集合] …]；

整个语句的语义如下：从 FROM 子句中列出的表中，选择满足 WHERE 子句中给出的条件表达式的元组，然后按 GROUP BY 子句（分组子句）中指定列的值分组，再提取满足 HAVING 子句中组条件表达式的那些组，按 SELECT 子句给出的列名或列表达式求值输出。ORDER 子句（排序子句）是对输出的目标表进行重新排序，并可附加说明 ASC（升序）或 DESC（降序）排列。

1. 简单查询

如表 7-1 所示，厂站参数表包含 4 个列：序号，名称，编码，责任区，该表包含 8 行，每个厂站一行。

表 7-1　厂站参数表

序号	名称	编码	责任区	序号	名称	编码	责任区
1	滨海变电站	BH	1	5	渡东变电站	DD	3
2	桑港变电站	SG	1	6	九里变电站	JL	3
3	齐贤变电站	QX	2	7	柯岩变电站	KY	4
4	中纺变电站	ZF	2	8	虎象变电站	HX	4

显示厂站参数表的所有列和所有行，SQL 语句如下：SELECT 序号，名称，编码，责任区 FROM 厂站参数表；或者 SELECT * FROM 厂站参数表；也可指定想要的列，其顺序在输出中呈现。从左到右显示序号和名称，则用如下语句：SELECT 序号，名称 FROM 厂站参数表；

约束和排序的相关子句包括 WHERE 子句和 ORDER BY 子句。

（1）WHERE 子句。从数据库取回数据时，SELECT 语句中的 WHERE 可选子句来规定哪些数据值或哪些行将被作为查询结果返回或显示。一个 WHERE 子句包含一个必要条件，WHERE 子句紧跟着 FROM 子句。如条件是 true，则返回满足条件的行。

在 WHERE 子句中的条件表达式中可出现下列操作符和运算函数：

算术比较运算符：<，<=，>，>=，=，<>。

逻辑运算符：AND，OR，NOT。

集合运算符：UNION（并），INTERSECT（交），EXCEPT（差）。

集合成员资格运算符：IN，NOT IN。

谓词：EXISTS（存在量词），ALL，SOME，UNIQUE。

聚合函数：AVG（平均值），MIN（最小值），MAX（最大值），SUM（和），COUNT（计数）。

条件表达式中运算对象还可以是另一个 SELECT 语句，即 SELECT 语句可以嵌套。另外，LIKE 运算符在 WHERE 条件从句中也非常重要。通过使用 like 运算符可以设定只选择与用户规定相同的记录。此外，还可使用通配符“%”用来代替任何字符串。

显示所有责任区 1 厂站的记录，SQL 语句如下：

SELECT * FROM 厂站参数表 WHERE 责任区=1；

显示名称以“中”开头的厂站的责任区和序号，SQL 语句如下：

SELECT 责任区，序号 FROM 厂站参数表 WHERE 名称 LIKE ‘中%’；

显示序号等于 8 或在 2～5 之间的厂站的名称，SQL 语句如下：

SELECT 名称 FROM 厂站参数表 WHERE 序号=8or（序号>2 and 序号<5）。

（2）ORDER BY 子句。为了将由 SELECT 语句选取的表的内容进行由小到大（ascending）或由大到小（descending）的有序显示，可用 ORDER BY 指令。WHERE 子句为可选项，WHERE 子句必须在 ORDER BY 子句之前；ASC 按升序列出结果，DESC 按降序列出结果，未说明则默认用 ASC。

显示厂站的序号和名称，按序号由小到大排列，SQL 语句如下：

SELECT 序号，名称 FROM 厂站参数表 ORDER BY 序号 asc。

2. 高级查询

GROUP BY 子句与 HAVING 子句。利用这两个语句可以实现一些复杂的统计功能，在使用时要注意以下几点：

1）如果选择列表中包含有列、表达式或者分组函数，那么这些列或者表达式必须出现在 GROUP BY 子句中，否则数据库会提示相关的错误信息。分组函数不用出现在 GROUP BY 子句中。

2）如果在一个查询语句中，同时含有 GROUP BY、HAVING、ORDER BY3 个子句的话，则需要注意有一定的书写顺序。通常情况下 ORDER BY 子句必须放置在最后。

3）GROUP BY 子句与 WHERE 子句是不兼容的。也就是说，在使用普通的 SELECT 语句（不含有 GROUP BY 子句）时可以利用 WHERE 子句来过滤显示的结果，但在使用 GROUP BY 子句时，要使用 HAVING 子句来过滤显示结果。

（三）数据操作语言

数据操作语言语句的作用是操作已有方案对象内的数据。利用 DML 语句可向表或视图加入新数据行（INSERT）；修改表或视图中已有数据行的列值（UPDATE）；从表或视图中删除数据行（DELETE）。

1. INSERT 语句

（1）一次插入一条记录。语法是：

INSERT into“表名”（“列 1”，“列 2”，…）values（“值 1”，“值 2”，…）；

如在表 score 中插入记录 04，s03，90，SQL 语句如下：

INSERT into score（st _ no，su _ no，sc _ score）values（‘04’，‘s03’，90）。

（2）一次插入多条记录。语法是：

INSERT into“表 1”（“列 1”，“列 2”，…）select“列 3”，“列 4”，…from“表 2”；

2. UPDATE 语句

修改表或视图中已有数据行的列值。其语法是：

UPDATE“表格”SET“列 1”＝［新值］WHERE｛条件｝；

3. DELETE 语句

删除数据库中一些记录，由 DELETE FROM 指令完成。其语法是：

DELETE FROM“表格名”WHERE｛条件｝。

（四）数据定义语言

数据定义语言语句的作用是定义或修改方案对象（schema object）的结构，以及移除方案对象。DDL 语句可完成创建、修改、移除对象及其他数据库结构，包括数据库自身及数据库用户（CREATE，ALTER，DROP）；修改方案对象名称（RENAME）；删除方案对象的所有数据，但不移除对象结构（TRUNCATE）。

1. CREATE TABLE 语句

CREATE TABLE 的语法是：

CREATE TABLE“表名”（“列 1”“列 1 域类型”，“列 2”“列 2 域类型”…）。

2. CONSTRAINT

限制一些可存入表中的数据。在表初创时由 CREATE TABLE 语句来指定，或由 AL-

TER TABLE 语句来指定。常见的限制有：

（1）NOT　NULL　UNIQUE　CHECK；

（2）主键（Primary Key）；

（3）外键（Foreign Key）。

3. CREATE VIEW

视图（view）被当作是虚拟表，是建立在表之上的一个架构，它本身并不实际储存资料，建立视图的语法如下：

CREATE VIEW "VIEW _ NAME" AS "SQL 语句"；

"SQL 语句"是指模块中提到 SQL。

也可用视图来连接两个表，用户直接从视图中找出所要的信息，不需要由两个不同的表去做一次连接的动作。

4. CREATE INDEX

索引（index）可从表中快速地找到需要的资料。在表上建立索引有利于提高查询效率。一个索引可以涵盖一或多列。建立索引的语法如下：

CREATE INDEX "INDEX _ NAME" ON "TABLE _ NAME"　（COLUMN _ NAME）；

索引的命名并没有固定的方式。通常在名称前加一个字首，例如"IDX"来避免与数据库中的其他对象混淆。

5. ALTER TABLE

在数据库中建立表后，经常需要改变表的结构。常见的改变包括加一个列、删去一个列、改变列的属性等。ALTER TABLE 可被用来作其他的改变（如改变主键定义），改变表结构的语法如下：

ALTER TABLE "TABLE _ NAME"。

6. DROP TABLE

DROP TABLE 的语句提供从数据库中清除一个表的功能，DROP TABLE 的语法是：

DROP TABLE "表名"。

7. TRUNCATE TABLE

要清除一个表中的所有记录，用 DROP TABLE 指令整个表被清除，无法再使用。另一种比较有用的方式，就是用 TRUNCATE TABLE 的指令。这个指令执行后，表中的记录会完全删除但表结构继续存在。TRUNCATE TABLE 的语法为：

TRUNCATE TABLE "表名"。

第八章　SCADA应用

模块一　D5000系统告警、公式定义

一、告警模板

（一）告警模板的用途

可以把常用的告警查询条件定义成一个模板，这样不用每次查询的时候都重新定义查询条件，只要在告警查询里双击预先定义好的模板查询告警就行了，另外，在图形上，可以做一个标志调用，调模板，还可以在告警窗按照定义好的模板过滤告警，下面将介绍模板的制作方法和告警模板的使用。

（二）告警模板的制作

告警查询包括单表查询和综合查询，相应的告警模板也分为单表模板和综合模板。

（1）综合查询模板的制作

例如，远动人员想要查询每天的通道投退和厂站投退情况，通道的投退和厂站的投退是不同的告警的告警登录表，所以要做一个综合远动投退模板。打开告警查询界面，如图8-1所示。

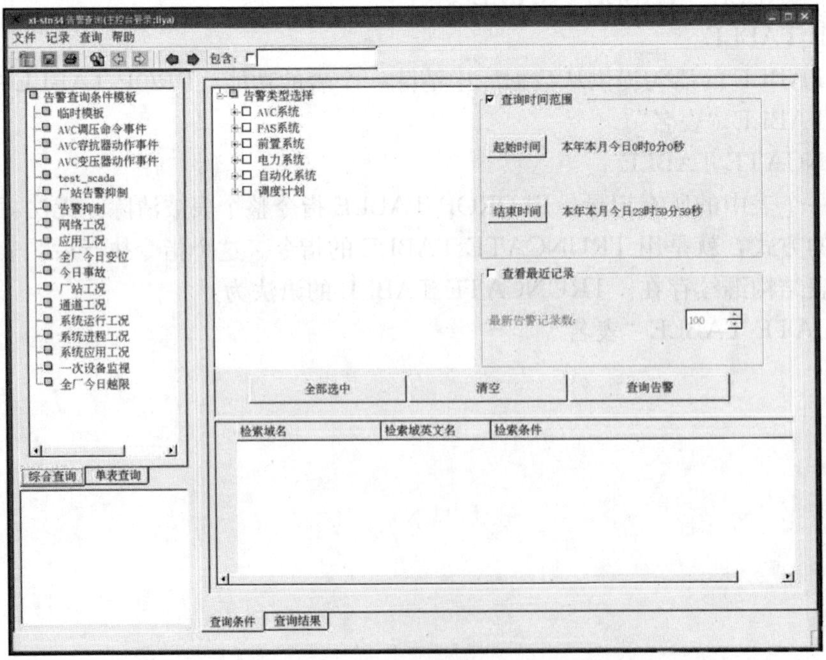

图8-1　告警查询界面

综合查询里，选中临时模板，临时模板变成红色，告警类型选择里单击前置系统前的“+”，展开了前置系统的所有告警登录表，单击“通道工况”和“通信厂站工况”前面的方框，方框里便打上“√”，如图 8-2 所示。

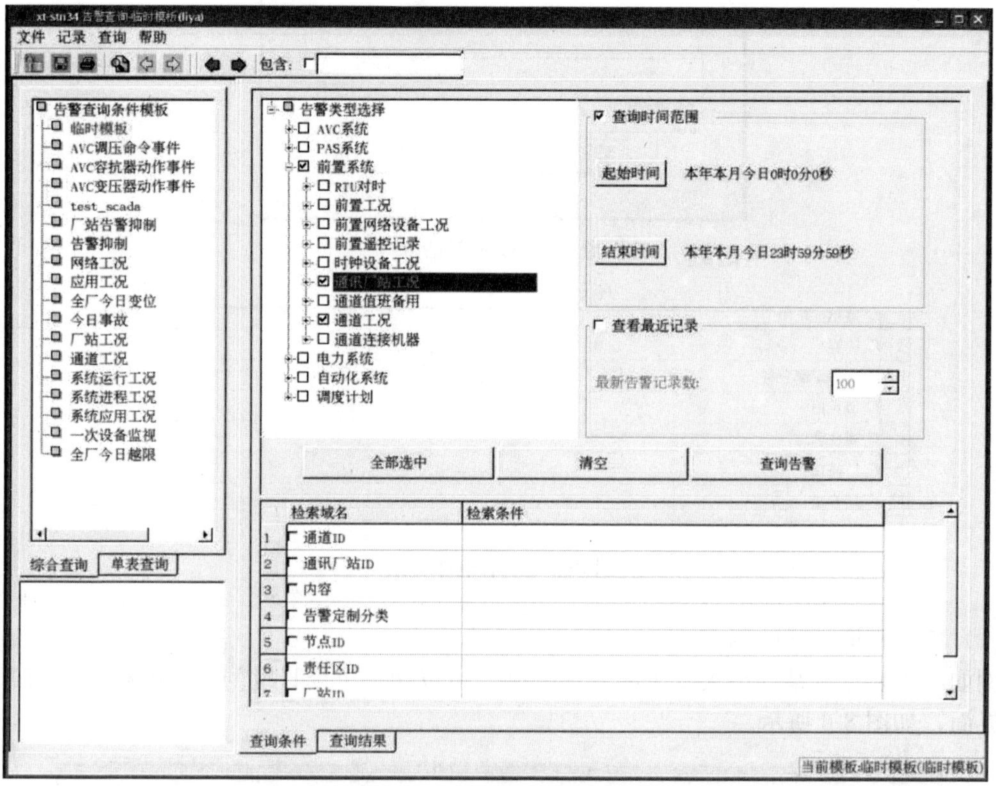

图 8-2　告警查询类型选择

表示选择了告警查询的表是“通道工况”和“通信厂站工况”，查询时间默认的是起始时间：本月今日 0 时 0 分，结束时间：本月今日 23 时 59 分，单击“文件”，在菜单中点“保存模板”。

弹出提示框“增加模板到数据库，请确认！”（图 8-3），单击 Yes 后，弹出模板对话框（图 8-4），输入模板名“所有通道厂站工况”。

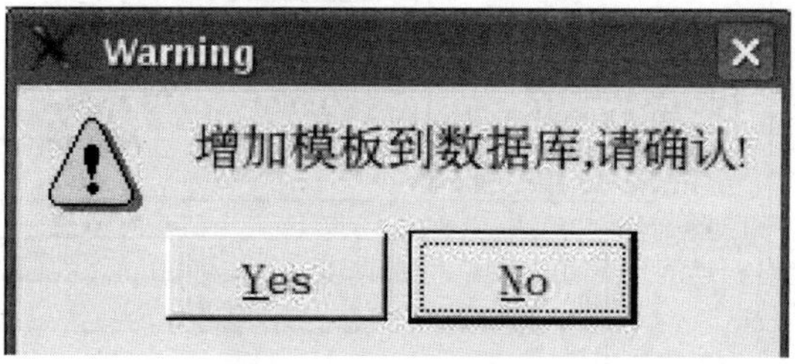

图 8-3　确认提示窗口

“确定”后，模板保存成功，如果只想检索单个厂的每日厂站工况和通道工况，则只需在检索条件里，单击厂站 ID 前的方框，方框里便打上“√”，然后单击“厂站 ID”同一行的检索条件的空白处，弹出菜单，选择厂站，保存模板“今日××厂通道厂站工况”。如图 8-5所示。

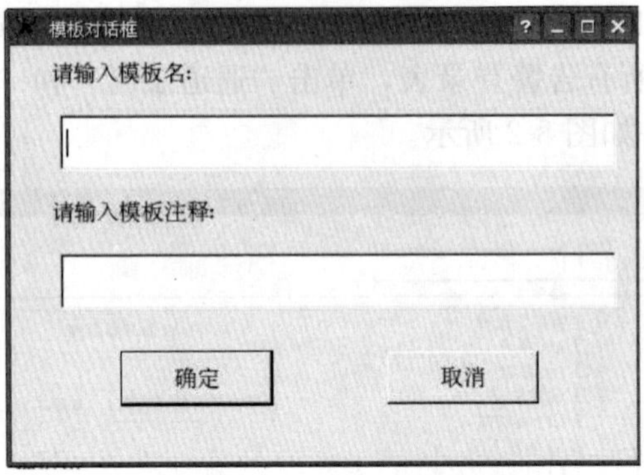

图 8-4　模板对话框

图 8-5　厂站条件检索

（2）单表查询模板的制作

例如，想要查询某厂每天发生的开关跳闸，可以做一个今日跳闸告警的模板，打开告警查询界面，如图 8-6 所示。

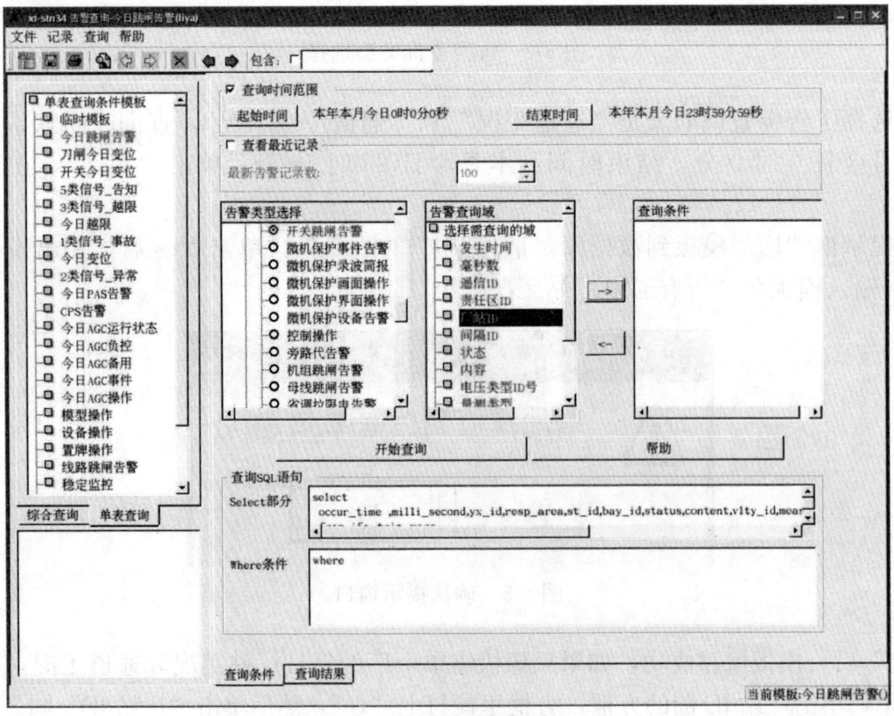

图 8-6　告警查询界面

单表查询里，点中临时模板，临时模板变成红色，告警类型选择里，找到电力系统/开关跳闸告警，点下旁边的圆点，圆点和开关跳闸告警变成红色，告警查询域显示开关跳闸告警的域，单击保存模板，如图 8-7 所示。

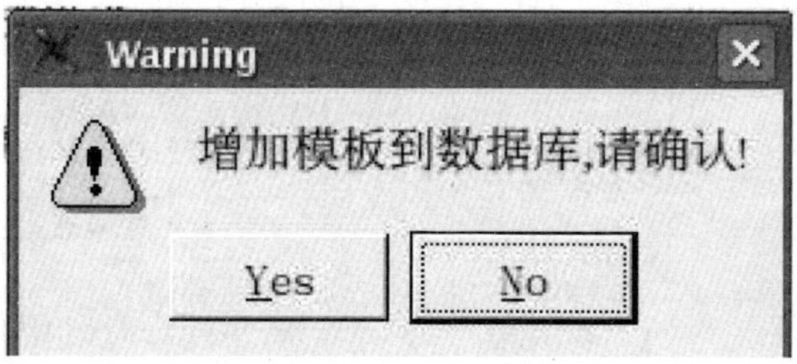

图 8-7　提示框

弹出提示框“增加模板到数据库，请确认!”，单击 Yes 后，弹出模板对话框，如图 8-8 所示。

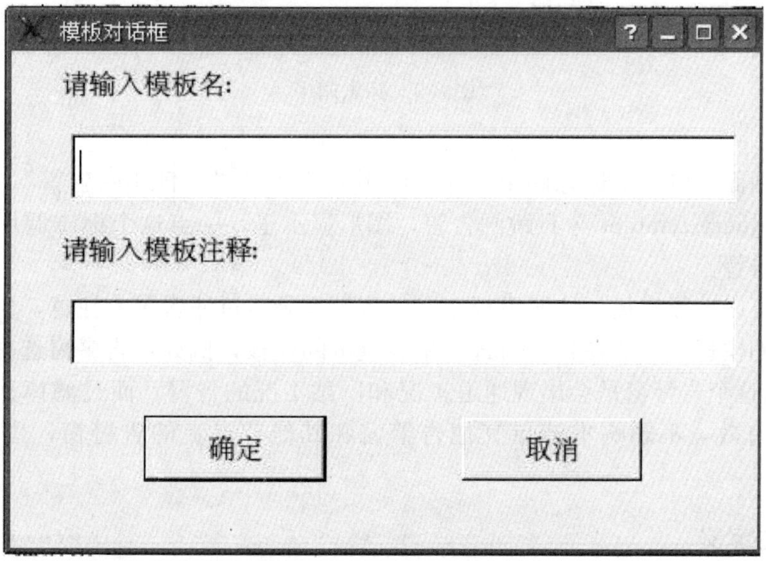

图 8-8　输入模板名称

输入模板名“今日跳闸告警”，“确定”后，模板保存成功，如果只想检索单个厂的今日开关跳闸告警，在告警查询域点中“厂站 ID”，再点右边的箭头，弹出厂站 ID 列表，选择厂站××后，保存模板，取名“今日××站跳闸告警”，当然检索的起始和结束日期也可以选择。

（3）模板的使用

打开告警查询界面，在综合查询里，双击刚才做的模板“今日通道厂站工况”，查询结果里就查到今日通道厂站工况告警，切到单表查询，双击刚才做的“今日跳闸告警”，查询结果里就查到今日跳闸告警。

还可以把模板用于图形上，在图形编辑器上加一个标志调用，右键单击标志调用，选择属性，弹出“标志调用”对话框（图 8-9），选择调用进程，进程名写 alarm _ query-templet 告警查询模板名，确定后，保存图形，在图形显示里，单击这个标志调用，就弹出以告警查询模板为查询条件的告警查询结果。

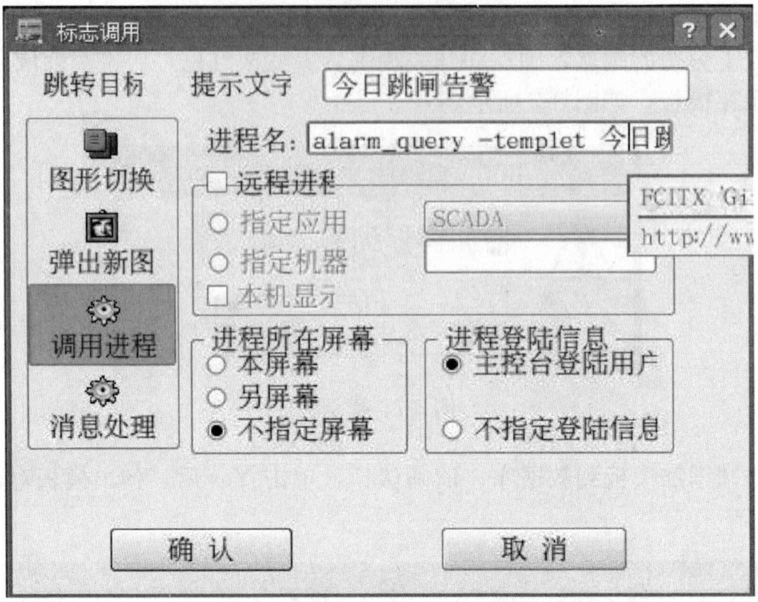

图 8-9 标志调用

例如，在画面上做一个标志调用，标志调用上放文字“今日跳闸告警”，标志调用的进程名写 warn _ query-templet 今日跳闸告警，图形显示里，一点这个标志调用，就查询出该厂的今日跳闸告警。

告警窗里可以选择模板，按照模板定义的告警登录表过滤告警，注意，告警窗的模板只能是综合告警的模板，不能在告警窗选择单表查询的模板，例如，告警窗选择“所有厂站通道工况”，那么这个告警窗是会出现通道工况和厂站工况的告警，而过滤掉其他的告警，这只对本告警窗有效，不影响本节点其他告警窗和其他节点上的告警窗，也不影响告警历史库。

二、公式定义

系统公式在公式定义界面上定义，以数据库中的域作为操作数，进行算术运算或逻辑运算，并支持赋值语句、循环语句、条件语句等语句。公式定义界面同时显示计算结果。用户根据自己的需求灵活定义系统公式并浏览显示。

有两种方法启动公式定义：

方法一：在系统总控台上单击“公式定义”图标。

方法二：在终端窗口命令行下运行 sca _ formula _ define 命令。

系统公式定义与显示界面如图 8-10 所示。

有两种方法退出系统公式界面：

方法一：选择工具栏的“退出”按钮，如图 8-11 所示。

方法二：单击菜单/文件“退出”选项，如图 8-12 所示。

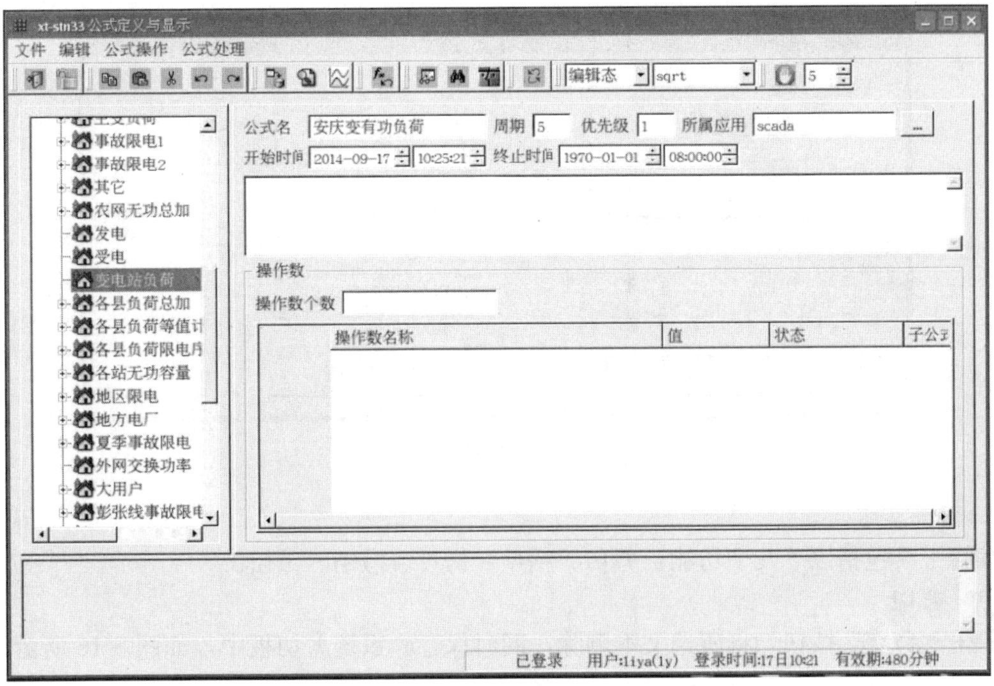

图 8-10　公式定义与显示界面

图 8-11　“退出”菜单（一）

图 8-12　“退出”菜单（二）

三、界面总体介绍

1. 文件操作

（1）用户登录

在菜单/工具栏中单击“用户登录”按钮，如图 8-13 所示。

图 8-13　登录按钮

就会弹出“用户登录”对话框（图 8-14），要求输入用户名称、密码以及选择有效期。只有在权限管理中被授权的用户才可以进行公式定义操作。

（2）退出

单击“退出”按钮，退出公式定义与显示界面。

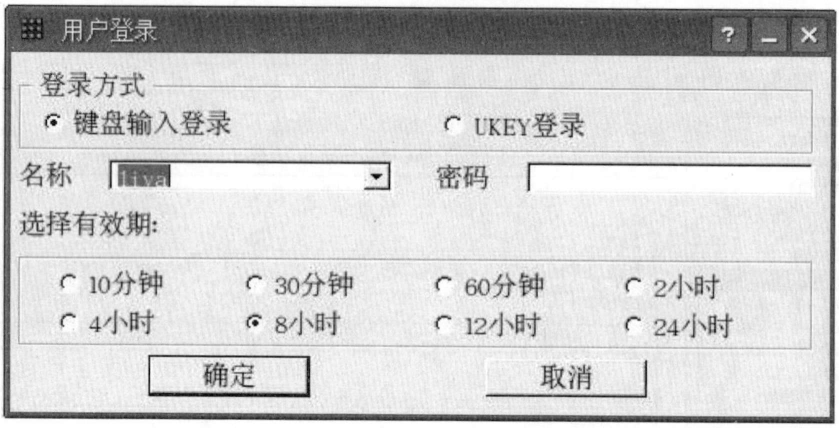

图 8-14　“用户登录”对话框

2. 编辑操作

编辑工具包括以下几个功能：剪切、粘贴、拷贝、撤销、重做。

(1) 剪切

单击“剪切”按钮，将所选文本删除，同时保存到系统剪切板中，如图 8-15 所示。

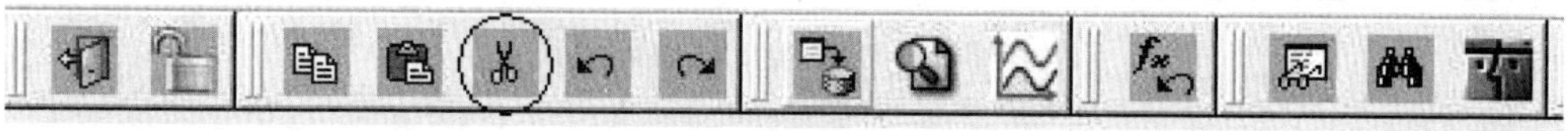

图 8-15　“剪切”按钮

(2) 粘贴

单击“粘贴”按钮，将剪切板中内容复制到当前位置，如图 8-16 所示。

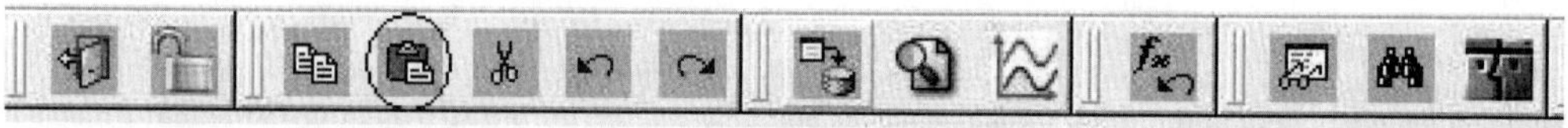

图 8-16　“粘贴”按钮

(3) 拷贝

单击“拷贝”按钮，复制所选文本，如图 8-17 所示。

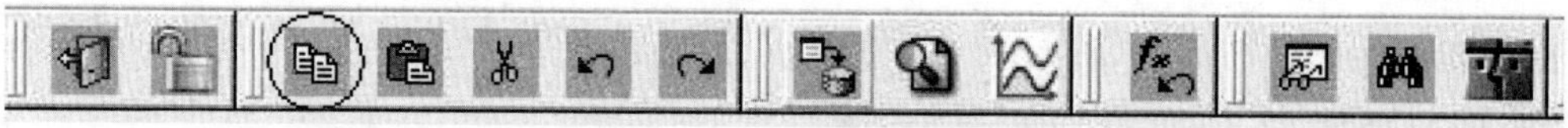

图 8-17　“拷贝”按钮

(4) 撤销

单击“撤销”按钮后可恢复上一步操作，若不可恢复，则发出响铃，如图 8-18 所示。

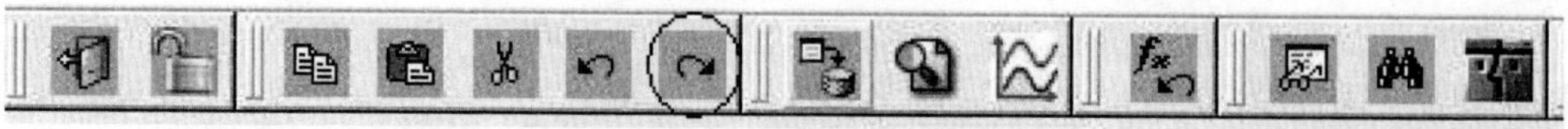

图 8-18　“撤销”按钮

(5) 重做

单击“重做”按钮，则恢复下一步操作，如图 8-19 所示。

图 8-19　“重做”按钮

3. 公式操作

按下“保存公式”按钮后，修改后的公式保存到实时数据库中，如图 8-20 所示。

图 8-20　“保存公式”按钮

4. 公式处理

按下“语法检查”按钮后，自动检查公式的语法是否有错，如图 8-21 所示。

图 8-21　“语法检查”按钮

5. 态切换

编辑态/浏览态切换。在编辑态下可以编辑公式，进行修改、增加、删除公式的操作。在浏览态下只可以浏览公式的计算结果和状态，没有权利修改公式，如图 8-22 所示。

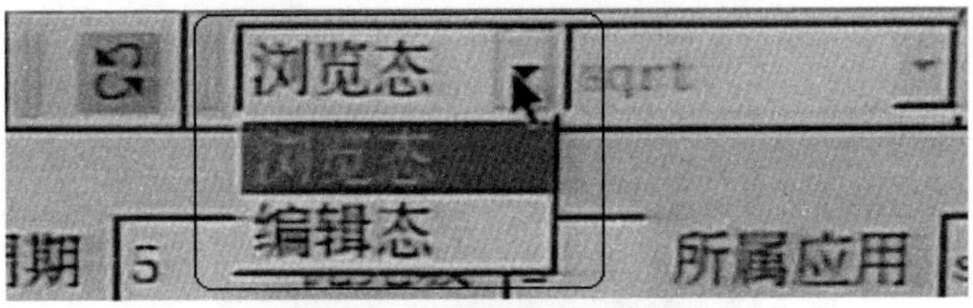

图 8-22　编辑态/浏览态

6. 函数选择

函数选择工具提供一个普通运算函数选择的接口，单击函数名，这个函数就出现在鼠标显示的地方。在做公式编辑的时候可能会用到这个功能，如图 8-23 所示。

图 8-23　函数选择

7. 公式类型

这个区域以树形结构显示公式类型，可以将公式分类，方便管理和维护，如图 8-24 所示。

修改，删除公式分类，可以在分类下添加修改公式。具体操作如图 8-25 所示。

图 8-24　公式分类

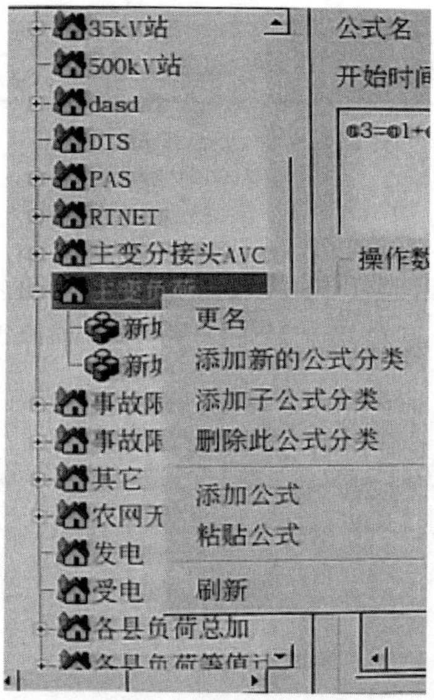

图 8-25　公式分类的操作

在已有的公式类上右击，“更名”，可以更改公式分类的名字，“添加新的公式分类”可以添加一类公式，“删除此公式分类”，将删除该分类下的所有公式，“添加公式”，可以在此分类下添加公式，“粘贴公式”，可以将之前复制的公式粘贴到此分类下。

四、公式定义实例

例如，想计算柳行站有功负荷＝柳行站 1 号主变高压测有功＋柳行站 2 号主变高压测有功；

打开公式定义（sca _ formula _ define)，如果从总控台登录，确保登录总控台的用户具有修改、编辑公式的权限（详见权限定义），也可用命令行方式启动 sca _ formula _ define，此时公式定义属于未登录状态，如图 8-26 所示。

图 8-26　登录状态

单击左上角的锁，弹出用户登录对话框，如图 8-27 所示。

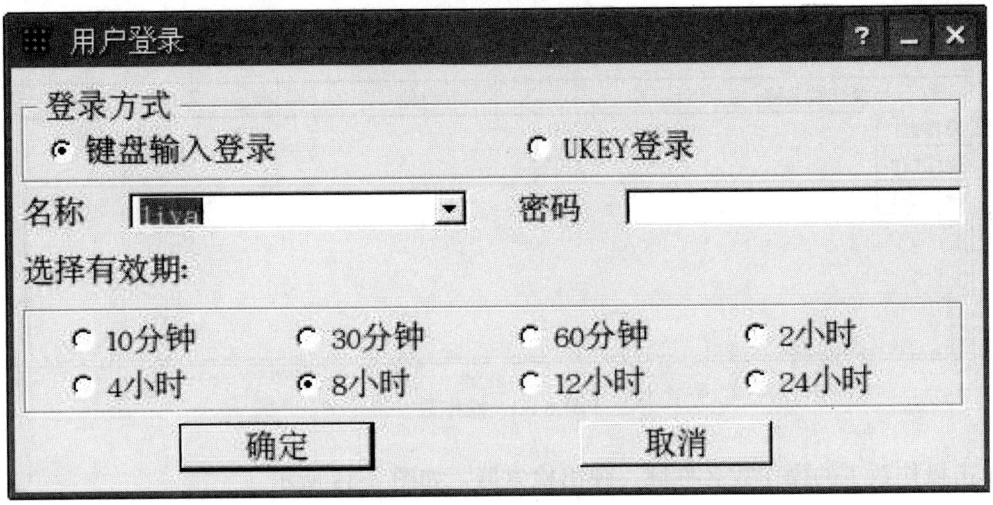

图 8-27　用户登录

以具有修改、编辑公式权限的用户登录，切换成“编辑态”，在已有的公式分类上右键单击，选择“添加新的公式分类”，在弹出的对话框里输入公式分类名“变电站负荷”，如图 8-28所示。

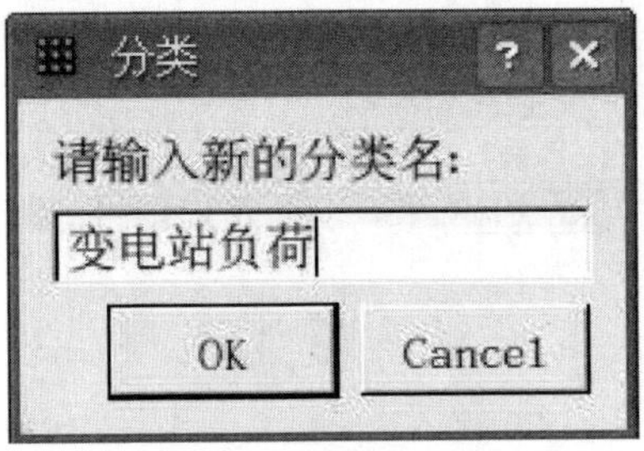

图 8-28　输入公式分类名

单击 ok 按钮后，在左边公式分类表里，便多了一行“变电站负荷”，右键单击“变电站负荷”，选择“添加公式”，公式名称里输入“柳行站有功负荷”，注意是在所有的公式中“公式名称”不能重复，即不同的分类下的公式名称也不能相同，如图 8-29 所示。

图 8-29　输入公式名

否则提示不能保存成功，“开始计算时间”默认是公式定义编辑器启动的时间，也可以重新设置，公式从“开始计算时间”开始计算，计算周期默认填 5，即 5 秒钟取一次操作数，算一次结果，计算优先级默认为 1 不用管。

操作数个数填入 3，回车，下面便出现三行空白操作数 1、操作数 2、操作数 3，如图 8-30所示。

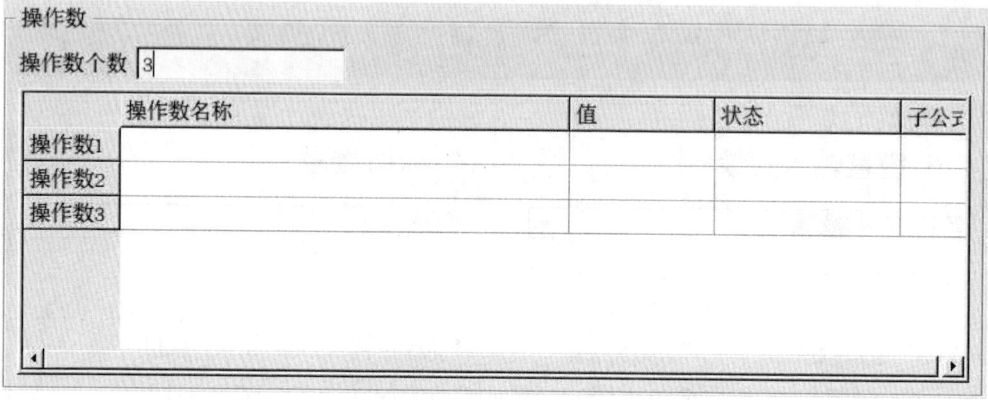

图 8-30　操作数

单击操作数 1 的操作数名称域，弹出检索器，如图 8-31 所示。

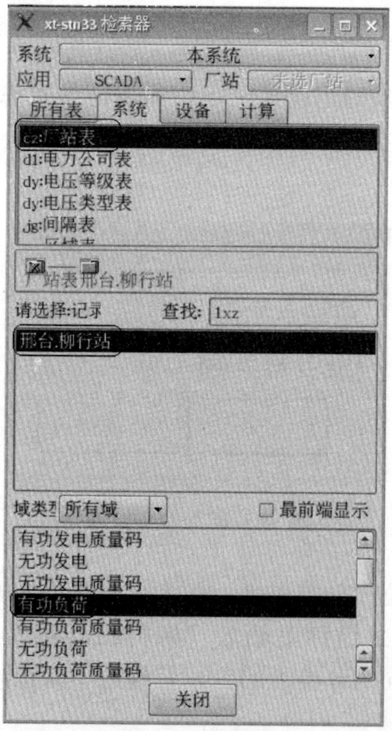

图 8-31　检索器

在检索器里，找到 SCADA/系统类/厂站表/邢台．柳行站/有功负荷，选中有功负荷，单击确定，则操作数 1 操作数名称域出现了“scada 厂站表 邢台．柳行站 有功负荷”，操作数 1 定义成功，如图 8-32 所示。

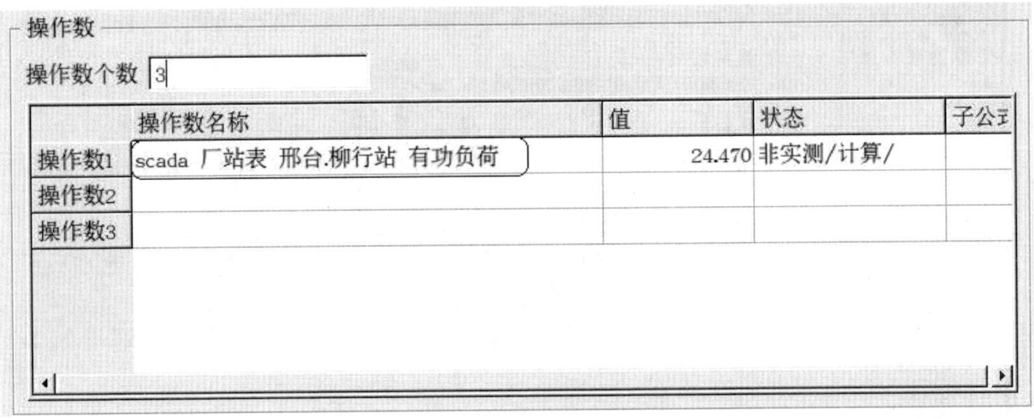

图 8-32　操作数定义

用同样的方法定义操作数 2 为 SCADA/设备类/变压器绕组表/邢台．柳行站/1 号主变-高压侧/有功值，操作数 3 为 SCADA/设备类/变压器绕组表/邢台．柳行站/2 号主变-高压侧/有功值，然后在中间的公式编辑窗口输入“@1=@2+@3;”注意“;”一定不能少，如图 8-33 所示。

图 8-33　公式编辑窗口

@1 表示操作数 1，即 SCADA 厂站表 邢台．柳行站 有功负荷，@2 表示操作数 2，即邢台．柳行站 1 号主变-高压测 有功值，@3 表示操作数 3，即邢台．柳行站 2 号主变-高压测 有功值，这个公式就实现了柳行站有功负荷=柳行站 1 号主变高压测有功+柳行站 2 号主变高压测有功，单击“保存公式”，最下方的窗口将提示“语法检查通过！记录插入成功！”，如图 8-34 所示。

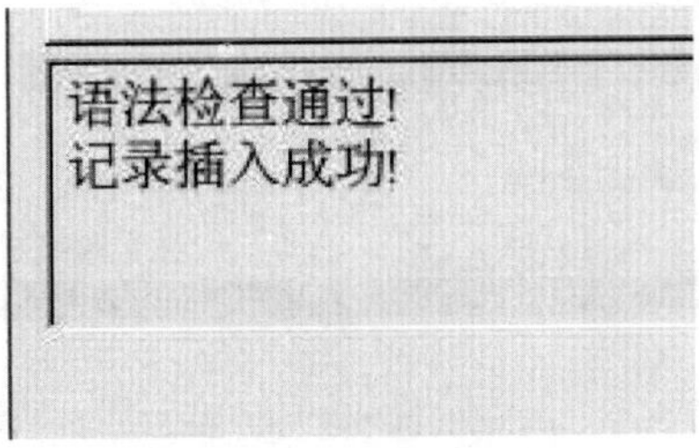

图 8-34　保存成功

当操作结果可以在检索器里找到相关域，例如厂站信息表里的有功负荷、无功负荷和区域定义表里的有功负荷、无功负荷，这时操作结果的操作数可以直接用检索器定义，如上述的例子。

当操作结果在检索器里找不到对应域时，例如“隆尧县．全县/厂站有功功率总加”，则先要在数据库/SCADA/设备类/其他遥测量表/填加一条记录，如图 8-35 所示。

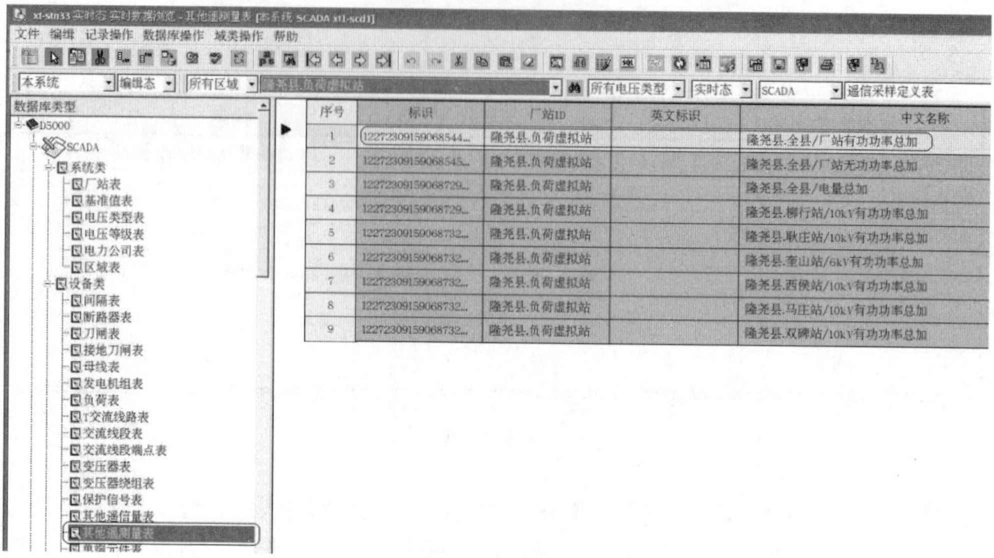

图 8-35　添加新记录

填入“厂站 ID”“中文名称”，假如这个计算值不属于某个厂站，建议在厂站信息表里建立一个“负荷虚拟站”专门放一些不属于某个具体厂站的计算量，保存数据库后，在公式定义里，如图 8-36 所示。

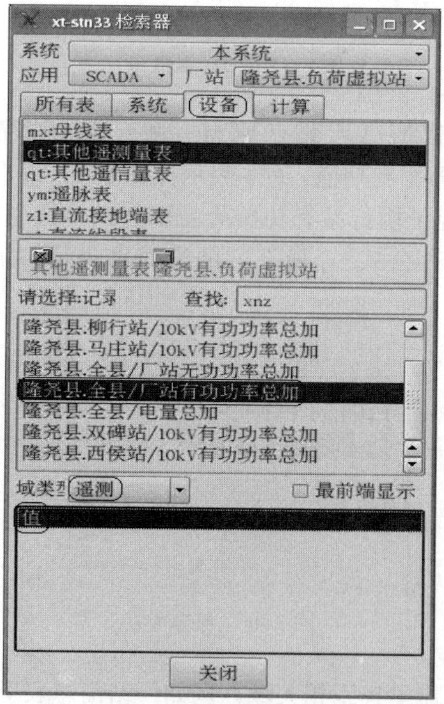

图 8-36　操作数来自其他遥测量表/计算结果

单击操作数 1 名称域，在弹出的检索器里，找到 SCADA/设备/其他遥测量表/隆尧县．负荷虚拟站/隆尧县．全县/厂站有功功率总加/值，单击“值”，拖到该操作数 1 名称域内，如图 8-37 所示。

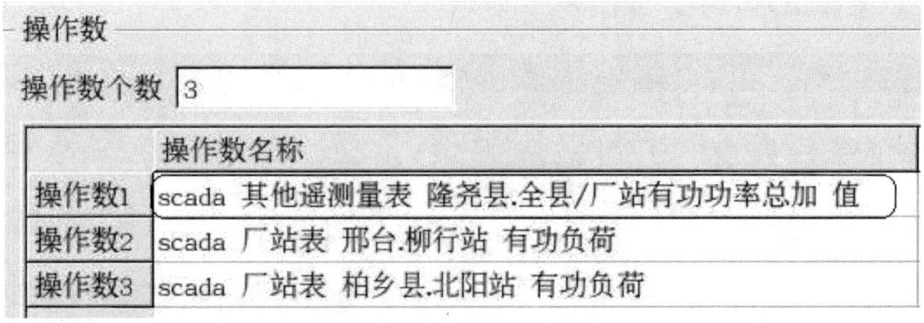

图 8-37　拖入数据库值

其他遥测量表的计算结果域同样也可以采样，详见采样定义一章。

五、特殊公式计算

本系统把几种常用的算法：挡位、挡位（BCD）、功率因数计算、网供负荷、供网负荷、有功等做成了特殊的计算公式。用户既可以用前面介绍的公式定义（sca _ formula _ define）手动编辑公式，也可以在数据库 SCADA/计算类/特殊计算表里添加记录。

例一：挡位计算

隆尧县．红山站 1 号主变挡位＝1 号主变第 1 电压分接头遥信值＊1＋ 1 号主变第 2 电压分接头遥信值＊2 ＋1 号主变第 3 电压分接头遥信值＊3 ＋…＋1 号主变第 7 电压分接头遥信值＊7；

每个挡位对应若干个遥信，只有一个遥信状态为合位，其余遥信状态为分。挡位值等于合位遥信所代表的数值。

在 SCADA/计算类/特殊计算表添加一条记录，如图 8-38 所示。

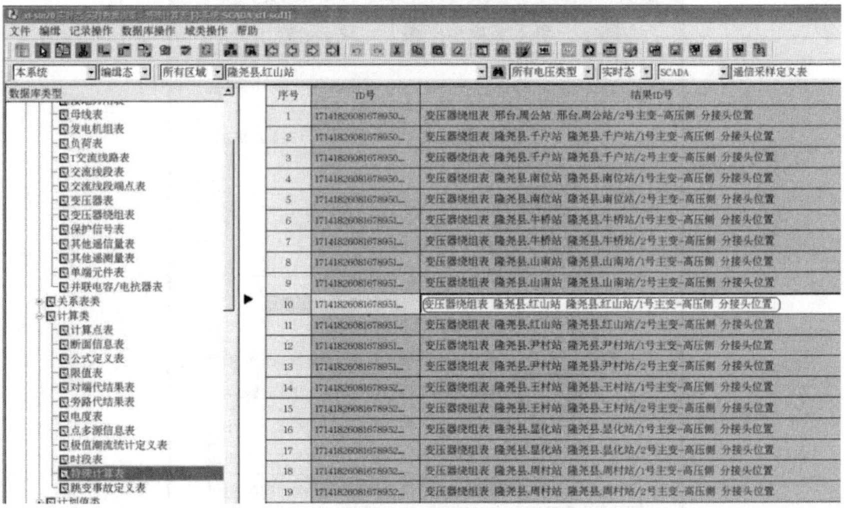

图 8-38　特殊计算表添加一条记录

单击“结果 ID 号”，“结果 ID 号”有一个光标在闪动，表示这个域进入编辑态，单击菜单/数据库操作/调用检索器，调出检索器，在检索器里选择 SCADA/设备/变压器绕组表/隆尧县．红山站/1 号主变-高压测/分接头位置，拖进“结果 ID 号”，用同样的方法把 SCADA/设备/其他遥信量表/隆尧县．红山站/1 号主变第 X 电压分接头分别按顺序添加到来源

ID1，来源 ID2，来源 ID3…中，如图 8-39 所示。

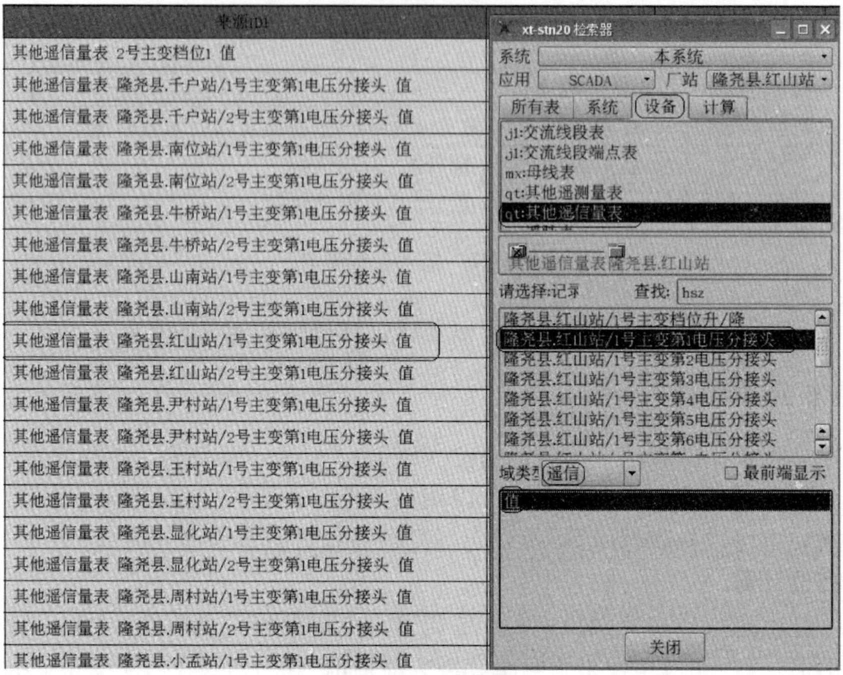

图 8-39　定义来源 ID1

1 号主变第 1 电压分接头填在来源 ID1，1 号主变第 2 电压分接头填在来源 ID2，…，一共有几个挡位遥信则在来源数目填几，本例中填 7，如图 8-40 所示。

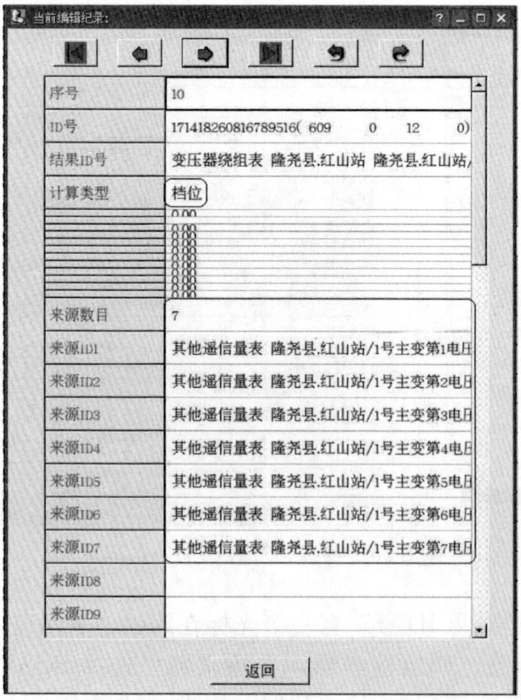

图 8-40　来源 ID 定义

单击“计算类型”，弹出“计算类型”对话框，如图 8-41 所示。

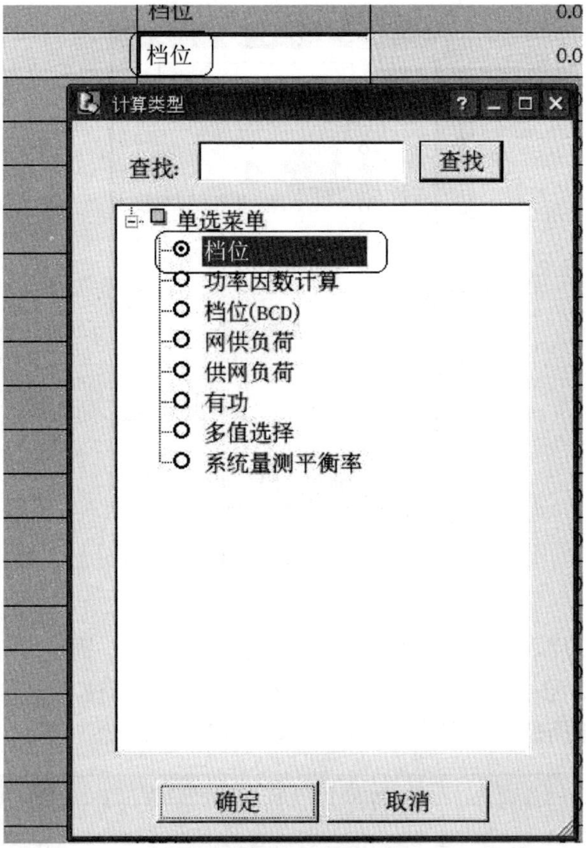

图 8-41　计算类型菜单

选择“挡位”“确定”后，保存表。则隆尧县．红山站 1 号主变挡位＝1 号主变第 1 电压分接头遥信值×1＋1 号主变第 2 电压分接头遥信值×2＋1 号主变第 3 电压分接头遥信值×3＋…＋1 号主变第 7 电压分接头遥信值×7。

例二：挡位（BCD）计算。

邢台．周公站 2 号主变挡位＝2 号主变挡位 1 遥信值×1＋ 2 号主变挡位 2 遥信值×2 ＋2 号主变挡位 3 遥信值×4＋2 号主变挡位 4 遥信值×8＋2 号主变挡位 5 遥信值×10。

每个挡位对应 5 个遥信，5 个遥信中可能有多个遥信的状态为合位，挡位值等于遥信状态为合位的各遥信的代数和。

在 SCADA/计算类/特殊计算表添加一条记录，单击“结果 ID 号”，“结果 ID 号”有一个光标在闪动，表示这个域进入编辑态。单击菜单/数据库操作/调用检索器，调出检索器，在检索器里选择 SCADA/设备/变压器绕组表/邢台．周公站/1 号主变-高压侧/分接头位置，拖进“结果 ID 号”。用同样的方法把 SCADA/设备/测点遥信信息表/挡位遥信 X 分别按顺序添加到来源 ID1，来源 ID2，来源 ID3……中，挡位遥信 1 填在来源 ID1，挡位遥信 2 填在来源 ID2，……一共有几个挡位遥信则在来源数目填几。本例中填 5，单击“计算类型”，弹出“计算类型”菜单，如图 8-42 所示。

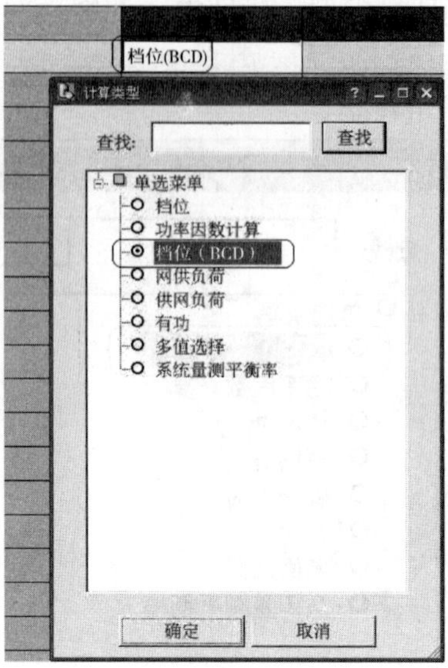

图 8-42　挡位（BCD）

选择“挡位（BCD）”，单击“确定”后，保存表。邢台．周公站 2 号主变挡位＝2 号主变挡位 1 遥信值×1＋2 号主变挡位 2 遥信值×2＋2 号主变挡位 3 遥信值×4＋2 号主变挡位 4 遥信值×8＋2 号主变挡位 5 遥信值×10，如图 8-43 所示。

图 8-43　填好后的显示信息

例三：有功计算。

“结果 ID”填有功，“计算类型”选择“有功”，“来源数目”填 2，“来源 ID1”填“电流”，“来源 ID2”填“电压”，有功＝电压×电流×功率因数×sqrt（3），功率因数取固定一个数，如 0.9。

例四：地区网供计算。

地区网供负荷＝［abs（线路负荷）＋线路负荷］/2，线路负荷为正时，地区网供负荷等于线路负荷；线路负荷为负时，地区网供负荷等于零。

“结果 ID”填“地区网供负荷”，“计算类型”选择“网供负荷”，“来源数目”填 1，“来源 ID1”填“线路负荷”。

模块二　D5000 系统报表维护操作及报表录入

D5000 系统采用基于 Excel 的报表方案，具备 Excel 的全部功能，至少必须配备一台带 Excel 的工作站运行报表服务。下面以创建一张日报表为例，介绍如何定义报表。在报表工作站上打开一个终端，运行命令 report.sh。

一、启动报表程序

在报表服务器终端输入 report.sh，即可打开报表程序，如图 8-44 所示。

图 8-44　启动报表程序

系统启动报表服务完成后出现如图 8-45 所示画面。

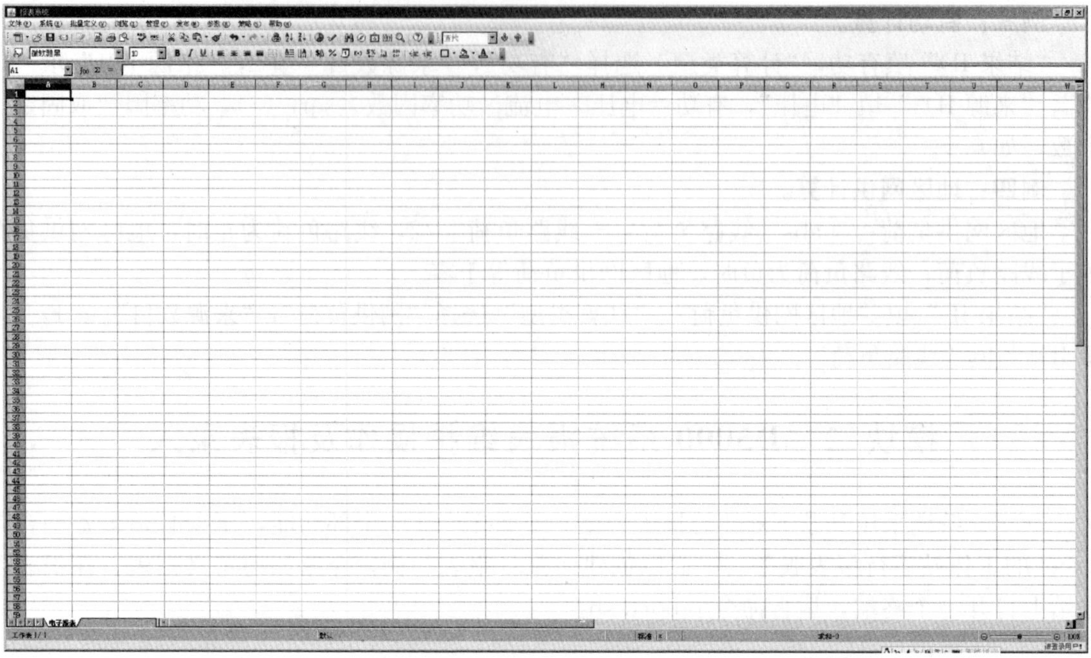

图 8-45　系统报表服务启动

单击工具栏“系统”-“用户登录”，打开登录对话框，如图 8-46 所示。

图 8-46　“用户登录”界面

输入用户名称和用户口令，进行用户登录的验证。登录正确之后在窗口标题栏会显示当前用户××已登录。

二、创建报表

单击工具栏“管理”-“管理”按钮，打开报表管理对话框，如图 8-47 所示。

单击“创建报表”，创建一张新报表，输入报表名称（这里以“邢台电网主变重载情况统计表”为例），选择报表类型（这里选为日报表），如图 8-48 所示。

报表子类型可以输入名称，主要是为了分类显示检索用，一般可以不填。单击确定成功创建报表。进入该报表的正文，进行定义的工作。在建立好报表的框架后，需要给报表中增加与数据库的连接。创建好的报表显示如图 8-49 所示。

图 8-47　创建报表

图 8-48　创建一张新报表

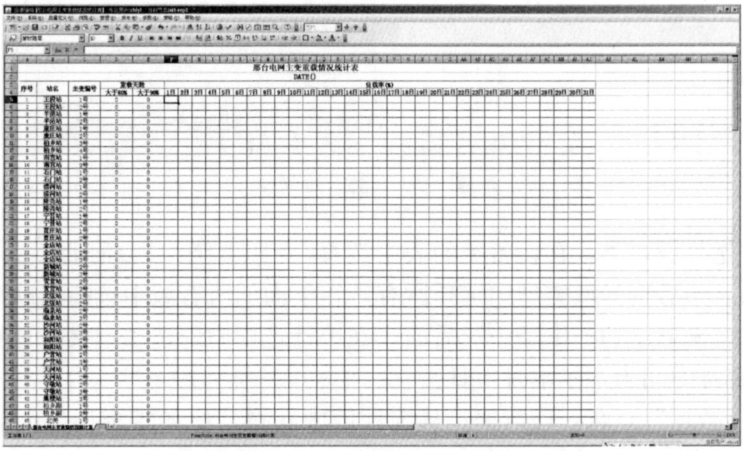

图 8-49　创建好的报表显示

三、参数定义

单击工具栏“批量定义”-“批量参数定义”按钮，定义批次。这样做的好处是在数据格中定义了 1 日的数据，报表会按照设置的批量，将 31 天的数据都定义好。批量定义如图 8-50所示。

图 8-50　批量定义

选择单元格 F5，单击工具栏“参数”-“参数定义”，出现如图 8-51 所示窗口。

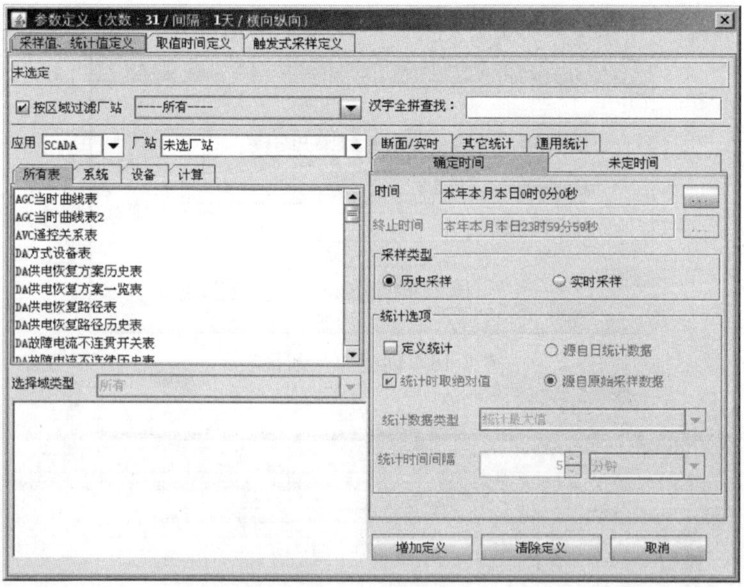

图 8-51　参数定义

在表类型中选择设备类，在设备类的表中选择/变压器绕组表/河北．王段站/1 号主变-高压侧这条记录，然后选择域类型中选择所有，在下面的所有域中选择负载率并双击，使其显示在窗口上的“SCADA 应用->…”后面。在统计选项中勾选“定义统计”并选择“源自日统计数据”，选择时间为本年本月 1 日。

“源自日统计数据”意味着该数据是从统计值中获得，比如年统计最大值可以从日统计最大值中获得，不需要到原始的数据中取，这样搜索的效率比较高。

“源自原始采样数据”是直接到商用库的采样库的原始数据中搜索。

图 8-52　参数选择

单击增加定义按钮，完成了该单元格的定义，因为之前定义过批量定义，所以系统会自动的把 2—31 日的数据也定义上，并弹出如图 8-53 所示对话框。

图 8-53　批量定义成功界面

这样就完成了该数据量的定义，由于该定义公式比较长，单元格显示拖得太长显得不美观，所有选择这个报表的所有区域，单击右键，选中设置单元格样式的对齐选项卡，将文本控制的单选框，缩小字体填充选上。

以上的过程完成了一个点的数据定义过程，重复以上过程，即可完成“邢台电网主变重载情况统计表”。

四、替换定义

报表系统同时提供了比较方便的替换功能来完成报表的定义。可以在定义完一行之后，其他的行全部用替换粘贴功能来定义，比如图 8-52 定义完王段站/1 号主变之后，2 号主变可以用替换定义完成图 F6-AJ6 格内的定义。现在以此为例介绍。

步骤：

（1）选择已经定义好的区域，单击右键选择复制，出现如图 8-54 所示的对话框。

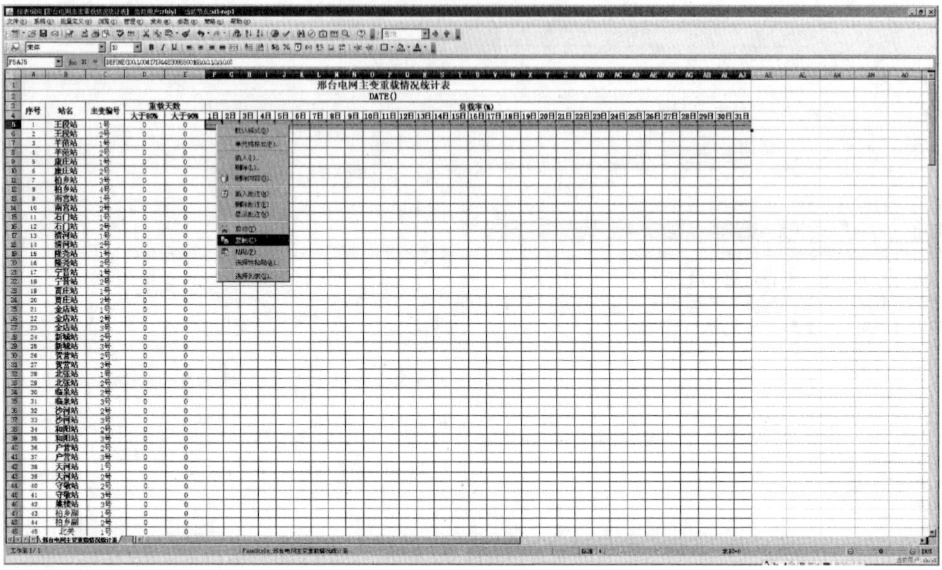

图 8-54　复制定义

（2）在预定义的区域，粘贴数据，出现如图 8-55 所示的对话框。

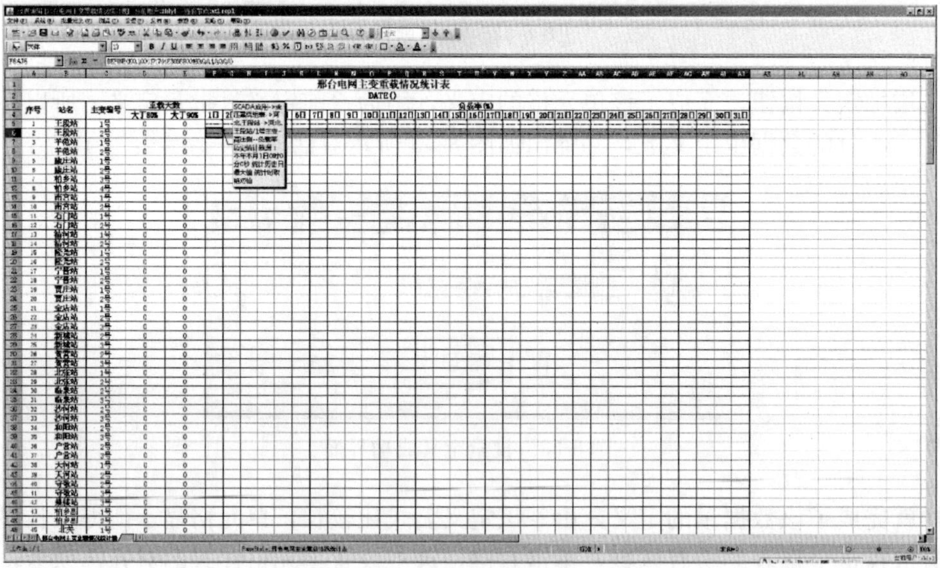

图 8-55　粘贴数据

（3）单击工具栏“参数”-“替换粘贴”，如图 8-56 所示。

图 8-56　替换粘贴

选择刚才粘贴区域，单击“确定”，如图 8-57 所示。

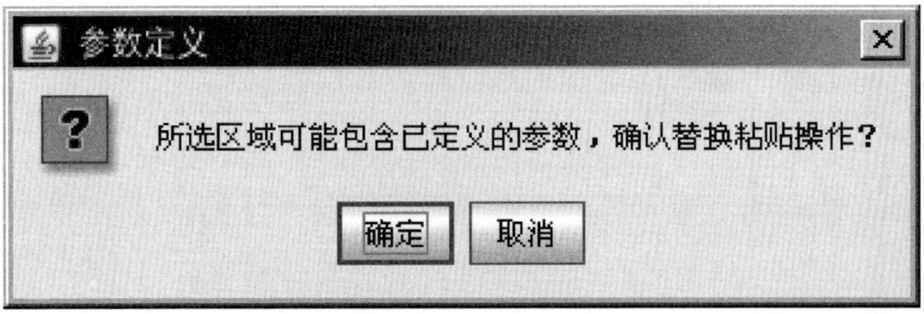

图 8-57　替换粘贴成功

（4）在替换定义界面上重新定义数据库关联的属性，如图 8-58 所示。

图 8-58　替换定义界面上重新定义数据库关联

单击替换定义按钮，确定“替换定义”，如图 8-59 所示。

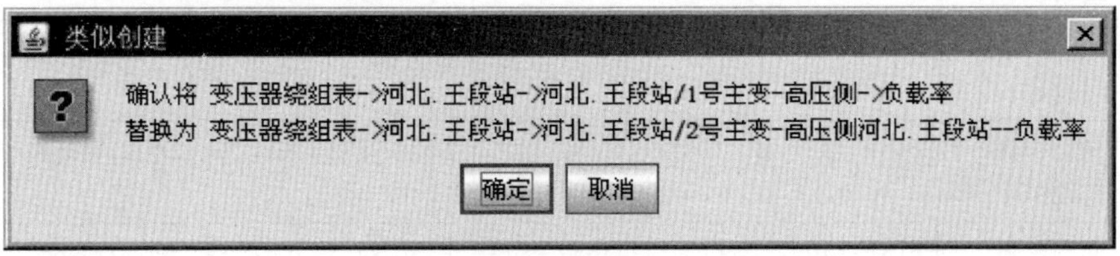

图 8-59　替换定义

（5）单击“替换粘贴”，完成王段站 2 号主变的替换定义，如图 8-60 所示。

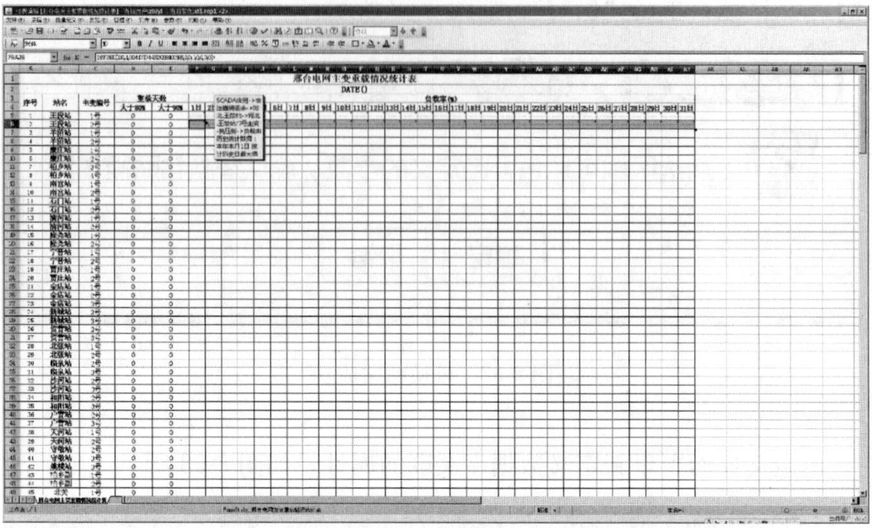

图 8-60　完成替换定义

五、D5000 系统之报表系统的录入方法

在 D5000 系统中做报表时，每张报表需重复、多次单击选中某站的某条线路的有功值、无功值和电流值，比较烦琐，当报表内容较多时，甚至一天也做不完一张报表，给自动化维护人员带来了大量的工作。但如果对报表中的公式进行详细归纳，会发现以下相同之处，从而给工作带来便利，提高做报表的速度和效率。公式定义技巧见表 8-1。

表 8-1　公式定义技巧

变电站名称	线路名称	每月最大负荷	发生日期
	（线段）临吕线 352	DEFINE（104，1，00415174483196500030，0，0，1，0，0，0，0）	DEFINE（1104，1，00415174483196500030，0，0，1，0，0，0，0）
	（线段）临下线 353	DEFINE（104，1，00415174483197500030，0，0，1，0，0，0，0）	DEFINE（1104，1，00415174483197500030，0，0，1，0，0，0，0）
	（线段）临千线 354	DEFINE（104，1，00415174483196700030，0，0，1，0，0，0，0）	DEFINE（1104，1，00415174483196700030，0，0，1，0，0，0，0）
	（线段）临尖线 355	DEFINE（104，1，00415174483196300030，0，0，1，0，0，0，0）	DEFINE（1104，1，00415174483196300030，0，0，1，0，0，0，0）
	（负荷）临工线 052	DEFINE（104，1，00412174483069900040，0，0，1，0，0，0，0）	DEFINE（1104，1，00412174483069900040，0，0，1，0，0，0，0）
	（负荷）临园线 053	DEFINE（104，1，00412174483070000040，0，0，1，0，0，0，0）	DEFINE（1104，1，00412174483070000040，0，0，1，0，0，0，0）
	（负荷）临药线 055	DEFINE（104，1，00412174483070200040，0，0，1，0，0，0，0）	DEFINE（1104，1，00412174483070200040，0，0，1，0，0，0，0）
	（负荷）临陈线 056	DEFINE（104，1，00412174483070300040，0，0，1，0，0，0，0）	DEFINE（1104，1，00412174483070300040，0，0，1，0，0，0，0）
	（负荷）临广线 057	DEFINE（104，1，00412174483070400040，0，0，1，0，0，0，0）	DEFINE（1104，1，00412174483070400040，0，0，1，0，0，0，0）

从表 8-1 中可以看到，交流线段、负荷每月有功值的最大值是这样定义的，在单元格中先是输入 DEFINE（），104 代表有功的最大值，1 代表统计历史日。00412-174483-0711-000-40，其中 00412 代表负荷，174483 代表邢台，0711 代表临氮线 351，40 代表负荷的有功，如果换成 30 就是交流线段的有功。最后在 104 前面加 1，代表取该值的发生日期。

这样经统计归纳后有以下规律：

DEFINE（X1X2X3，X4，X5X6X7X8X9，X10X11X12X13X14X15，X16X17X18X19X20X21X22，X23X24，X25，X26，X27，X28，X29，X30，X31）

X1X2X3：

为 104 时，是统计历史月最大值；

为 105 时，是统计历史月最小值；

为 106 时，是统计历史月平均值；

为 100 时，是统计历史日最大值；

为 101 时，是统计历史日最小值；

为 102 时，是统计历史日平均值。

X4：

为 1 时，是历史统计数据；

为 0 时，是实时采样。

X5X6X7X8X9：

为 00415 时，代表交流线段；

为 00412 时，代表负荷。

X10X11X12X13X14X15：

为 174483 时，代表邢台。

X16X17X18X19X20X21X22：

里面的数字代表数据中交流线段、负荷。

X25：

为 0 时，代表本年。

X26：

为 0 时，代表本月；

为 1 时，代表 1 月。

X27：

为 0 时，代表本日；

为 1 时，代表 1 日。

X28，X29，X30：

为 0，0，0 时，代表 0 时 0 分 0 秒。

X31：

为 0 时，代表统计时取绝对。

模块三　遥测系数的计算

如果现场送来的遥测是原码值，则需要乘以系数来进行遥测数据的换算。系数是原码值还原成一次值的比例关系。

厂站端发来的遥测类型有三种，它们分别是计算量、工程量和实际值。

一、计算量

实际值＝原码×系数＋基值。在前置遥测定义表的系数域中填写系数和基值。

二、工程量

实际值＝原码×满度值/满码值。在前置遥测定义表的系数域中填写满度值和满码值。

三、实际值

不计算，直接为RTU送的值。

模块四　系统用户维护工具的使用

权限管理用于保证系统的安全性。用户被授予不同的权限，具有相应权限的用户才能进行相应的操作。调度系统中的权限管理分为五种不同层次的权限主体：功能、特殊属性、角色、组和用户。

一、基本概念

1. 功能

功能是权限管理中最小的不可再分的权限单位，功能具有简单化和单一化的特点，一个功能只实现一种权限控制目的。系统中最多可支持定义200个功能，只有超级用户才能维护功能定义。

2. 特殊属性

和功能类似，特殊属性也是权限管理中最小的不可再分的权限单位，它作用在具体的数据表、表域、图形或报表之上，配合功能使用，用于对具体对象的补充定义。

3. 角色

角色由一个或多个功能以及一个或多个特殊属性组成。通常，角色对应电力系统中不同职责的人员类型，比如，自动化人员、运行方式员、监控值班员等。角色包含的功能之间应有的协作关系，不能相互矛盾。

4. 组

组用于对用户进行分类管理。通常，组对应电力系统中不同的部门，比如，自动化组、运行方式组、调度组等。组具有机器节点的属性，可以控制组中用户的可登录机器节点。用户必须且只能属于一个组，超级用户例外。只有超级用户才能进行组定义维护。

5. 用户

用户是权限定义的最终体现，对应电力系统中具体的人员。用户由一个或多个角色、一个或多个功能以及一个或多个特殊属性组成。

用户最终的权限定义按照以下规则产生：

（1）首先继承用户中全部角色的功能和特殊属性定义（取并集）。

（2）如果用户定义了单独的功能，需要再和角色的权限定义取并集。如果有冲突，以用户单独定义的功能为优先。

（3）如果用户定义了单独的特殊属性，需要再和角色的特殊属性定义取并集。如果有冲突，以用户单独定义的特殊属性为优先。

用户一般可分为三类，即超级用户、组长、普通用户。超级用户具有最大的权限，可以维护功能、角色、特殊属性、组和其他用户。系统中只有一个超级用户，超级用户不属于任何组，只能用于登录权限维护工具进行权限定义，不能作为实际用户来登录系统。组长可以修改本组组员的权限，但不能修改组员的口令，也不能新建和删除组员。组长可以修改自身的口令，组长授予本组组员的权限不能越过组长本身具有的权限。普通用户不能修改自己的权限信息，只能修改自己的口令。用组长和普通用户登录权限维护工具时，只能浏览本组组员用户的权限信息，其他组的用户信息被隐藏。

二、系统权限维护工具总览

系统权限维护工具是调度系统中用于维护权限的专用工具，其主界面如图 8-61 所示。当前用户“sa-超户”是系统中唯一的超级用户，此时在界面中可以看到全部的组和特殊属性定义。

图 8-61　维护权限界面

使用普通用户登录后的主界面如图 8-62 所示。此时只能看到 zdh-普通用户所在的组，看不到特殊属性定义界面。

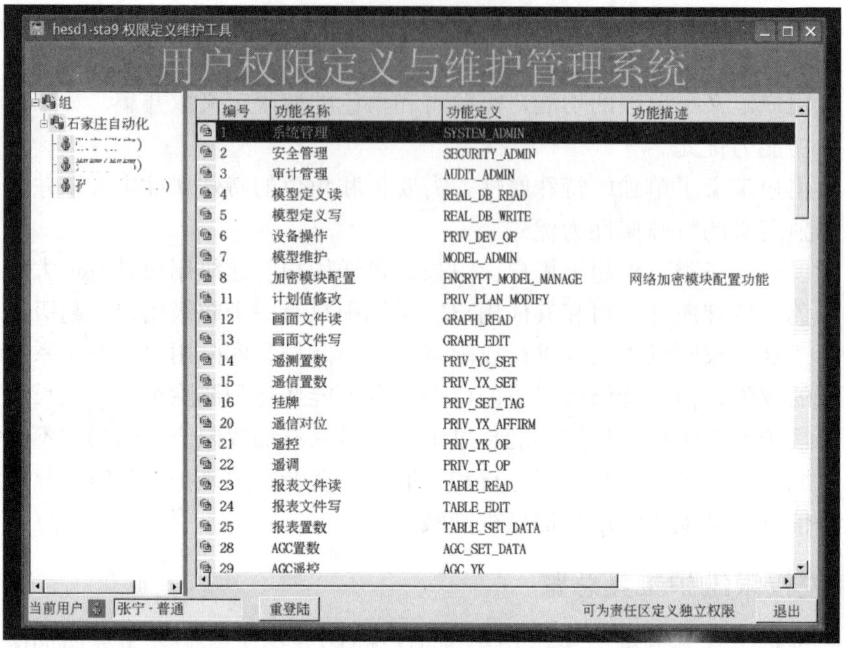

图 8-62 普通用户权限维护

调度系统中的权限管理分为五种不同层次的权限主体，即功能、角色、特殊属性、组和用户。其维护工具的使用方法如下。

1. 维护功能

必须使用超级用户登录才能维护功能，在功能列表上单击右键，在弹出菜单上进行功能的新建、修改、删除和查看等操作。

“查看被授予者”可以看到此功能被哪些角色和用户使用。只有当功能没有被任何角色和用户使用时，才能够删除此功能。

2. 维护角色

必须使用超级用户登录才能维护角色，在角色列表上选中一个角色，即可在右侧的角色定义区域进行修改操作。单击右键，可以在弹出菜单上进行角色的新建、删除和查看等操作。

“查看被授予者”可以看到此角色被哪些用户使用。只有当角色没有被任何用户使用时，才能够删除此角色。

角色编号由程序自动分配，输入新角色的名称和描述信息，功能和特殊属性配置完毕后，单击确定，即完成了角色的添加。角色中必须至少包含一个功能。

3. 维护特殊属性

选中“特殊属性”节点，进入表和表域的特殊属性定义界面。

选择需要定义特殊属性的表或表域，单击添加，可以定义这些表或表域的特殊属性。选中一个或多个已经定义好的表或表域，单击删除，不可以定义这些表或表域的特殊属性。

4. 维护组

必须使用超级用户登录才能维护组，在组列表上选中一个组，即可在右侧的组定义区域进行修改操作。单击右键，可以在弹出菜单上进行组的新建、删除和在当前组新建用户等操作。只有当一个组中没有任何用户时，才可以删除该组。

5. 维护用户

必须使用超级用户登录才能添加、删除和修改用户。组长登录只能修改本组组员的权限。在用户列表上选中一个用户，即可在右侧的用户定义区域进行修改操作。单击右键，可以在弹出菜单上进行用户的新建、删除、类似创建等操作。“类似创建”用于快速创建用户，可以建立一个和当前选中用户的权限定义完全相同的新用户。

模块五　数据库录入软件出错提示信息的介绍及其排查方法

数据库录入工具 dbi 在使用时出现的错误提示主要包括以下几方面。

一、打开数据表失败

故障现象：无法从数据库中读取相关的表信息。例如，提示“无法打开厂站信息表”等。

排查方法：检查相关应用的服务是否正常。如果异常，查找应用异常的原因或者重新启动应用；如果应用正常，则到应用主机上检查服务进程是否正常，或将相应进程重新启动。

二、保存数据表不成功

故障现象：当向数据库中保存数据时，提示“保存不成功”。

排查方法：先检查数据库服务是否正常。如果异常，查找数据库服务异常的原因或者重新启动数据库服务应用；如果数据库服务正常，则到数据库服务主机上检查模型维护服务进程是否正常，或重新启动相应的模型维护服务进程。

三、数据库录入唯一性错误

故障现象：在向数据库中录入设备、厂站、通道表时，出现“唯一性冲突”的警告提示。

排查方法：所录入的设备、厂站、通道表中对应的域填写有误或者已经存在，可通过修改对应的域内容解决此问题。例如在新增厂站时，当所设厂站名称已存在于厂站信息表时，或者新增的厂站编号已经存在，并在数据库中保存时，系统会给出“唯一性冲突”警告，并将冲突的记录用蓝色标出，通过查看已有厂站信息，将新增厂站的名称或厂站编号设为不重复即可解决问题。

模块六　绘图工具出错提示信息的介绍及错误排查方法

本模块以某产品软件的绘图工具的为例，说明错误提示信息的排查方法。

一、绘图工具出错提示信息

绘图工具出错提示信息分为告警提示框中显示的出错提示信息和绘图工具弹出的出错提示信息两类。

二、告警提示框中的出错提示信息

(1) 图元缺少动态属性。该信息表示图元没有连库信息。

(2) 图元未联数据库记录。该告警也表示图元没有进行数据库连接。

(3) 图元连接的数据库记录丢失。该信息表示图元连接的数据库记录已经不存在。

(4) 图元具有相同的动态属性。该信息表示这几个图元连接了相同的数据库属性。

(5) 图元的某端空置。该信息表示图元的某端端子没有与其他设备相连接。

三、绘图工具弹出的出错提示信息

(1) 当前图形类型不允许节点入库。该信息表示当前的图形类型设置为了不允许进行节点入库操作。

(2) 图形编辑锁定，不能在网络中保存。该信息表示当前编辑的图形已经被其他机器正在编辑，本机不能再进行重复操作。

(3) 有动态图元所连接厂站与图形所属厂站不一致。该信息表示图中有动态图元的数据库属性所连的厂站与本幅图形的所属厂站不是同一个。

(4) 当前主控台未登录或已过期。该信息表示当前用户是从主控台登录的，并且登录时间已到期。

(5) 当前用户对图形文件没有写权限。该信息表示当前的登录用户对于图形是没有修改权限的。

(6) 文件名称不能包含字符。该信息表示图形的名称不能包括" <>@\" &%$:,;?={} |^~ [] \^\ \ *. ()" 这些字符。

(7) 本地已有同名文件。该信息表示当前本地已有相同名称的文件，再继续保存将会覆盖。

(8) 本地图形与网络图形不一致。该信息表示当前本地的图形文件与网络上的图形文件不一致，可以选择网络覆盖本地或者读取本地图形文件。

四、绘图工具错误提示信息排查方法

“数据库连接”菜单下有几个工具可以用来检查一些作图过程中的错误信息。

1. 显示数据库连接

单击该按钮后，画面上没有进行数据库连接的动态图元会画上黄色的问号，数据库连接信息丢失的图元会画上红色的问号。

2. 显示焊点

单击该按钮后，画面上的图元连接处会画上绿色的圆点，方便查找端子没有连上的图元。

3. 显示线 90°对齐

单击该按钮后，画面上不是横平竖直的线性图元两端会画上黄色的圆点，方便查找更正。

4. 图形校验

单击该按钮后，画面上的动态图元会自动检查所连接的数据库属性是否与当前图形的所属厂站是同一个厂站。

绘图过程中告警提示框会给出相应的出错提示信息，只要在告警提示框中双击对应的告警信息，绘图区会自动定位到该出错位置，打上红色的箭头，方便查找更正。

第九章　FES 应用

模块一　FES 常见故障处理

本模块介绍 FES 常见故障处理方法。通过功能描述、方法介绍和举例说明，熟悉 FES 常见故障，掌握 FES 故障处理方法。

（1）遥控操作用户无遥控操作权限，显示界面会报出“用户不具备指定功能”提示窗口，可通过用户权限定义工具进行设置，如图 9-1 所示。

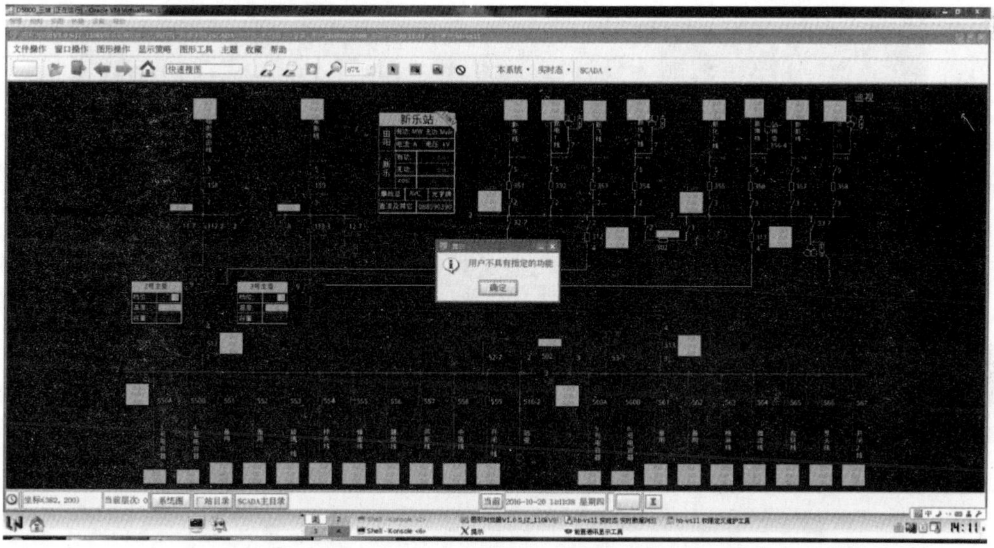

图 9-1　“用户不具备指定功能”提示窗口

处理方法：登录权限定义管理工具，增加该用户的遥控操作权限。

（2）遥控操作用户不属于某一用户组中，显示界面会报出“无对应用户组请重新输入”提示窗口，在用户权限定义工具中检查该用户是否正确即可，如图 9-2 所示。

处理方法：登录权限管理工具，在用户权限中为该用户增加遥控权限。

（3）遥控时报本场站禁止遥控，显示界面会报出“本厂站禁止遥控”提示窗口，如图 9-3所示。

处理方法：登录数据库—通信厂站表，将通信厂站表中是否遥控域选为是。

（4）遥控时报本节点禁止遥控，显示界面会报出“本节点禁止遥控”提示窗口，可判断为系统参数中本节点不具有遥控权限，需要进行正确配置，如图 9-4 所示。

处理方法：需要在“系统管理-系统参数-SCADA，sca _ ctrl，yk _ node _ name”增加该工作站。

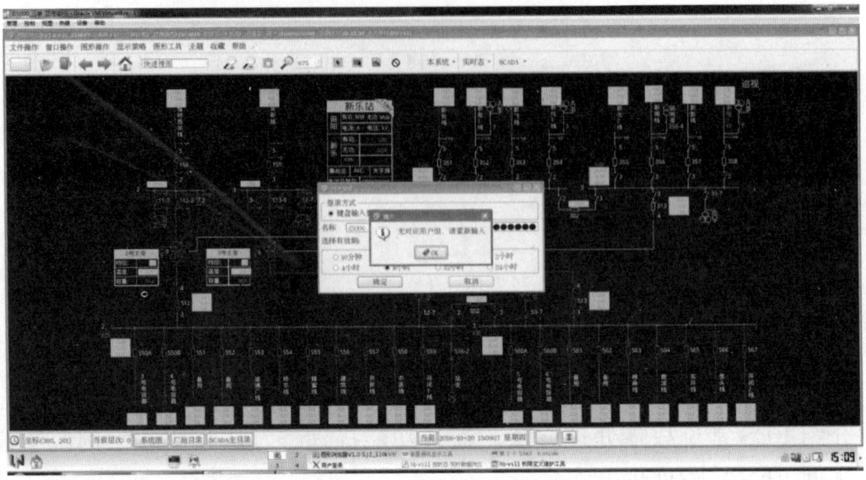

图 9-2 “无对应用户组请重新输入”提示窗口

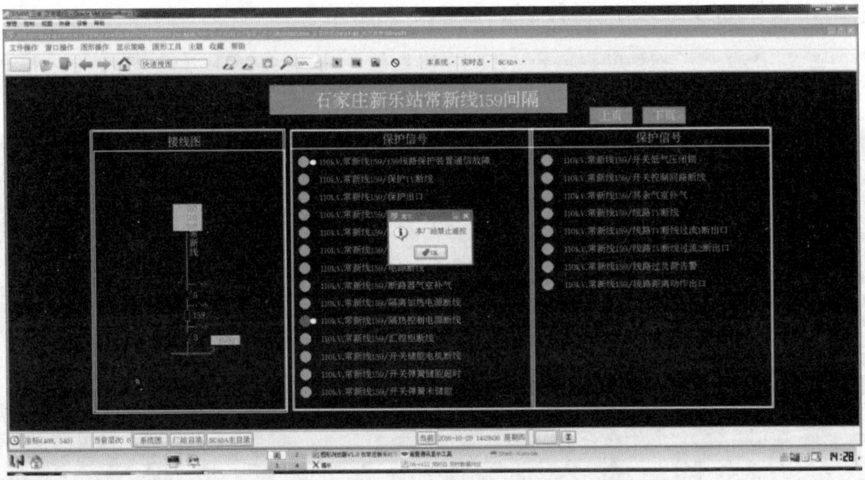

图 9-3 “本厂站禁止遥控”提示窗口

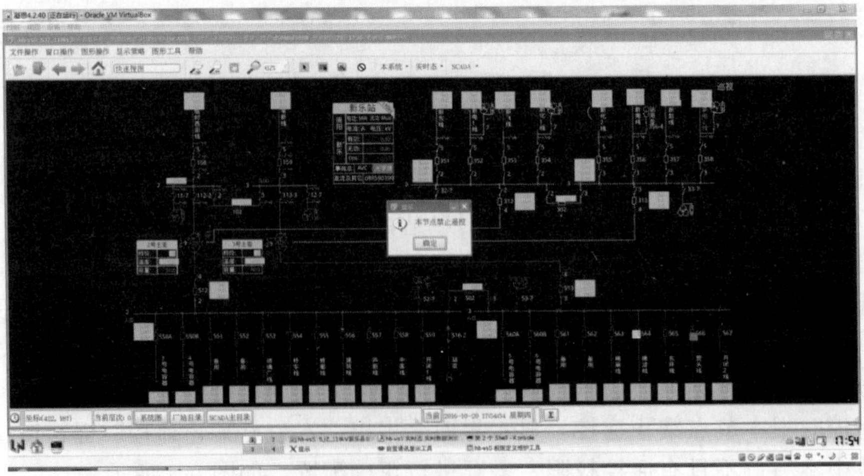

图 9-4 “本节点禁止遥控”提示窗口

（5）遥控时等待监护员确认，后超时。分析为遥控操作工作站或遥控监护工作站 sca _ guard 进程未启动，导致无法监护，“请等待监护员确认”提示窗口如图 9-5 所示。

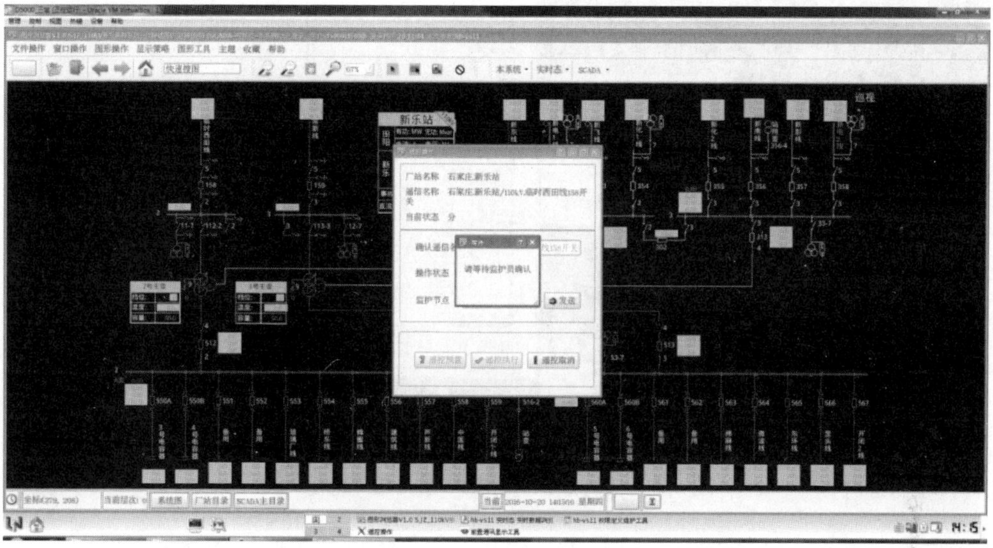

图 9-5　“请等待监护员确认”提示窗口

处理方法：重新启动 sca _ guard 进程。

（6）遥控预置失败，主站或站端遥控点号设置不正确，报文示例如图 9-6 所示。

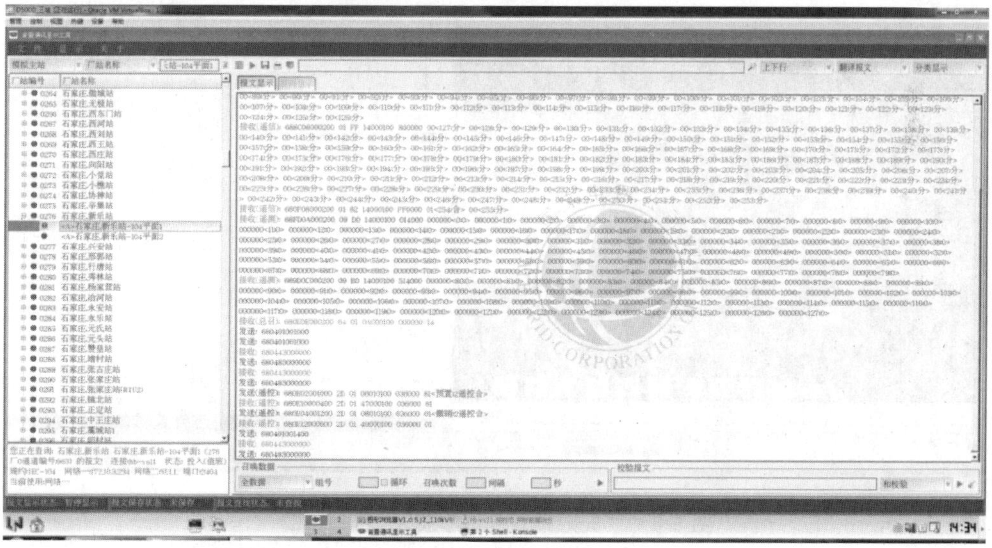

图 9-6　报文示例

处理方法：核对下行遥控点号与定值单是否一致，并进行修正。

（7）遥控预置失败，报失败，预置超时。遥控起始地址配置不正确（104 规约是 6001），下发的预置报文中信息体地址无法识别而超时。“失败预置超时”提示窗口（一）如图 9-7 所示。

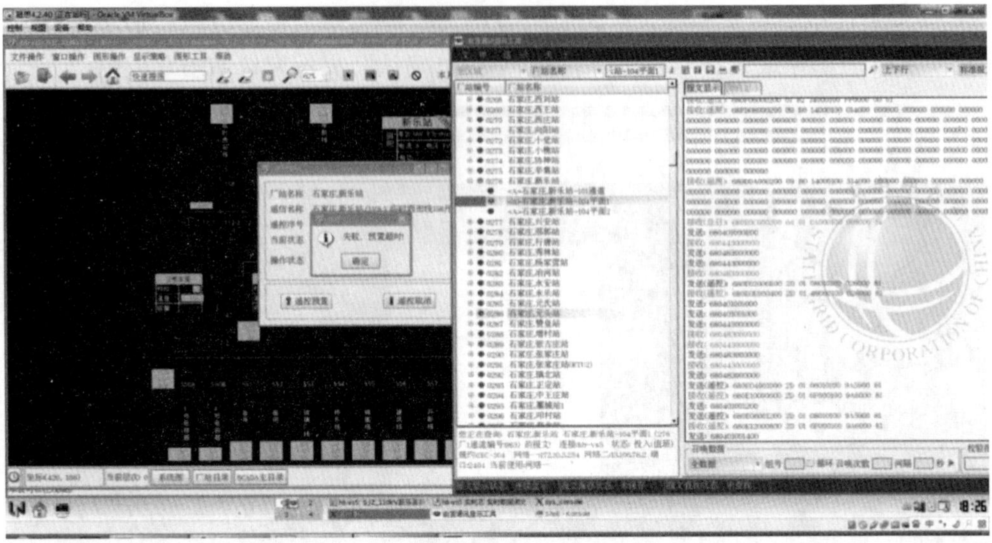

图 9-7　“失败预置超时”提示窗口（一）

处理方法：修改前置规约类－104 规约表中该厂站规约遥控起始地址为 6001。

（8）主站通道表中 RTU 地址与站端不一致导致遥控预置超时，“失败预算超时”提示窗口（二）如图 9-8 所示。

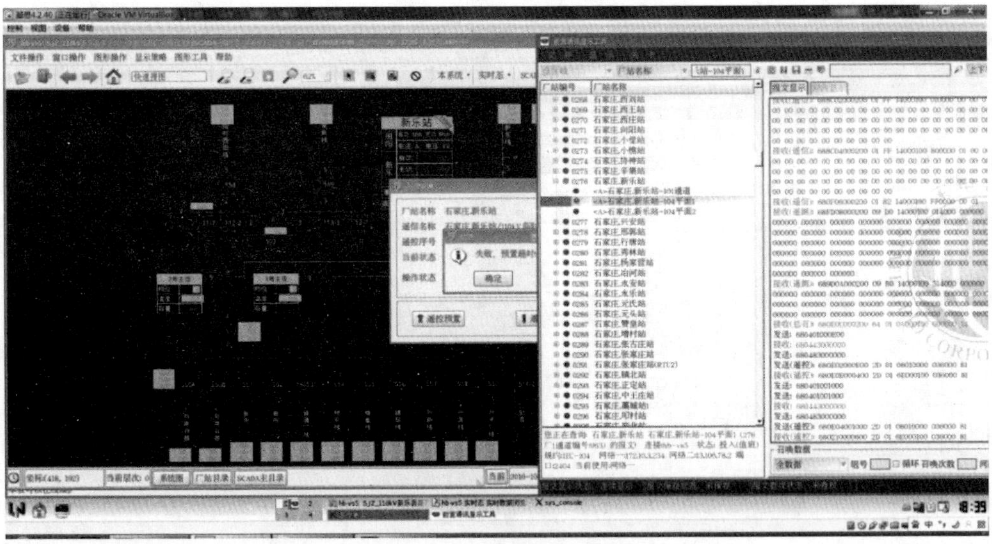

图 9-8　“失败预置超时”提示窗口（二）

处理方法：修改通道表中 RTU 地址域与站端一致。

（9）某些站端装置在进行遥控预置操作时，需要间隔一段时间再进行第二次操作，否则会报超时错误。或者遥控操作是正好进行数据总召，也会出现遥控超时错误。

模块二　FES 自动化通道接入调试方法

要完成自动化通道的调试，需要从前置系统配置、DBI 配置、厂站通道接入与调试等几个方面来完成。下面将分别从三个方面进行介绍。

一、前置系统配置准备

在进行自动化通道调试前，先要检查前置系统的配置。

1. 前置配置表

正确配置系统中的各台前置机，包括节点 ID、前置机名称、前置机号、运行方式、网络配置、终端服务器类型、终端服务器个数、人工置态、所属系统等。运行时可以看到各台前置机的状态（离线/在线），检查前置机状态是否正常。

2. 前置网络设备表

正确配置各台终端服务器，包括前置网络设备命名、前置网络设备号、前置网络设备 IP1、前置网络设备 IP2、终端服务器类型、前置网络设备单双网、所属系统等。运行时可以看到各台终端服务器的状态以及各个网口的网络状态，检查各个终端服务器状态是否正常。

3. /etc/hosts 文件

在/etc/hosts 文件中除了配置各台机器各个网卡的 IP 地址之外，前置机还要配置交换机的 IP 地址。

4. 检查前置系统运行状况

系统启动之后，利用系统的人机界面监测前置子系统运行是否正常。

二、DBI 配置准备

前置系统状态正常后，可以在 DBI 中设置厂站表、通信厂站表、规约表、前置定义表等相关信息，具体步骤如下：

1. 厂站表配置

在 SCADA 厂站信息表中新建一条厂站记录，所属应用选 FES。保存记录后，在 FES/通信厂站表、通道表中会各触发相应通信厂站、通道记录。如果一个厂站有多个通道，可采用复制记录的方法增加通道。不要在通信厂站表和通道表中采用新建记录的方法增加通信厂站和通道。删除记录时应该在通信厂站表和通道表中人工删除相应的记录，在 SCADA 下的厂站信息表中将记录所属 FES 应用去掉并不能使系统自动删除前置表中的相应记录。

2. 通信厂站表设置

添加完厂站后，在通信厂站表里设置该通道的最大遥测、遥信、遥脉数目，全数据召唤周期、对时周期、遥脉周期等信息，在通道表设置通道类型、网络类型、网络描述、端口号、波特率、规约类型等信息。

3. 规约、前置定义表设置

在通道表中选择通信规约后，规约参数表中会增加一条相应规约记录，可以根据需要修改规约参数，如规约可以修改起始地址等。人工删除通信厂站表、通道表是需要先从相应规约表开始进行删除。

在 SCADA 下的各个设备表中，某些域的自动生成量测的属性选择了遥测或遥信，系统会根据这个属性自动在前置遥测定义表或前置遥信定义表中增加记录。根据 RTU 提供的遥测信息表将相应的遥测选择通道，填入正确的点号和系数；根据 RTU 提供的遥信信息表将相应的遥信选择通道，填写正确的点号和极性。如果某个测点在不同通道中的参数都一样，就可以在一条记录中填入多个通道；如果参数不同，则必须人工复制一条记录，将不同的参数填在不同的记录中。

对于一个通道中有多个厂站信息的情况可以考虑填写分发通道。根据每个通道中遥测的不同换算方法在通道表中选择正确的遥测类型（计算量/工程量/实际值）。

三、厂站通道接入与调试

通道类型一般为网络通道。下面介绍这些通道的接入与调试。

网络通道的主要调试步骤如下：

（1）配置数据网路由，以及相关安防设备策略。

（2）Ping 厂站 IP 地址，看能否 ping 通。

（3）如果能 ping 通，执行“telnet 厂站 IP 端口号”，查看对方端口是否能链接。

（4）利用命令“ps-ef | grep 厂站 IP”查看网络通信进程是否建立成功。

（5）在前置人机界面上查看通道报文和前置实时数据是否正确。

模块三　厂站及通道工况异常处理

本模块主要介绍厂站通道常见故障现象及处理方法。

一、厂站及通道工况判据

1. 厂站工况

每个厂站的工况是根据每个厂站下的各个通道的工况综合判别出来的。只要有一个通道工况为投入，整个厂站工况为投入状态；全部通道都退出时，厂站工况才退出状态。

2. 通道工况

每个通道的工况是根据每个通道的通道表中所填写的通道参数判断的。如果通道类型为网络通道，只要有一个 IP 地址正常链接，则该通道工况为投入状态；全部 IP 地址都退出，则通道工况为退出状态。

二、网络 104 规约的常见故障现象

（1）不能 ping 通站端地址及站端网关地址。

（2）不能 ping 通站端地址，能 ping 通站端网关地址。

（3）能 ping 通站端地址，但有丢包。

（4）能 ping 通站端地址，但不能建立 TCP/IP 链接。

（5）TCP/IP 链接成功，但厂站端不正常上送报文。

（6）报文显示正常，但遥测、遥信显示不正确。

三、网络 104 规约常见故障的处理方法

1. 不能 ping 通站端地址及站端网关地址

（1）检查数据网配置是否正确。

（2）检查加密卡配置是否正确。

2. 不能 ping 通站端地址，能 ping 通站端网关地址

（1）登录数据网路由器，查看是否能 ping 通站端地址。

（2）查看站端纵向加密设备，交换机配置是否正确。

3. 能 ping 通站端地址，但有丢包

（1）查看通道表网络描述，看系统中是否有相同 IP 地址。

（2）排除是否存在网络硬件故障，包括网卡、网线、网络设备等。

4. 能 ping 通站端地址，但不能建立 TCP/IP 链接

（1）主站端通道参数设置不正确，如果规约类型为串口，TCP 链接建立不正确。

（2）通道类型未选 TCP/IP 客户端，导致客户端进程未启动。

（3）主站、子站端口号不一致，网络描述 IP 地址不正确等。

（4）子站端填写主站前置地址不正确，无法到达目的地址。

（5）网络设备访问策略未开通 2404 端口号。

5. TCP/IP 链接成功，但厂站端不正常上送报文

（1）104 规约设置参数不一致。

（2）RTU 地址设置不一致。子站与主站 RTU 地址应一致。

6. 报文显示正常，但遥测、遥信显示不正确

（1）查看规约设置遥测、遥信起始地址是否一致。

（2）通道遥测类型计算量、工程量、实际量选择是否一致。

（3）通道表最大遥信数、最大遥测数是否一致。

（4）前置遥信遥测表中，起始点号是否一致。

模块四 IEC 60870-5-104 规约简介

IEC 60870-5-104 规约适用于具有串行比特数据编码传输的远动设备和系统，用以对地理广域过程的监视和控制。制定远动配套标准的目的是使兼容的远动设备之间达到互操作。本标准规定了IEC 60870-5-101 的应用层与 TCP/IP 提供的传输功能的结合。在 TCP/IP 框架内，可以运用不同的网络类型，包括 X.25，FR（帧中继），ATM（异步传输模式）和 ISDN（综合服务数据网络）。根据相同的定义，不同的 ASDU，包括 IEC 60870-5 全部配套标准（例如 IEC 60870-5-102）所定义的 ASDU，可以与 TCP/IP 相结合。

一、IEC 60870-5-104 规约的基本概念

IEC 60870-5-104 规约是 IEC 60870-5-101 的网络访问。DL/T 634.5 104-2002 是电力行业标准，与 IEC 60870-5-104 等同采用。

一般体系结构 IEC 60870-5-104 规约定义了开放的 TCP/IP 接口的使用，包含一个由传输 IEC 60870-5-101ASDU 的远动设备构成的局域网的例子，包含不同广域网类型（如：X.25，帧中继；ISDN 等的路由器可通过公共的 TCP/IP 局域网接口）。一个冗余的主站配置与一个非冗余的主站配置 TCP/IP-局域网接口互联，一般体系结构如图 9-9 所示。

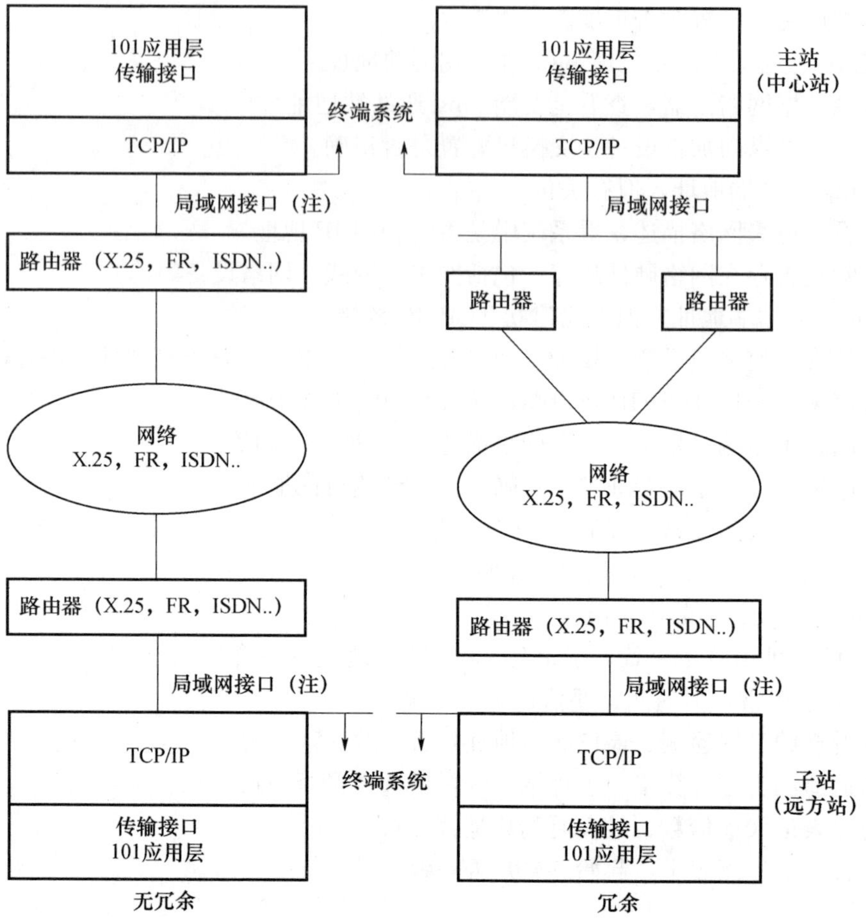

图 9-9　一般体系结构

二、IEC 60870-5-104 规约结构（表 9-1）

表 9-1　所定义的远动配套标准所选择的标准版本

<table>
<tr><td>根据 IEC 60870-5-101 从 IEC 60870-5-5 中选取的应用功能</td><td>初始化</td><td>用户进程</td></tr>
<tr><td colspan="2">从 IEC 60870-5-101 和 IEC 60870-5-104 中选取的 ASDU</td><td rowspan="2">应用层（第 7 层）</td></tr>
<tr><td colspan="2">APCI（应用规约控制信息）
传输接口（用户到 TCP 的接口）</td></tr>
<tr><td colspan="2" rowspan="4">TCP/IP 协议子集（RFC 2200）</td><td>传输层（第 4 层）</td></tr>
<tr><td>网络层（第 3 层）</td></tr>
<tr><td>链路层（第 2 层）</td></tr>
<tr><td>物理层（第 1 层）</td></tr>
</table>

注：第 5、6 层未用。

表 9-2 为本标准推荐使用的 TCP/IP 协议子集（RFC 2200）。如图 9-9 所示的例子，以太网 802.3 栈可能被用于远动站终端系统或 DTE（数据终端设备）驱动一单独的路由器。如果不要求冗余，可以用点对点的接口（如 X.21）代替局域网接口接到单独的路由器，这样可以在对后来支持 IEC 60870-5-101 的终端系统进行转化时，保留更多本来的硬件。其他

来自 RFC 2200 的兼容选集都是允许的。

表 9-2　所选择的 TCP/IP 协议子集 RFC 2200 的标准版本

RFC 793（传输控制协议）		传输层（第 4 层）
RFC 791（互联网协议）		网络层（第 3 层）
RFC 1661（PPP）	RFC 894（在以太网上传输 IP 数据报）	数据链路层（第 2 层）
RFC 1662（HDLC 帧式 PPP）		
X. 21	IEEE 802. 3	物理层（第 1 层）

三、IEC 60870-5-104 规约的基本规则与应用

（一）应用规约控制信息（APCI）的定义

传输接口（TCP 到用户）是一个定向流接口，它没有为IEC 60870-5-101 中的 ASDU 定义任何启动或者停止机制。为了检出 ASDU 的启动和结束，每个 APCI 包括下列的定界元素：一个启动字符，ASDU 的规定长度，以及控制域，如图 9-10 所示。可以传送一个完整的 APDU（或者，出于控制目的，仅仅是 APCI 域也是可以被传送的），如图 9-11 所示。

注：APCI——应用规约控制信息；

ASDU——应用服务数据单元；

APDU——应用规约数据单元。

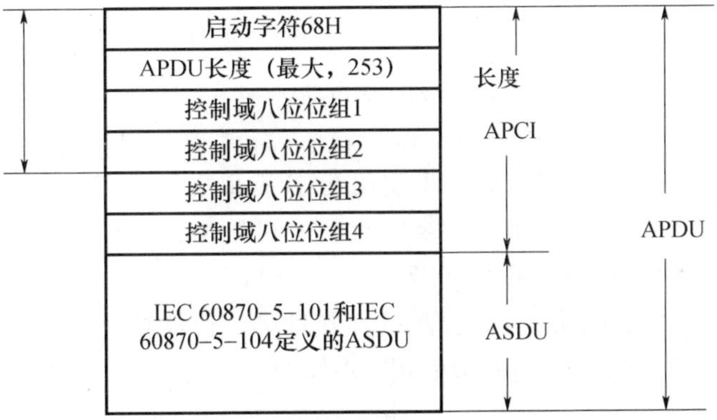

图 9-10　远动配套标准的 APDU 定义

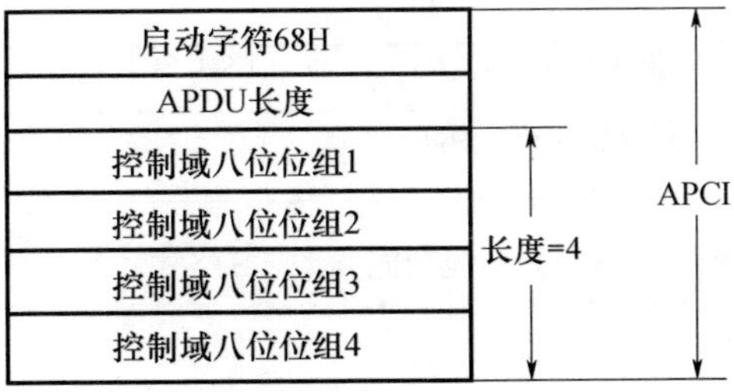

图 9-11　远动配套标准的 APCI 定义

1. 启动字符

68H 定义了数据流中的起点。

2. APDU 长度

APDU 的长度域定义了 APDU 体的长度，它包括 APCI 的四个控制域八位位组和 ASDU。第一个被计数的八位位组是控制域的第一个八位位组，最后一个被计数的八位位组是 ASDU 的最后一个八位位组。ASDU 的最大长度限制在 249 以内，因为 APDU 域的最大长度是 253（APDU 最大值=255 减去启动和长度八位位组），控制域的长度是 4 个八位位组。

3. 控制域

控制域定义了保护报文不至丢失和重复传送的控制信息，报文传输启动/停止，以及传输链接的监视等。三种类型的控制域格式用于编号的信息传输功能（I 格式）、编号的监视功能（S 格式）和未编号的控制功能（U 格式）。

控制域第一个八位位组的第一位比特 = 0 定义了 I 格式，I 格式的 APDU 常常包含一个 ASDU。I 格式的控制信息如图 9-12 所示。

比特 8 7 6 5 4 3 2	1	
发送序列号N（S） LSB	0	八位位组1
MSB 发送序列号N（S）		八位位组2
接收序列号N（R） LSB	0	八位位组3
MSB 接收序列号N（R）		八位位组4

图 9-12　信息传输格式类型（I 格式）的控制域

报文解析 1：

RX：68 19 f8 9b be 04 15 03 03 00 01 00 5c 40 00 6c 02 5d 40 00 75 00 5e 40 00 59 02

注：主站端收到子站端发送的 I 帧（信息帧），发送序号的第一个八位组“f8”的第一位比特位为 0 指明 I 格式，类型标识 15H 指明为不带品质描述词的规一划值（遥测信息），可变结构限定词 03H 表明有三个非连续地址的规一划值，信息对象地址为 405cH、405dH、405eH 对应的归一化值分别为 026cH、0075H、0259H。

控制域第一个八位位组的第一位比特=1，并且第二位比特=0，定义了 S 格式，S 格式的 APDU 只包括 APCI。S 格式的控制域如图 9-13 所示。

比特 8 7 6 5 4 3	2	1	
0	0	1	八位位组1
0			八位位组2
接收序列号N（R） LSB		0	八位位组3
MSB 接收序列号N（R）			八位位组4

图 9-13　编号的监视功能类型（S 格式）的控制域

报文解析 2：

RX：68 19 be d5 be 04 15 03 03 00 01 00 5c 40 00 6c 02 5d 40 00 75 00 5e 40 00 59 02

TX：68 04 01 00 c0 d5

注：主站端收到子站端发送的序号为 be d5 的 I 帧后，发送 S 帧确认，希望收到序号为 c0 d5 的下一帧（在报文中发送序号和接收序号的两个字节表示都是低字节在前，高字节在

后，注意低字节的第一位比特始终为 0，故序号 be d5 的下一帧即为 c0 d5；在我们的系统中，主站端每接收 8 帧或每隔 10 秒便发送 S 帧确认一次）。

控制域第一个八位位组的第一位比特＝1，并且第二位比特＝1，定义了 U 格式。U 格式的 APDU 只包括 APCI，U 格式的控制域如图 9-14 所示。在同一时刻，TESTFR，STOPDT 或 STARTDT 中只有一个功能可以被激活。

<table>
<tr><td>比特</td><td>8</td><td>7</td><td>6</td><td>5</td><td>4</td><td>3</td><td>2</td><td>1</td><td></td></tr>
<tr><td></td><td colspan="2">TESTFR</td><td colspan="2">STOPDT</td><td colspan="2">STARTDT</td><td rowspan="2">1</td><td rowspan="2">1</td><td>八位位组1</td></tr>
<tr><td></td><td>确认</td><td>生效</td><td>确认</td><td>生效</td><td>确认</td><td>生效</td><td></td></tr>
<tr><td></td><td colspan="8">0</td><td>八位位组2</td></tr>
<tr><td></td><td colspan="7">0</td><td>0</td><td>八位位组3</td></tr>
<tr><td></td><td colspan="8">0</td><td>八位位组4</td></tr>
</table>

图 9-14 未编号的控制功能类型（U 格式）的控制域

报文解析 3：

TX：68 04 07 00 00 00

RX：68 04 0b 00 00 00

注：当链接建立后，主站端发送 07H（STARTDT 激活），子站端响应 0bH（STARTDT 激活确认），然后开始传输数据。

报文解析 4：

TX：68 04 43 00 00 00

RX：68 04 83 00 00 00

注：发送测试帧，接收测试帧。

报文解析 5：

TX：68 04 13 00 00 00

RX：68 04 23 00 00 00

注：停止（激活），停止（确认）。

（二）应用服务数据单元

104 规约的 ASDU 定义与 101 规约的 ASDU 定义一致，见表 9-3，因此可以参考《远动设备及系统第 5-101 部分 传输规约》来查找分析报文。ASDU 的第一个八位组定义为类型标识，依此来区分遥测信息、遥信信息、总召命令、对时命令和遥调命令。

表 9-3 远动配套标准的 ASDU 定义

<table>
<tr><td rowspan="4">数据单元标识符</td><td>类型标识（1 字节）</td><td rowspan="2">数据单元类型</td></tr>
<tr><td>可变结构限定词（1 字节）</td></tr>
<tr><td>传送原因（2 字节）</td><td rowspan="5">信息体时标</td></tr>
<tr><td>ASDU 公共地址（2 字节）</td></tr>
<tr><td rowspan="3">信息体 1</td><td>信息体地址（3 字节）</td></tr>
<tr><td>信息元素集</td></tr>
<tr><td>时标 a/b</td></tr>
</table>

1. 报文类型标识

（1）监视方向的过程信息，见表 9-4。

表 9-4 监视方向的过程信息

报文类型（十进制）	报文语义
1	单位遥信
3	双位遥信
7	步位置信息
9	32 比特串
9	归一化遥测值
11	标度化遥测值
13	短浮点遥测值
15	累计值
20	带变位检出标志的成组单位遥信
21	归一化遥测值
30	带绝对时标的单位遥信（SOE）
31	带绝对时标的双位遥信（SOE）
34	带绝对时标的归一化遥测值
35	带绝对时标的标度化遥测值
36	带绝对时标的短浮点遥测值
37	带绝对时标的累计量

（2）控制方向的过程命令，见表 9-5。

表 9-5 控制方向的过程命令

报文类型（十进制）	报文语义
45	单位遥控命令
46	双位遥控命令
47	挡位调节命令
48	归一化值设定命令
49	标度化值设定命令
50	短浮点值设定命令
58	带绝对时标的单位遥控命令
59	带绝对时标的双位遥控命令
60	带绝对时标的挡位调节命令
61	带绝对时标的归一化值设定命令
62	带绝对时标的标度化值设定命令
63	带绝对时标的短浮点值设定命令

（3）监视方向的系统命令，见表 9-6。

表 9-6　监视方向的系统命令

报文类型（十进制）	报文语义
70	初始化结束

（4）控制方向的系统命令，见表 9-7。

表 9-7　控制方向的系统命令

报文类型（十进制）	报文语义
100	总召唤命令
101	累计量召唤命令
102	读命令
103	时钟同步命令
105	复位进程命令

（5）控制方向的参数命令，见表 9-8。

表 9-8　控制方向的参数命令

报文类型（十进制）	报文语义
110	归一化遥测参数
111	标度化遥测参数
112	短浮点遥测参数
113	参数激活

2. 可变结构限定词（图 9-15）

比特 8	7	6	5	4	3	2	1
SQ	N=信息体个数						

图 9-15　可变结构限定词

$N=0$ 表示应用服务费数据单元，不含信息元素。

$1 \leqslant N \leqslant 127$。

SQ 表示离散或顺序排列。

SQ=0 同一 ASDU 中的同类信息是离散排列。

SQ=1 同一 ASDU 中同类信息是顺序排列，只需指明第一个信息对象地址，后续信息对象地址被隐去，默认是前一个信息对象地址加 1。

示例：01（H）→0 000 0001（B）$N=1$ 表示报文中含有一个信息元素，点号由信息对象地址寻址 SQ=0 离散。

3. 传送原因（图 9-16）

比特 8	7	6	5	4	3	2	1
T	P/N	传送原因					

图 9-16　传送原因

$T=1$ 测试，遥控遥调只是完成一个过程，不能实际动作。

$T=0$ 未测试。

$P/N=1$ 否定激活，一般出现在激活确认（07）的报文中。

$P/N=0$ 肯定激活。

传输原因分类见表 9-9。

表 9-9　传输原因分类

传送原因（十进制）	语义	应用方向
0	任何情况都不用	任何情况都不用
1	周期、循环	上行
2	背景扫描	上行
3	突发	上行
4	初始化	上行
5	请求或被请求	上行、下行
6	激活	下行
7	激活确认	上行
8	停止激活	下行
9	停止激活确认	上行
10	激活终止	上行
11	远方命令引起的返送信息	上行
12	当地命令引起的返送信息	上行
20	响应站召唤	上行
21	响应第 1 组召唤	上行
22	响应第 2 组召唤	上行
	…	
28	响应第 8 组召唤	上行
29	响应第 9 组召唤	上行
	…	
34	响应第 14 组召唤	上行
35	响应第 15 组召唤	上行
36	响应第 16 组召唤	上行
37	响应累计量站召唤	上行
38	响应第 1 组累计量召唤	上行
39	响应第 2 组累计量召唤	上行
40	响应第 3 组累计量召唤	上行
41	响应第 4 组累计量召唤	上行
44	未知的类型标识	上行
45	未知的传送原因	上行
46	未知的应用服务数据单元公共地址	上行
47	未知的信息对象地址	上行

4. 公共地址

十进制 0 未定义。

1…254 站址。

255 全局地址，向特定系统全部站的广播地址。

5. 信息体地址

信息对象地址分配方案，见表 9-10。

表 9-10　信息对象地址分配方案

信息对象名称	对应地址（十六进制）	信息量个数
遥信信息	1H～1000H	4096
继电保护信息	1001H～4000H	12288
遥测信息	4001H～5000H	4096
遥测参数信息	5001H～6000H	4096
遥控信息	6001H～6200H	512
设定信息	6201H～6400H	512
累计量信息	6401H～6600H	512
分接头位置信息	6601H～6700H	256

6. 信息元素

（1）类型标识：01H（带品质描述词的单点信息）（遥信），结构如图 9-17 所示。

Q8							Q1
IV	NT	SB	BL	RES	RES	RES	SPI

图 9-17　带品质描述词的单点信息元素

IV：1 无效，0 有效。

NT：1 不是当前值，0 当前值。

SB：1 被取代，0 未被取代。

BL：1 闭锁，0 未闭锁。

RES：备用。

SP1：1 合，0 开。

表 9-11 为带品质描述词的单点信息报文解析。

表 9-11　带品质描述词的单点信息报文解析

类型标识	01H	
可变结构限定词（一字节）	SQ	信息对象数
传送原因（两字节）	“03 00”（突发）；“14 00”（响应总召）	
ASDU 公共地址（两字节）	厂站地址	
信息对象地址（三字节）	信息对象地址范围 1H～4000H，从 1H 开始与定值单中序号为 1，2，3…的遥信量一一对应	
带品质描述词的单点信息（一字节）	“01”（合有效），“00”（开有效），“80”（开无效）	
…	…	

报文解析 8：

RX：68 26 48 05 04 00 01 99 14 00 01 00 01 01 00 00 00 00 00 00 00 00 00 00 00 00 00 00 00 00 00 00 00 00 00 00 00 00 00 00

（2）类型标识：09H（测量值，规一划值）（遥测），结构如图 9-18 所示。

					Q8		Q1
IV	NT	SB	BL	RES	RES	RES	OV

图 9-18　带品质描述的规一划值信息元素

品质描述词（一字节）

IV：1 无效，0 有效。

NT：1 不是当前值，0 当前值。

SB：1 被取代，0 未被取代。

BL：1 闭锁，0 未闭锁。

RES：备用。

OV1：1 溢出，0 不溢出。

表 9-12 为带品质描述的规一划值报文解析。

表 9-12　带品质描述的规一划值报文解析

<table>
<tr><td>类型标识</td><td colspan="2">09H</td></tr>
<tr><td>可变结构限定词（一字节）</td><td>SQ</td><td>信息对象数</td></tr>
<tr><td>传送原因（两字节）</td><td colspan="2">“03 00”（突发）；“14 00”（响应总召）</td></tr>
<tr><td>ASDU 公共地址（两字节）</td><td colspan="2">厂站地址</td></tr>
<tr><td>信息对象地址（三字节）</td><td colspan="2">信息对象地址范围 4001H～5000H</td></tr>
<tr><td>规一划值（两字节）＋品质描述词（一字节）</td><td colspan="2">规一划值的范围为－8000H ～7FFFH，与定值单中系数相乘得真实值。我们的系统中约定码值的满值为 32767，正负范围为－32767～32767，十六进制表示为－8000H～7FFFH，做补码后在报文中显示为 0000～07FF 和 F800～FFFE（注意报文中低字节在前，高字节在后）</td></tr>
<tr><td>…</td><td colspan="2">…</td></tr>
</table>

报文解析 6：

RX：68 1c 4a ac 02 00 09 03 03 00 01 00 0c 40 00 f1 ff 00 15 40 00 ea 06 00 16 40 00 ec 06 00

报文解析 7：

RX：68 4f 90 a2 04 00 09 96 14 00 01 00 41 40 00 06 00 00 00 00 00 ef ff 00 14 00 00 ce ff 00 58 01 00 2a 00 00 4b 00 00 06 00 00 a0 01 00 5d 00 00 00 00 00 67 00 00 c4 00 00 00 00 00 00 00 00 00 00 00 00 00 00 00 00 00 00 00 00 00 00 00 00 00 00

（3）类型标识：64H（总召唤）报文解析见表 9-13。

表 9-13　总召唤报文解析

类型标识 64H	64H
可变结构限定词（一字节）	“01”
传送原因（两字节）	在控制方向上： “06 00”（激活），“08 00”（停止激活），在监控方向上： “07 00”（激活确认），“09 00”（停止激活确认），“0a 00”（激活终止）
ASDU 公共地址（两字节），为系统参数，在我们的系统中固定为：“01 00”	厂站地址
信息对象地址（三字节） 常见：“00 00 00”	“00 00 00”
召唤限定词 14H（为本配套标准的标准定义保留）	14H

报文解析 8：

TX：68 0e 06 00 c8 74 64 01 06 00 01 00 00 00 00 14

RX：68 0e c8 74 08 00 64 01 07 00 01 00 00 00 00 14

RX：...

...

TX：68 04 01 00 d2 74

RX：...

...

RX：68 0e d8 74 08 00 64 01 0a 00 01 00 00 00 00 14

主站端发送帧的控制域的第一个 8 位组 bcH 的第一位比特为 0 指明了 I 格式，发送“bc 04”序号的帧并希望收到“f4 9b”的帧，ASDU 的第一个字节（类型标示）为 64H（总召唤命令），发送原因“06 00”（召唤激活）。子站端回应，发送“f4 9b”序号的帧并希望收到“be 04”的帧，类型标示 64H（总召唤），发送原因“07 00”（激活确认）；然后子站端开始响应召唤传送遥测数据（类型标识 15H），可变结构限定词为 c0H，最高位为 1 表明连续地址传输，传送信息数为 40H（注意到每个信息的规一划值为 2 字节，因此信息对象地址“01 40 00”后省略的共 80H 个字节，算上 APDU 的长度域到信息对象地址之间的长度，与前面的 APDU 长度 8dH 刚好吻合）；传送原因“14 00”（响应总召唤），信息对象地址为“01 40 00”（从定值单中序号为 1 的遥测量开始传送）。

报文解析 9：

TX：68 0e bc 04 a4 9b 64 01 06 00 01 00 00 00 00 14

RX：68 0e a4 9b be 04 64 01 07 00 01 00 00 00 00 14

RX：68 8d a6 9b be 04 15 c0 14 00 01 00 01 40 00 2a fd a9 ff c7 02 fe fc ...

...

RX：68 0e b8 9b be 04 64 01 0a 00 01 00 00 00 00 1

（4）类型标识：1EH（带时标 CP56 Time2a 的单点信息）（SOE）报文解析见表 9-14。

表 9-14　带时标 CP56 Time2a 的单点信息（SOE）报文解析

类型标识	1EH	
可变结构限定词（一字节）	0	信息对象数
传送原因（两字节）	"03 00"（突发），"05 00"（被请求）， "0b 00"（远方命令引起的返送信息）， "0c 00"（当地命令引起的返送信息）	
ASDU 公共地址（两字节）	为系统参数， 在系统中固定为："01 00"	
信息对象地址（三字节） ＋规一划值（两字节）	信息对象地址范围 4001H～5000H；规一划值的范围为－8000H～7FFFH，与定值单中系数相乘得真实值。系统中约定码值的满值为 32767，正负范围为－32767～32767，十六进制表示为－8000H～7FFFH，做补码后在报文中显示为 0000～07FF 和 F800～FFFE	
…	…	
七个八位组的二进制时间表示（七字节）	2 字节的毫秒表示＋1 字节的分表示＋1 字节的小时表示＋1 字节（星期几，日期）＋1 字节的月份表示＋1 字节的年份表示	

报文解析 10：

RX：68 15 9C 01 2E 00 1E 01 03 00 02 00 85 04 00 01 80 6D 13 11 1E 0C 06

ASDU 的第一个字节（类型标示）为 1EH（SOE 时间顺序记录），发送原因"03 00"（突发，传送的是变化上送的遥信信息的 SOE），子站地址 02 00，信息体地址 85 04 00，01 表示点号 1157 的遥信状态，为合，80 6D 表示毫秒，13 表示分钟，11 表示小时，1E 表示日，0C 表示月，06 表示年。

（5）类型标识：2EH（双位置遥控）报文解析见表 9-15。

表 9-15　双位置遥控报文解析

类型标识	2EH	
可变结构限定词（一字节）	0	信息对象数
传送原因（两字节）	在控制方向上： "06 00"（激活），"08 00"（停止激活）， 在监控方向上： "07 00"（激活确认），"09 00"（停止激活确认），"0a 00"（激活终止）	
ASDU 公共地址（两字节）	厂站地址	
信息对象地址（三字节）	信息对象地址范围 6001H～6200H	
控制信息 81、01、82、02	转为二进制 1000 0010 最高位 1 表示预置（0 表示执行），最低两位 10 表示控合（01 表示控分）	

报文解析 11：

TX：68 0E 04 00 9C 00 2E 01 06 00 02 00 42 60 00 82

RX：68 0E 9C 00 06 00 2E 01 07 00 02 00 42 60 00 82

TX：68 0E 06 00 9E 00 2E 01 06 00 02 00 42 60 00 02

RX：68 0E 9E 00 08 00 2E 01 07 00 02 00 42 60 00 02

RX：68 0E A0 00 08 00 2E 01 0A 00 02 00 42 60 00 02

主站发对地址为 02 的子站发遥控预置，子站上送遥控预置成功的反校报文。主站发遥控执行命令。子站执行确认，一次遥控过程结束。

四、防止报文丢失和报文重复传送一般规则

发送序列号和接受序列号在每个 APDU 和每个方向上都应按顺序加 1。发送方增加发送序列号而接受方增加接收序列号。当接收站按连续正确收到的 APDU 的数字返回接收序列号时，表示接收站认可这个 APDU 或者多个 APDU。发送站把一个或几个 APDU 保存到一个缓冲区里直到它将自已的发送序列号作为一个接收序列号收回，而这个接收序列号是对所有数字小于或等于该号的 APDU 的有效确认，这样就可以删除缓冲区里已正确传送过的 APDU。万一更长的数据传输只在一个方向进行，就得在另一个方向发送 S 格式，在缓冲区溢出或超时前认可 APDU。这种方法应该在两个方向上应用。在创建一个 TCP 连接后，发送和接收序列号都被设置成 0。

下列定义对图 9-19 至图 9-26 有效：

V（S）＝发送状态变量（见 ITU-T X. 25）

V（R）＝接收状态变量（见 ITU-T X. 25）

Ack＝指示 DTE 已经正确收到所有达到并包括该数字的 I 格式 APDU

I（a，b）＝信息格式 APDU，a＝发送序列号，b＝接收序列号

S（b）＝监视格式 APDU，b＝接收序列号

U＝未编号的控制功能 APDU

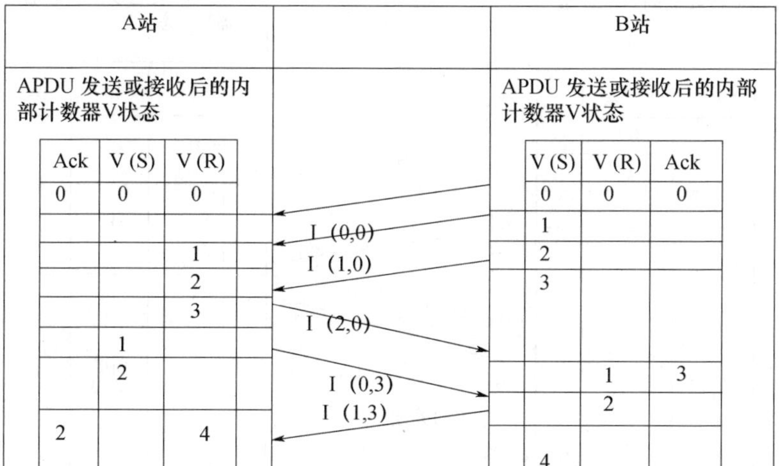

图 9-19 编号 I 格式 APDU 的未受干扰过程

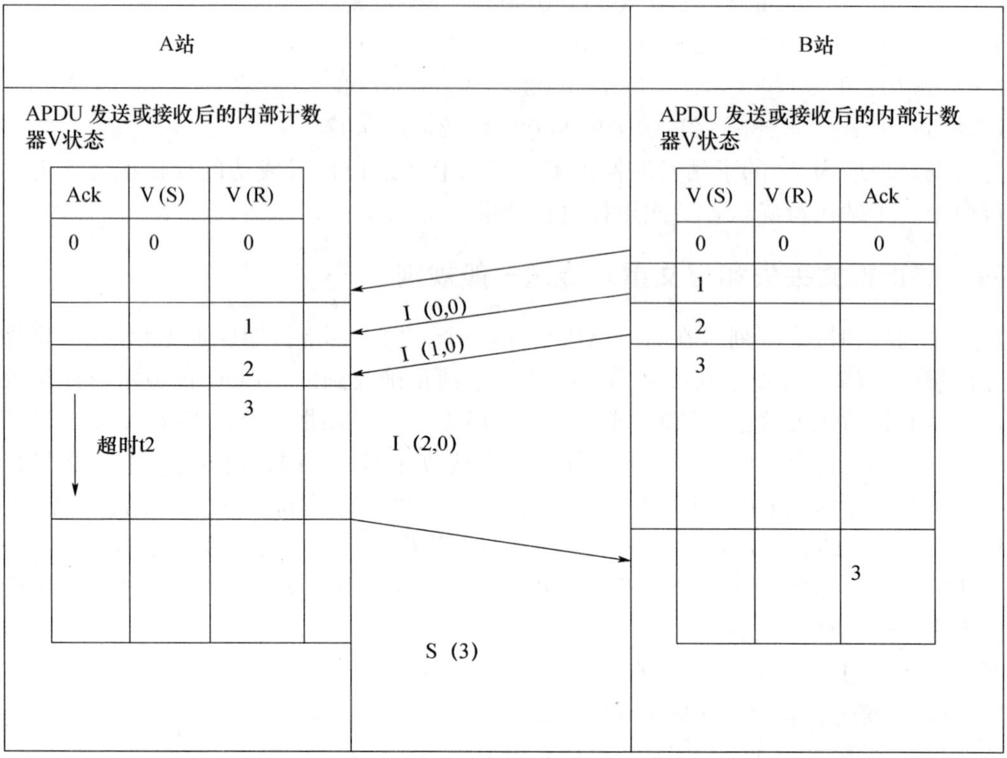

图 9-20　S 格式 APDU 认可编号 I 格式 APDU 的未受干扰过程

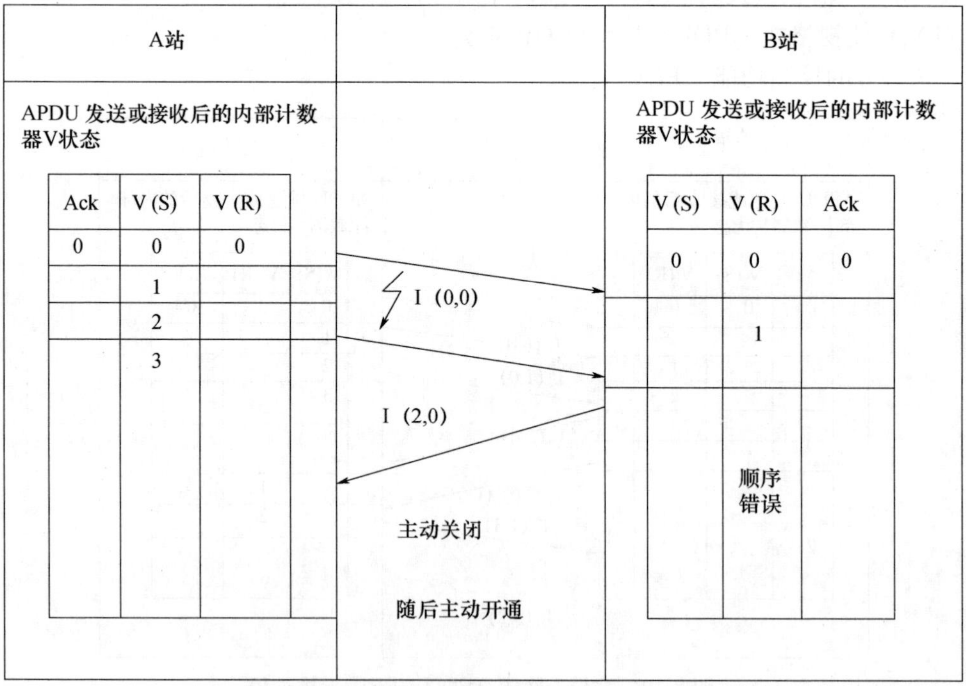

图 9-21　编号 I 格式 APDU 受干扰的过程

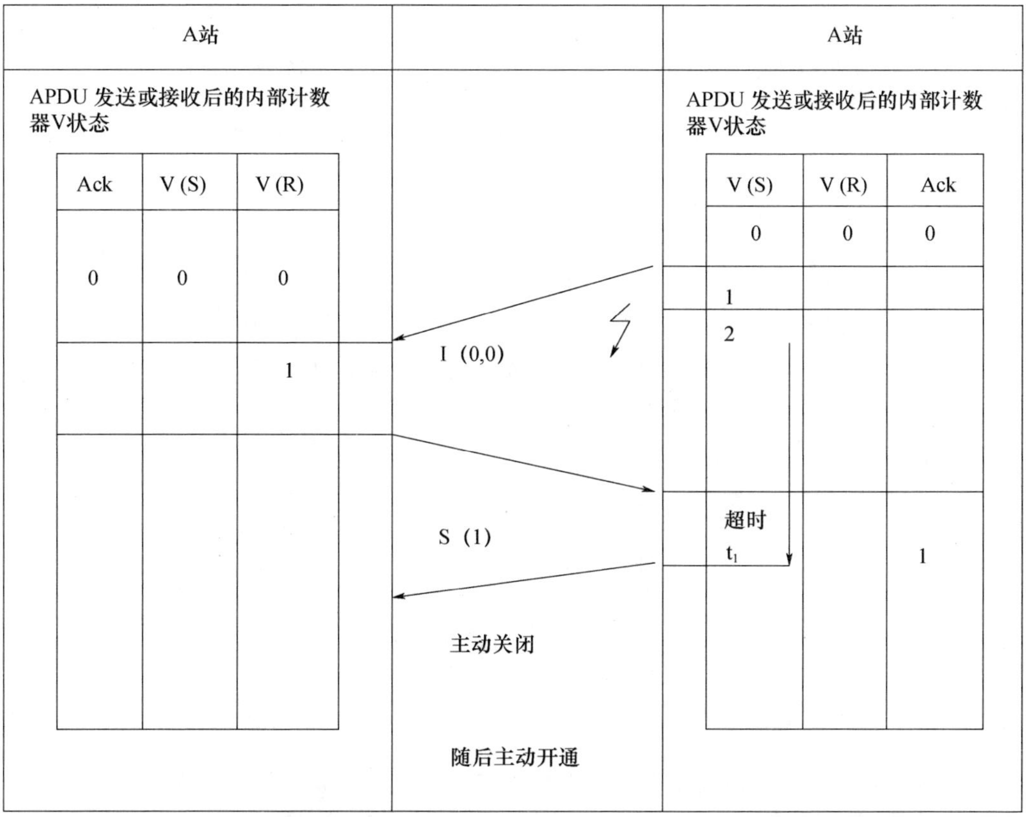

图 9-22　未确认的最后的 I 格式 APDU 情况下的超时

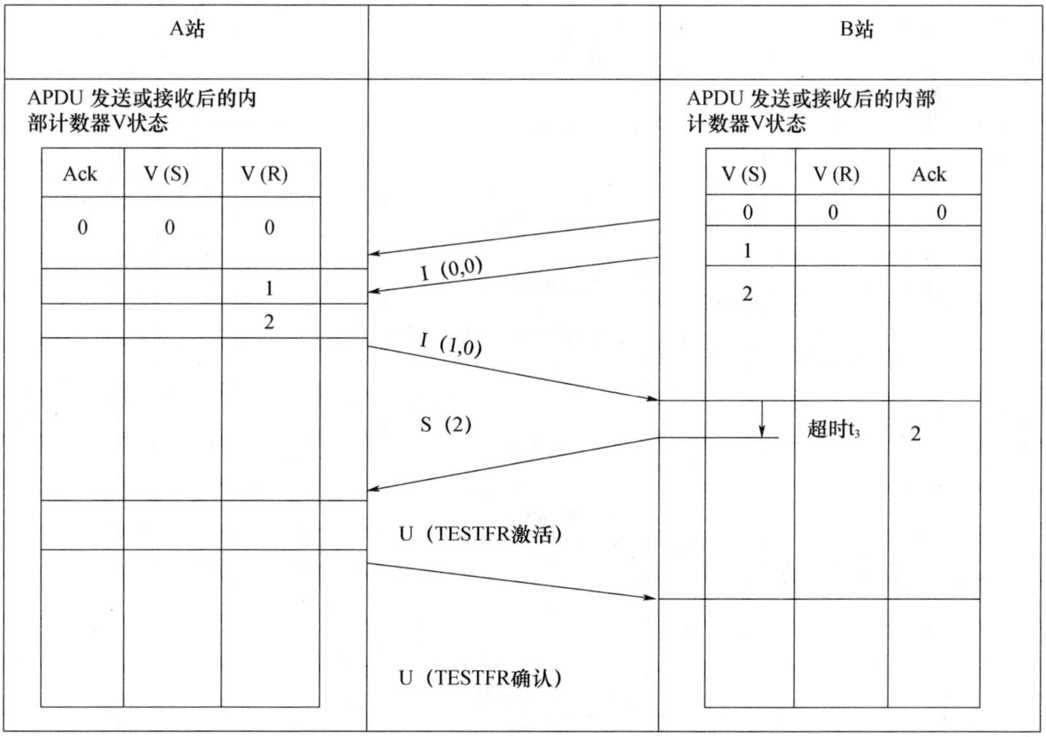

图 9-23　未确认的测试过程

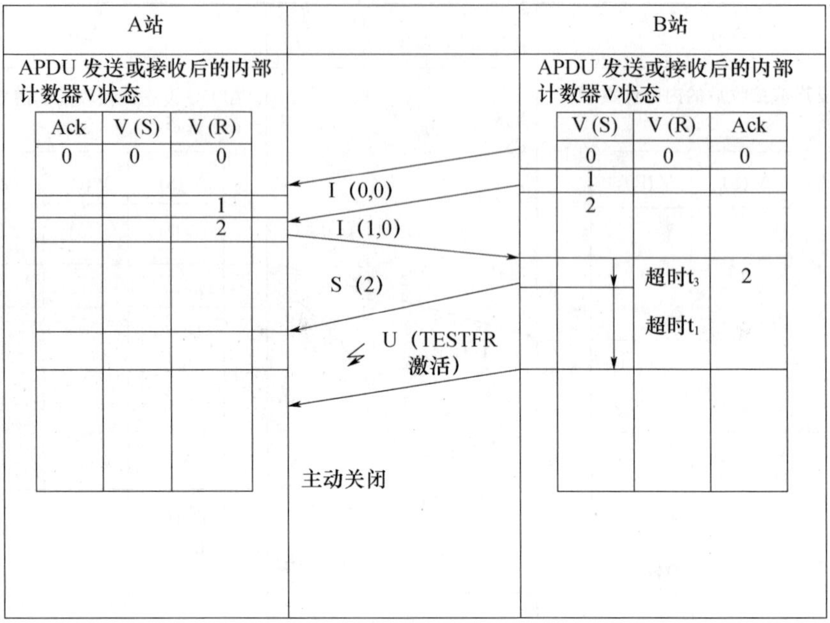

图 9-24　未受干扰的测试过程

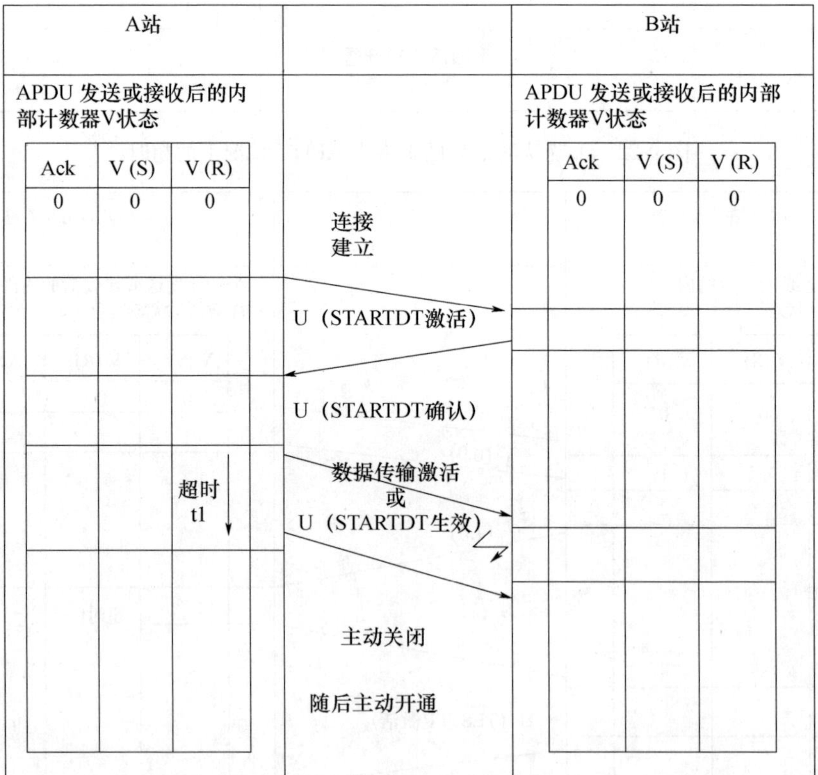

图 9-25　开始数据传送过程

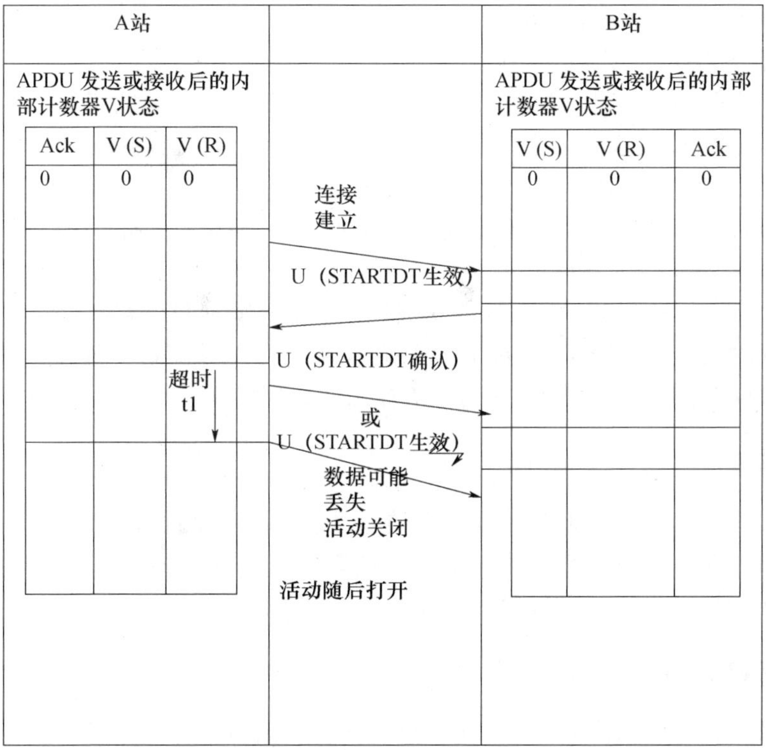

图 9-26 停止数据传送过程

五、测试过程

未使用但已建立的连接会通过发送测试 APDU（TESTFR＝激活）并得到接收站发回的 TESTFR＝确认，在两个方向上进行周期性测试。

发送站和接收站在某个具体时间段内没有数据传输（超时）会启动测试过程。每一帧的接收 I 帧、S 帧或 U 帧会重新计时 t_3。B 站要独立地监视连接。只要它接收到从 A 站传来的测试帧，它就不再发送测试帧。

测试过程也可以在“激活”的连接上启动，这些连接缺乏活动性，但需要确保连通。

六、用启/停进行传输控制

控制站（例如，A 站）利用 STARTDT（启动数据传输）和 STOPDT（停止数据传输）来控制被控站（B 站）的数据传输，这个方法很有效。例如，当在站间有超过一个以上的连接打开从而可利用时，一次只有一个连接可以用于数据传输。定义 STARTDT 和 STOPDT 的功能在于从一个连接切换到另一个连接时避免数据的丢失。STARTDT 和 STOPDT 还可与单个连接一起用于控制连接的通信量。

当连接建立后，连接上的用户数据传输不会从被控站自动激活。即当一个连接建立时 STOPDT 处于缺省状态。在这种状态下，被控站并不通过这个连接发送任何数据，除了未编号的控制功能和对这些功能的确认。控制站必须通过这个连接发送一个 STARTDT 指令来激活这个连接中的用户数据传输。被控站用 STARTDT 响应这个命令。如果 STARTDT 没有被确认，这个连接将被控制站关闭。这意味着站初始化之后，STARTDT 必须总是在来自被控站的任何用户数据传输（例如，一般的询问信息）开始前发送。任何被控站的待发用户数据都只有在 STARTDT 被确认后才发送。

STARTDT/STOPDT 是一种控制站激活/解除激活监视方向的机制。控制站即使没有收到激活确认，也可以发送命令或者设定值。发送和接收计数器继续运行，它们并不依赖于 STARTDT/STOPDT 的使用。

在某种情况下，例如，从一个有效连接切换到另一连接（例如，通过操作员），控制站首先在有效连接上传送一个 STOPDT 指令，受控站停止这个连接上的用户数据传输并返回一个 STOPDT 确认。挂起的 ACK 可以在被控站收到 STOPDT 生效指令和返回 STOPTD 确认的时刻之间发送。收到 STOPDT 确认后，控制站可以关闭这个连接。另建的连接上需要一个 STARTDT 来启动该连接上来自于被控站的数据传送。

七、端口号

每一个 TCP 地址由一个 IP 地址和一个端口号组成。每个连接到 TCP-LAN 上的设备都有自己特定的 IP 地址，而为整个系统定义的端口号却是一样的。IEC 60870-5-104 规约要求，端口号 2404 由 IANA（互联网数字分配授权）定义和确认。

八、未被确认的 I 格式 APDU 最大数目（k）

k 表示在某一特定的时间内未被 DTE 确认（即不被承认）的连续编号的 I 格式 APDU 的最大数目。每一个 I 格式帧都按顺序编好号，从 0 到模数 n 减 1。以 n 为模的操作中 k 值永远不会超过 $n-1$。

——当未确认 I 格式 APDU 达到 k 个时，发送方停止传送。

——接收方收到 w 个 I 格式 APDU 后确认。

——模 n 操作时 k 的最大值是 $n-1$。

k 值的最大范围：1 到 32767（215-1）APDU，精确到一个 APDU，默认为 12。

w 值的最大范围：1 到 32767 APDU，精确到一个 APDU（推荐：w 不应超过 $2k/3$），默认为 8。

第十章　高级应用

模块一　调度员潮流

一、简述

调度员潮流（Dispatcher Power Flow，DPF）是电力系统能量管理系统（Energy Management System，EMS）中最基本的高级网络分析软件。调度人员可以使用它来研究当前电力系统可能出现的运行状态，运行人员可以使用它来校核调度计划的安全性和合理性，同时它还可以对历史运行方式的变化进行分析。调度员潮流模块也是其他高级网络分析软件的基本模块，维护一个收敛性良好的潮流数据，是其他高级网络分析软件正确计算的基本前提条件。

二、计算准备

对任何潮流模拟操作计算而言，总是在某一个初始的运行方式上进行。这种初始方式可以是状态估计提供的实时运行方式，也可以是以往保存的历史运行方式。

1. 取实时方式

有两种方法获取状态估计的实时断面。在图 10-1 所示的调度员潮流的主画面上直接单击“取状态估计数据”按钮；或者在任意画面上切换到调度员潮流应用以后，在空白处单击右键，弹出如图 10-2 所示的右键菜单，再单击“取状态估计数据”项。在完成状态估计的拷贝以后，调度员潮流的界面上有相应的在线信息提示，同时厂站图上调度员潮流应用下显示的设备潮流与状态估计应用下显示的值一致。

2. 取历史 CASE 数据

在图 10-1 所示的调度员潮流的主画面上直接单击“取历史 CASE”按钮，弹出历史断面管理界面。界面的标题栏内可以设置检索历史断面的起始时间和终止时间，也可以选择断面的应用类型，所有断面依次显示名称、时间、应用名、描述、用户名和断面大小。单击选中的断面，按右键，在弹出的右键菜单中选择“取出断面”选项，再在下拉菜单中选择调度员潮流应用，就完成了将历史潮流断面读到当前潮流应用中。选择数据类型为数据断面，通过菜单条输入起始日期、结束日期和当前应用［一般选择状态估计（PAS _ RTNET)］来查询系统保存的 CASE 断面。按照需要查询日期及应用设定完成后就可以看到在选定范围内的断面信息索引。选中所关注的断面单击右键，在弹出的右键菜单中选择“取出断面”选项，应用名选择为“调度员潮流”，按确定以后就完成将历史 CASE 断面读到本机对应的调度员潮流应用。在完成历史数据读取后，调度员潮流的主画面上有相应的提示信息，断面时间也会相应更新，厂站图上安全分析应用下显示的设备潮流与状态估计应用下显示的值一致。

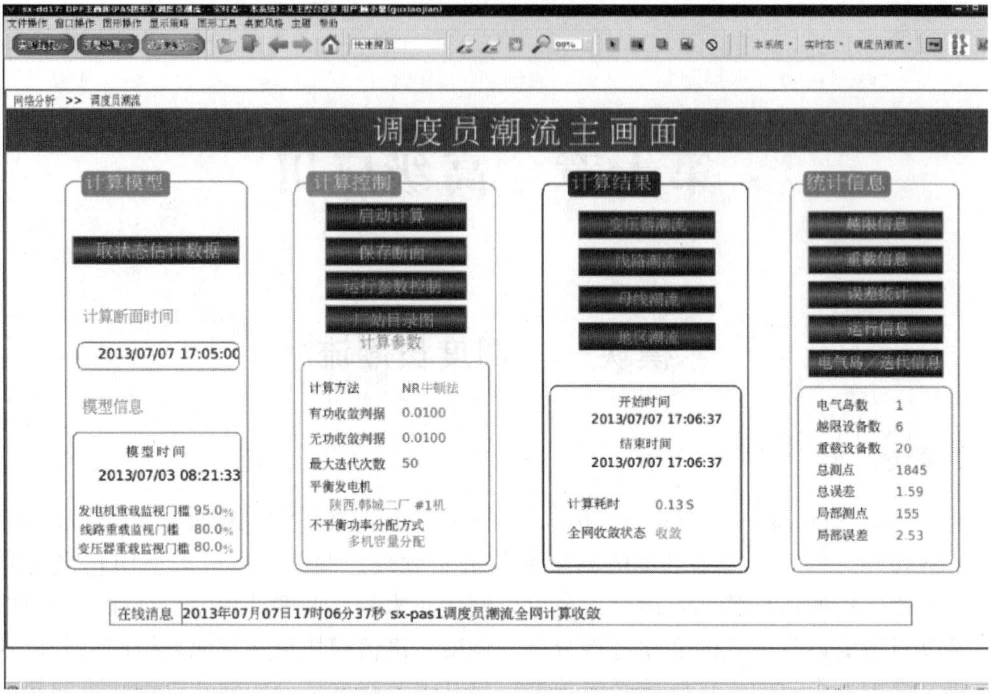

图 10-1 调度员潮流主画面

3. 计算参数设置

对于调度员潮流来讲基本上是通过操作更改方式后进行的潮流计算，因此需要对基本潮流计算的一些参数进行设置。在图 10-1 所示的主画面上给出了潮流计算的一些基本计算参数信息，如潮流的计算方法、有功和无功收敛判据、最大迭代次数、不平衡功率分配方式等。要对诸如此类的潮流计算参数进行设置，单击图 10-1 所示主画面的“运行参数控制”按钮，将图形切换至调度员潮流参数管理界面，如图 10-2 所示。图 10-2 中首先列出了基本计算参数信息，其设置方法为双击动态数据，在弹出对话框中进行设置操作。最大迭代次数是每进行一次潮流计算的迭代次数上限，设定值在 20～50 之间。平衡发电机为最大电气岛内的电压相角参考点，潮流计算时由程序自动确定，不需要用户设置。不平衡功率分配方式主要用于设置系统不平衡功率的分配方式，一般在以下四种方式中选择，即平衡机吸收、多机容量分配、多机系数分配和多机平均分配。当选择平衡机吸收时，电网的不平衡功率（包括发电、负荷和网损）都将由平衡机吸收。当采用其他三种方式时，电网的不平衡功率将由多台发电机负责平衡，至于到底有哪些发电机参与功率调节，则由发电机表的“参与有功调节”域决定。多台发电机之间的不平衡功率分配方式包括容量、系数和平均三种方式。选择容量时将根据发电机的可调容量分配，选择系数时根据人工设置的系数按比例分配，选择平均时则平均分配不平衡功率。在分配过程中，确保发电机的出力在最大出力和最小出力范围内。参与计算的最小节点数设置主要用于计算的电气岛所含计算节点的最小值。收敛判据为潮流收敛时的最大功率偏差量值。

在潮流计算中，对发电机节点的处理非常关键，因此该算法中也提供了对发电机节点的设置。如图 10-2 所示，发电机参数列表中可以设置发电机的调节特性，包括节点类型（平衡节点、PQ 节点、PV 节点等），对于 PV 节点可以设定控制机端电压还是高压侧母线电压以及控制的目标电压值，对于按指定系数参与有功调节的机组可以设置比例系数。这些特性的设置方法为：双击需要修改的单元格后选择菜单项或者输入数据后单击确定，再查看列表中所修改的数据，已经更新表示修改成功。同时列表中还提供了按照地区、厂站的快速查询功能，在列表名称栏对所需要筛选的列（如厂站或区域）单击右键，在弹出的菜单中选择快速查询后，在弹出的对话框中可以输入所需要的关键词进行筛选。

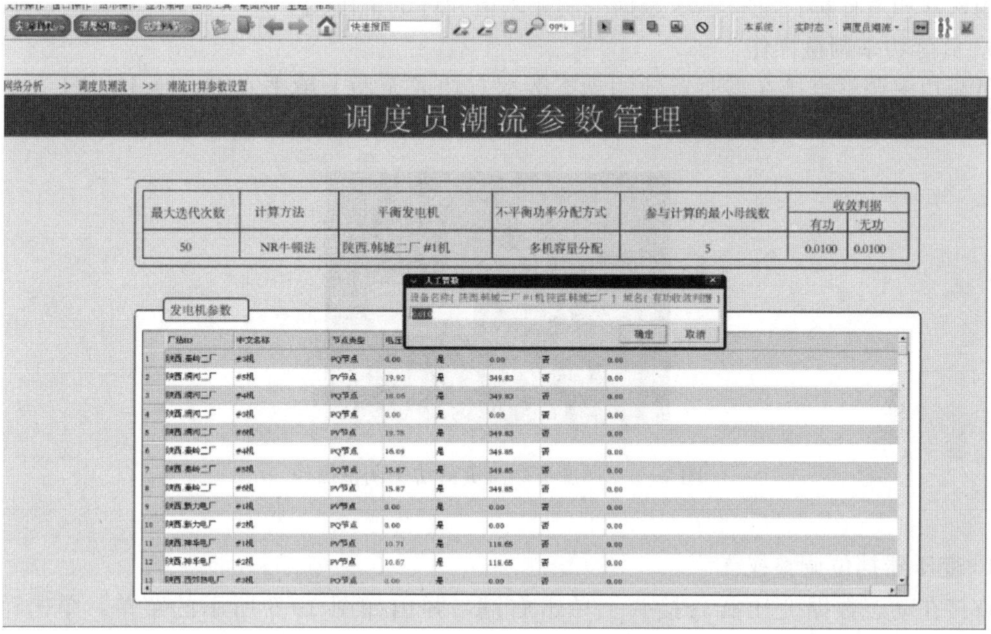

图 10-2　调度员潮流参数管理

三、调度员操作模拟

1. 开关刀闸变位模拟

在需要变位的开关刀闸上单击鼠标右键，如图 10-3 所示，在弹出的右键菜单上选择“变位”项就实现了开关刀闸的变位模拟。也可以直接在需要变位的开关刀闸上双击鼠标，实现开关刀闸变位模拟。图 10-4 给出了操作后的变位结果，所操作的开关已由合变为分。

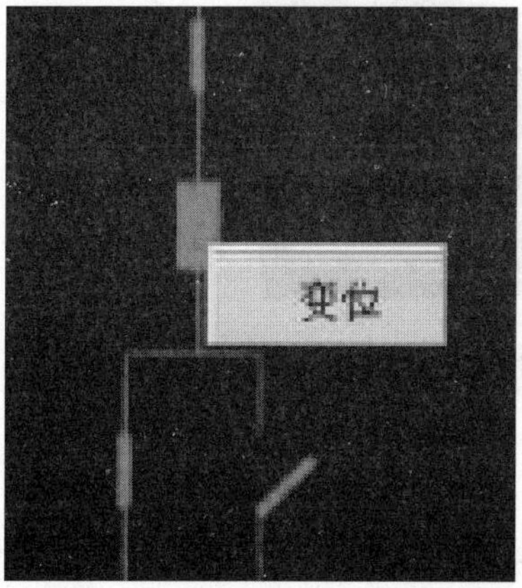

图 10-3　调度员潮流开关变位操作

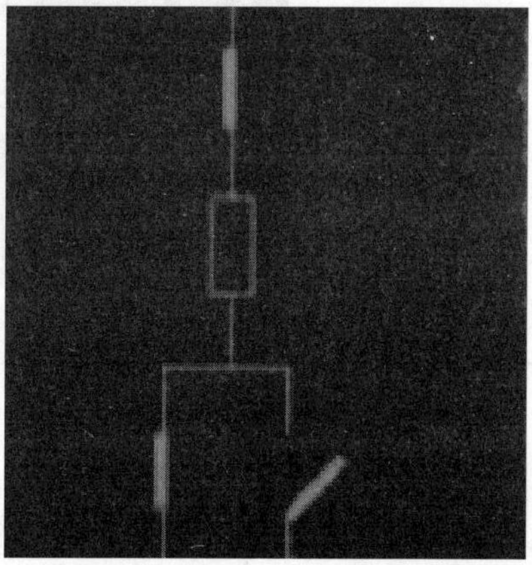

图 10-4　调度员潮流开关变位操作后界面

2. 发电机处理调整操作

发电机处理的调整也是调度员经常进行模拟操作的，调度员潮流软件提供了方便模拟发电机功率调整的方法。一种方法是直接在需要置数的动态数据发电机有功或无功上单击右键，选择菜单项的“人工置数”，在弹出的对话框中输入数值并确定即可；另一种方法是在发电机图元上单击右键，单击菜单项“设定出力”，可以通过输入数值或拖动滑杆进行设置，数组输入框和滑杆都自动将输入数据限制在限值允许的范围内。

3. 负荷功率调整操作

负荷功率调整直接在需要置数的动态数据有功或无功上单击右键，弹出如图 10-5 所示的菜单，单击菜单项“人工置数”，再在弹出对话框中输入数值并确定即可。

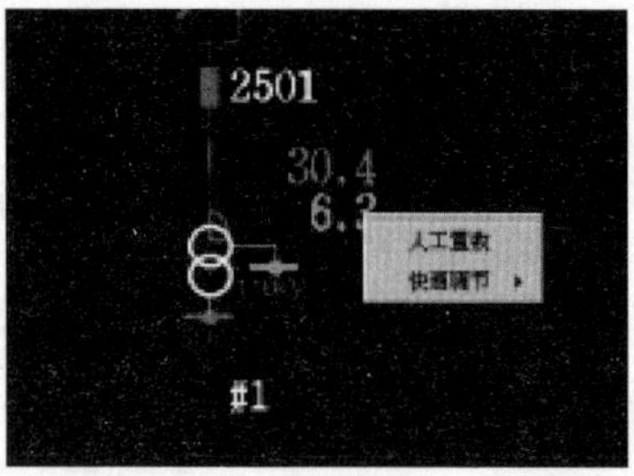

图 10-5　调度员潮流负荷功率调整操作

4. 变压器挡位调整操作

直接在动态数据变压器分接头上单击右键，弹出如图 10-6 所示的菜单，单击菜单项“人工置数”，再在弹出对话框中输入数值并确定即可；单击菜单项“快速调节”，它具有“升”“降”“额定值”“上限”和“下限”五个下拉项，直接单击就完成了分接头的设置，其中“升”和“降”每次变化一档，“额定值”对应额定变比，“上限”和“下限”分别对应最高档和最低档。

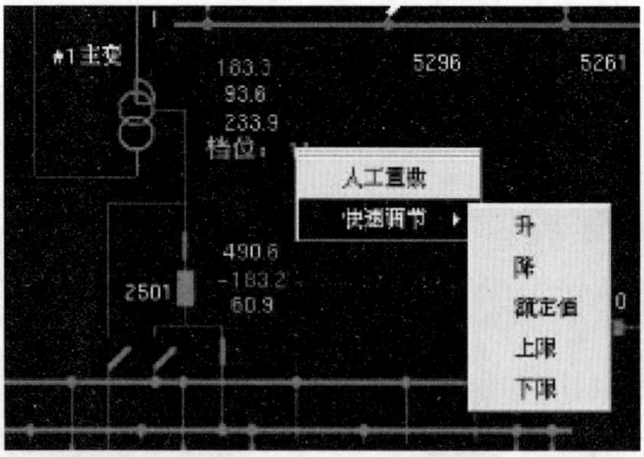

图 10-6　调度员潮流变压器挡位调整操作

5. 线路停运操作

在线路图元上单击鼠标右键，弹出“停运”菜单，单击该项将自动断开线路两端的断路器，使线路处于停运状态，其停运操作（一）和停运后界面（一）如图 10-7 和图 10-8 所示。

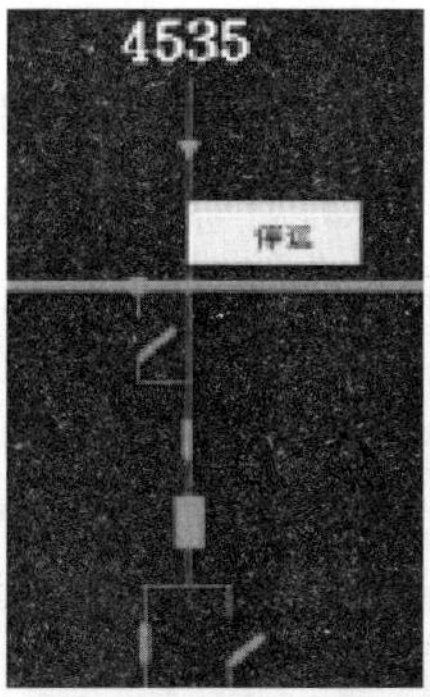

图 10-7 调度员潮流线路停运操作（一）

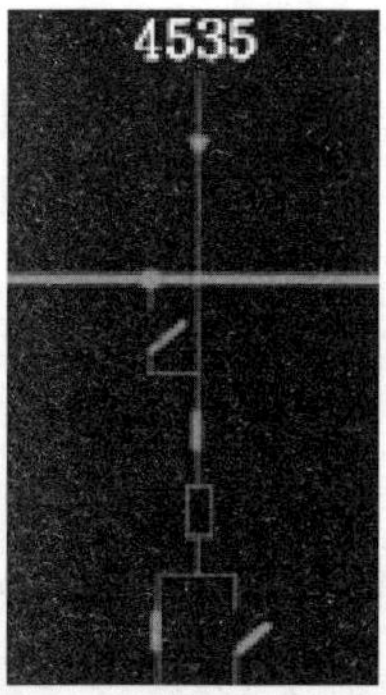

图 10-8 调度员潮流线路停运后界面（一）

6. 变压器停运操作

在变压器图元上单击鼠标右键，在弹出的菜单上单击“停运”项，将自动断开变压器各侧的断路器，使变压器处于停运状态，其停运操作（二）和停运后界面（二）如图 10-9 和图 10-10 所示。

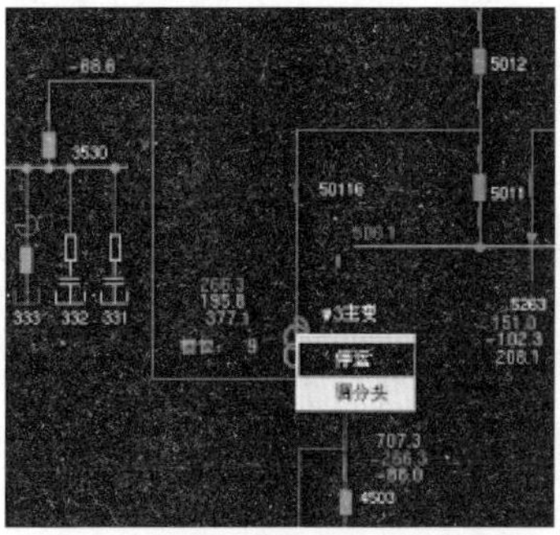

图 10-9 调度员潮流线路停运操作（二）

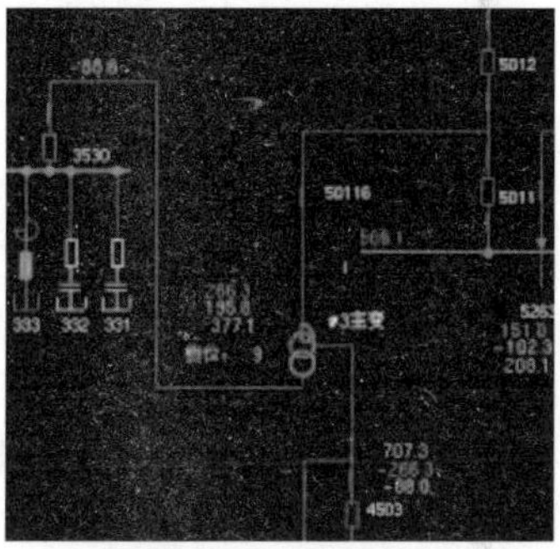

图 10-10 调度员潮流线路停运后界面（二）

7. 母线停运操作

在母线图元上单击鼠标右键，弹出“停运”菜单，单击该项将自动断开与该母线相连的所有断路器，包括线路开关、变压器开关和母联开关等，使母线处于停运状态，停运后界面（三）如图 10-11 所示。

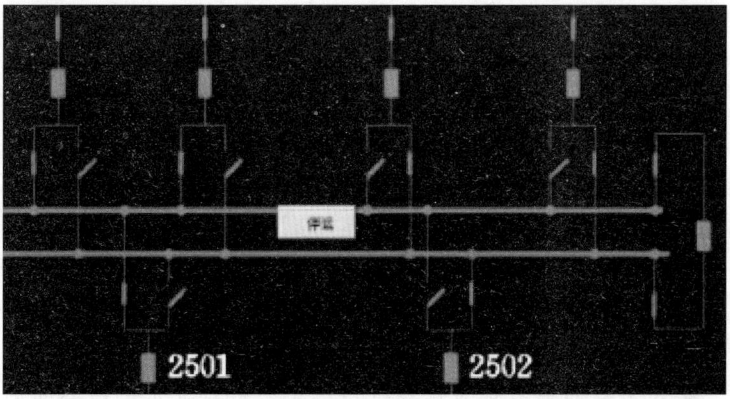

图 10-11 调度员潮流线路停运后界面（三）

8. 厂站停运操作

在厂站接线图空白处单击鼠标右键，在弹出的菜单上单击“停运本站”项，将自动断开该厂站的全部出线断路器，使该厂站处于停运状态，停运后界面（四）如图 10-12 所示。

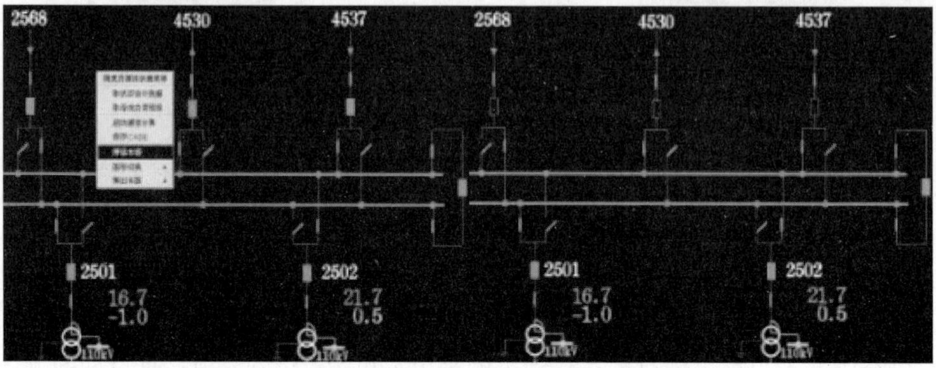

图 10-12 调度员潮流厂站停运后界面（四）

四、计算结果分析

1. 潮流计算启动

通过前面的各项设置操作之后就可以启动调度员潮流软件进行计算。在调度员潮流主画面上单击“人工启动计算”按钮，或者在调度员潮流应用下的任一幅画面空白处单击右键，弹出菜单，再单击菜单项“启动潮流计算”就开始进行潮流计算，在主画面上有相应的提示信息显示。如果启动成功，则主画面的断面时间、计算开始时间和计算结束时间会自动刷新，同时在线消息会给出关于计算过程及结果的消息。

2. 系统潮流

在一次完整的潮流计算完成以后，可以查看具体的计算结果。对潮流计算的结果可以有多种方法进行查看。首先单击图 10-1 的“系统潮流”按钮，将图形切换至系统潮流信息界面，如图 10-13 所示，这里将系统潮流计算结果按照列表进行展示。调度员潮流按照设备类型展示潮流计算结果，分别有变压器、线路、发电机、负荷、母线，同时还提供了按照区域进行潮流结果统计功能。图 10-13 给出的是线路潮流统计结果表，列表中分别统计了线路所属区域名称、厂站名称及线路中文名称，计算有功值、无功值、计算前有功和计算前无功等信息。系统潮流结果还可以通过厂站图进行查看，只要打开具体厂站图，将应用切换至调度员潮流应用下就可以查看潮流计算结果。对其他类型潮流结果与线路结果列表相似，可以通过图形上对应的按钮单击进入查看，在此不再赘述。

3. 潮流转移

对调度员来说，经常要在模拟操作后查看系统运行方式变化后的潮流转移情况，可以对系统潮流情况有个更为全面的了解。调度员潮流软件还提供了潮流转移统计功能，只要单击主画面的“潮流转移”按钮可将图形切换至潮流转移画面，如图 10-14 所示。潮流转移功能提供了线路和变压器潮流转移门槛值设定，可以根据实际情况进行设置，以更合理地显示潮流转移统计结果。在列表中列出了潮流转移计算结果，分别显示了设备所属厂站名称、设备名称、开断前潮流、开断后潮流、潮流转移量和潮流转移百分比等信息。

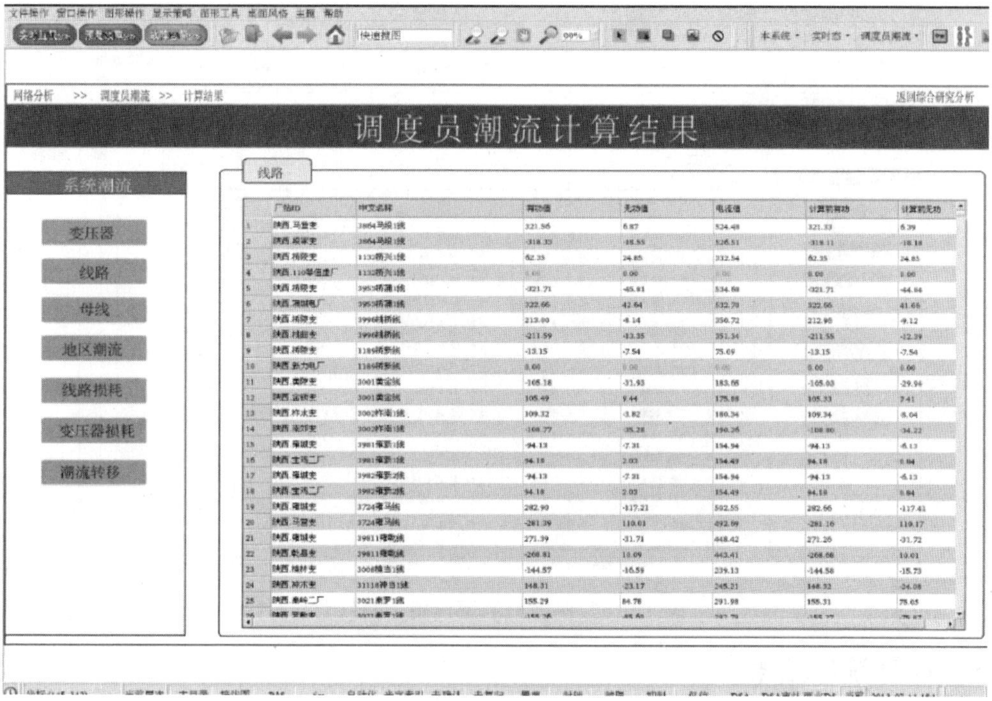

图 10-13　调度员潮流系统潮流信息

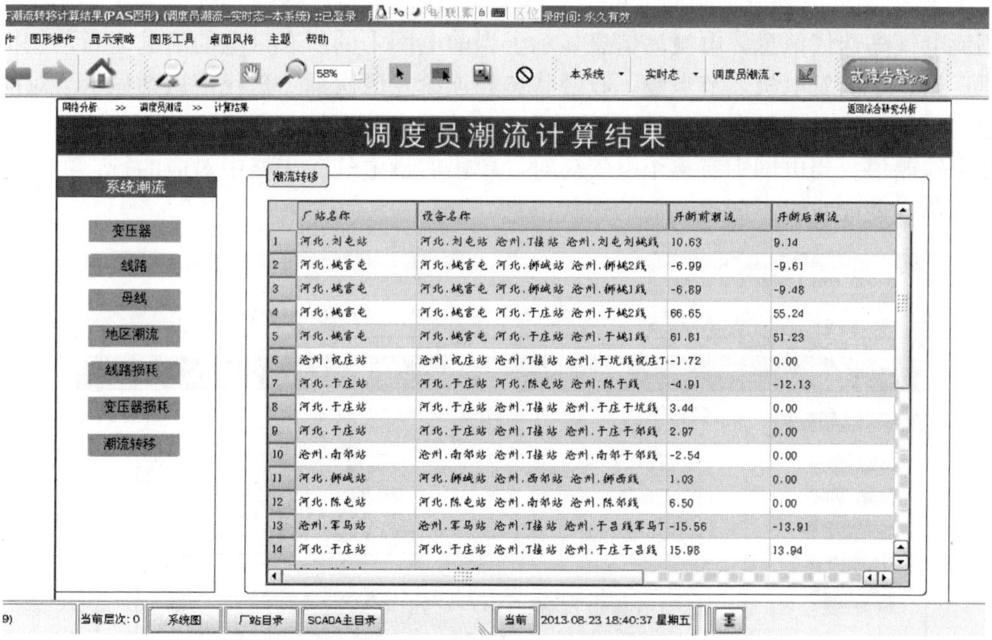

图 10-14　调度员潮流转移统计

4．设备损耗

调度员潮流还提供了设备损耗计算功能，主要对变压器和线路上的潮流损耗进行了统计，按照变压器和线路分类显示，图 10-15 为线路潮流设备损耗统计结果。分别给出了线路名称、端点所属厂站名称、所属区域名称、有功损耗、无功损耗和电流上下等信息。

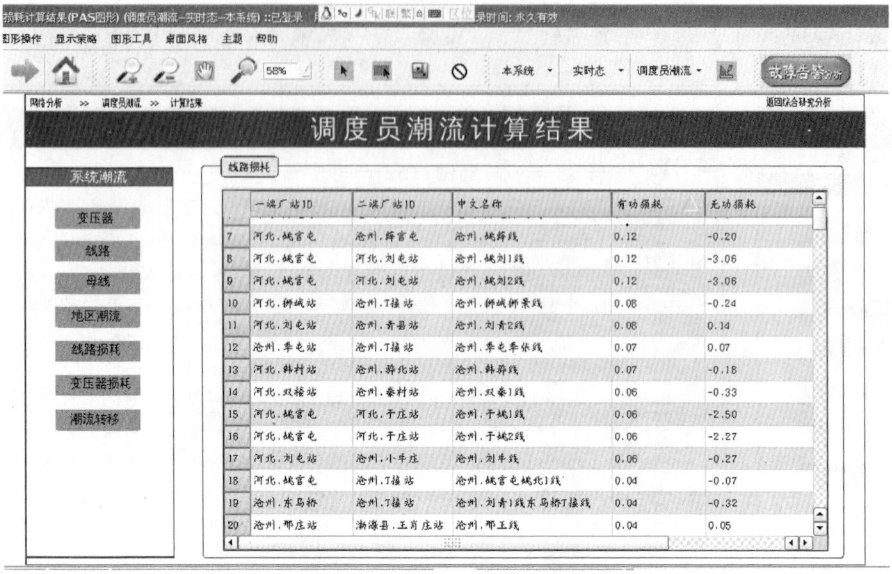

图 10-15　调度员潮流设备损耗统计

五、计算统计结果

1. 电气岛/迭代信息

在图 10-1 调度员潮流主画面上单击“电气岛/迭代信息”按钮，弹出如图 10-16 所示调度员潮流电气岛迭代信息。电气岛信息显示了当前电网中的所有带电的活电气岛，包括平衡发电机厂站、平衡发电机、节点数、收敛状态和连续发散次数。迭代信息则显示了对应电气岛的迭代过程，记录了每次迭代的有功和无功偏差最大节点信息，包括节点厂站名、电压等级和功率偏差值。当电网中有多个电气岛时，单击右键电气岛表格中对应的行，再单击弹出的右键菜单，就能查看不同电气岛的迭代信息。

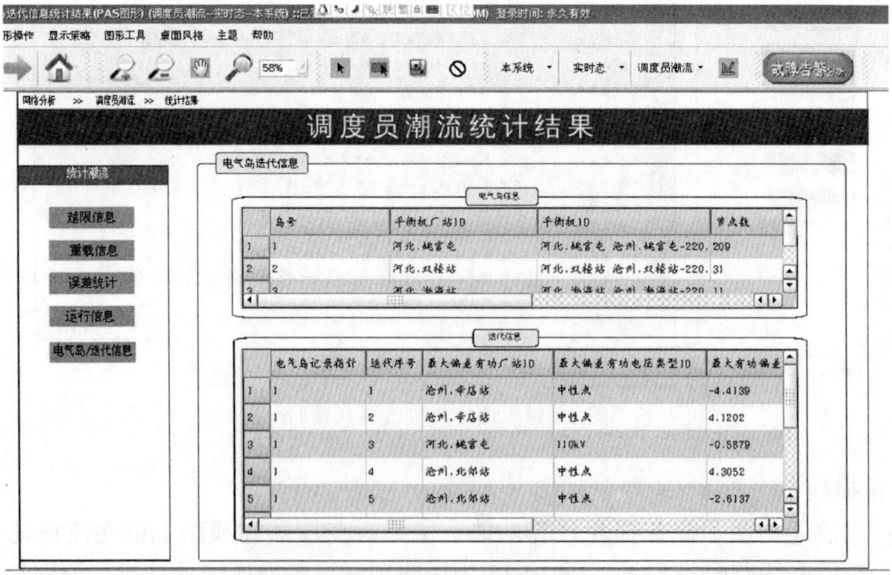

图 10-16　调度员潮流电气岛迭代信息

2. 设备越限重载

潮流计算完成以后，为了更好地掌握电网在运行方式改变后的具体情况，调度员潮流软件自动将设备的实际潮流与安全限值进行比较，分析统计了各种设备的越限和重载情况，在此提供了线路电流、变压器功率、发电机功率和母线电压的越限和重载情况统计。在主画面上单击“越限/重载”按钮，将图形切换至越限/重载界面，母线越限重载信息如图 10-17 所示。

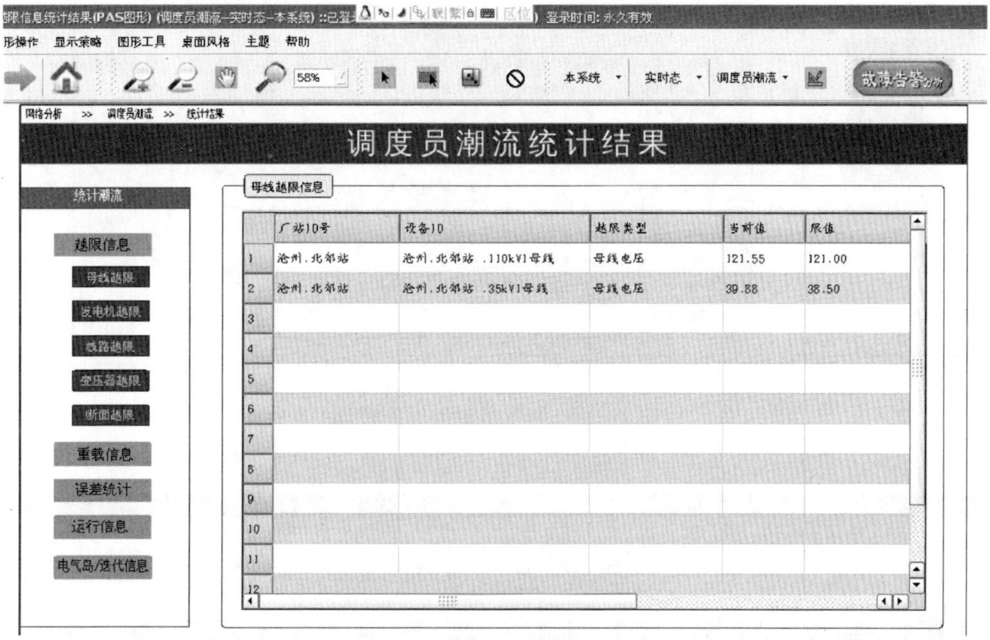

图 10-17 母线越限重载信息

3. 误差统计

调度员潮流软件还提供了误差统计计算功能，方便调度员进行误差统计。在潮流模拟计算完成后，可以从主画面单击“误差统计”按钮，进入误差统计画面。单击“启动误差统计”按钮，程序自动统计每个测点模拟计算值和实际量测值相比的误差，并统计出全网平均误差，统计方法遵循实用化考核细则。在表格中全部列出所有测点的 SCADA 量测值、潮流模拟计算值、考核基准值以及测点误差等内容。同时还可以单击“保存误差断面”对误差计算断面进行保存，在在线消息上有相关信息显示。保存过的断面除了在图 10-18 中能够显示以外，还能在 CASE 管理界面中进行查询。在取出误差断面时，除了将各个设备的潮流量取出，并显示到厂站图上外，还能自动将误差统计情况更新到图 10-18 中，并由此进一步对局部厂站做误差统计。

如果只关心部分厂站的误差情况，单击“局部误差统计”按钮，弹出图 10-19，在左边的“厂站名称”栏内选择需要关心的厂站，再单击“启动局部误差统计”按钮，则在右边部分过滤掉没有选中的厂站，只列出选中厂站的所有设备的误差统计情况。同时对所重点关注的设备可以做进一步的误差统计，在图中右半部分列表中对需要关注的设备在局部误差统计列中双击，在弹出对话框中选择“是”。设置完成以后单击“误差统计详细计算”按钮启动计算，此时列表中显示为误差统计详细计算结果。

图 10-18　调度员潮流误差统计

图 10-19　调度员潮流局部误差统计

调度员潮流软件对误差统计的误差断面保存操作有具体的历史记录，如图 10-20 所示。在误差统计历史记录中提供了操作时间、用户名和保存断面名称等信息。

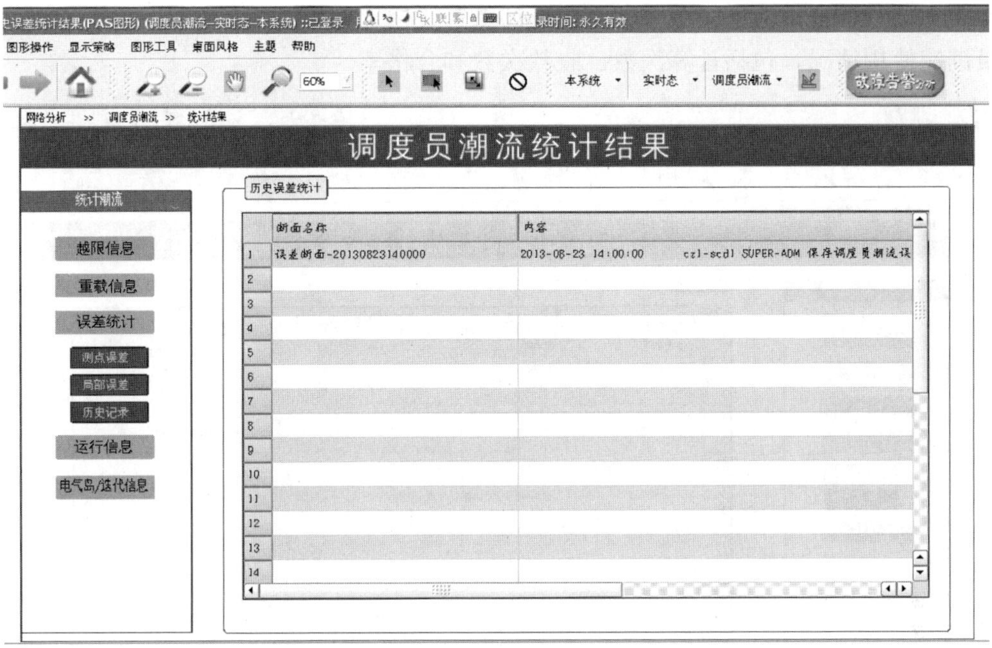

图 10-20　调度员潮流误差统计历史记录

4. 运行信息

在主画面上单击“运行信息”按钮，弹出调度员潮流设备损耗统计，如图 10-21 所示，对于每一次操作，均记录了操作的时间、节点、用户、任务、状态和设备操作名称等信息，方便以后对使用人员的考核检查。

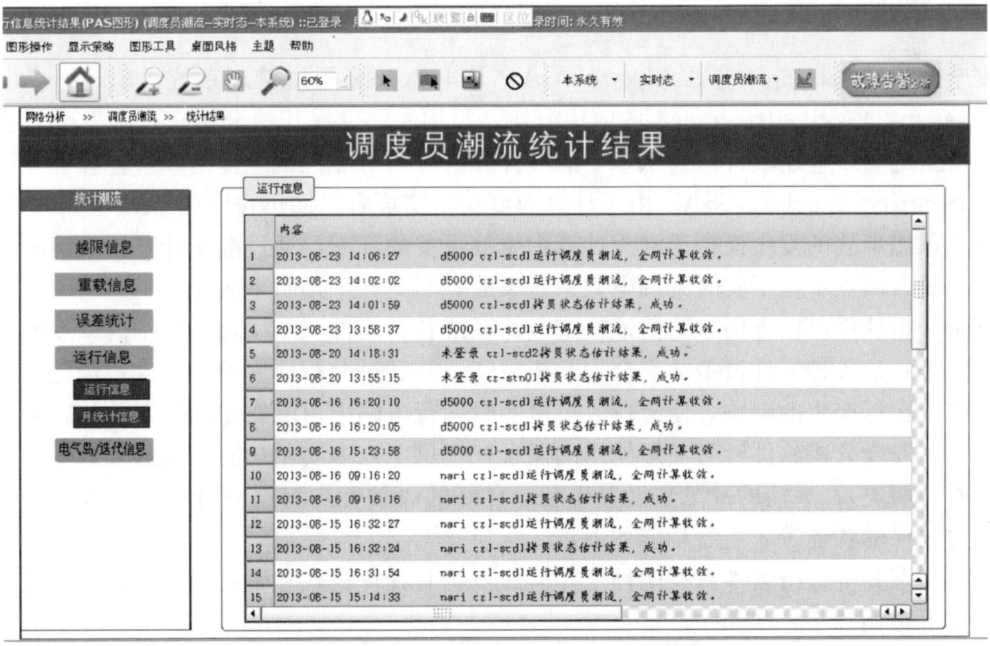

图 10-21　调度员潮流设备损耗统计

在历史运行信息画面上，单击“月统计信息”按钮，如图 10-22 所示，统计了每个月的调度员潮流使用情况，包括计算次数、收敛次数和合格率。

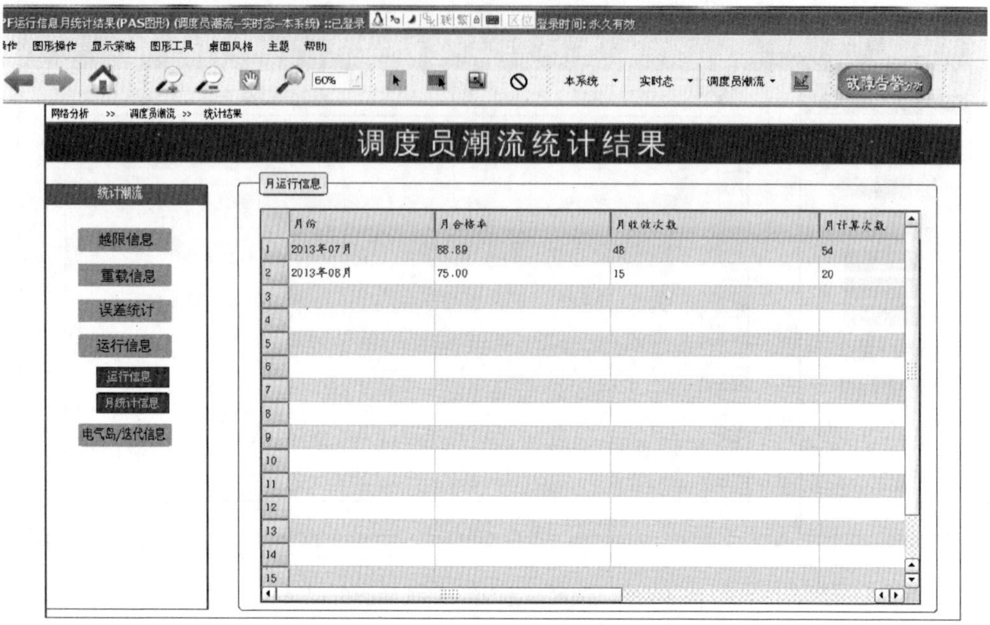

图 10-22　月统计信息

模块二　静态安全分析

一、简述

安全分析（Contingency Analysize，CA）是电力系统能量管理系统（Energy Management System，EMS）中一个重要的应用模块，是用来辅助操作员分析在系统发生紧急情况下是否安全的高级应用软件。自从基于潮流计算的静态可靠性概念提出以来，静态安全分析（Static Security Anaylze，SSA）由于计算速度快，实现容易而迅速应用于 EMS 中。静态安全分析将预想事故的发生模拟为潮流计算中事故设备的开断，通过潮流计算技术确定系统的安全性，其着眼点不在于实时处理电力系统事故，而是在于预防事故。

安全分析软件可以方便、简捷地设定电力系统各种元件（如线路、变压器、发电机、负荷和母线等）及各种元件设备的组合为预想故障，并通过分析计算确定出这些预想故障对电力系统安全运行产生的影响，使运行人员对实时运行电网中可能发生的故障及其后果有个预测性认识。安全分析软件针对实际使用的需求，提供了众多实用功能，包括数据来源的多样性（实时、历史），灵活的故障集设置机制，良好的收敛性与辅助分析功能，方便直观的检查、监视结果的功能等，主要功能如下：

（1）静态安全分析软件具有两种工作模式：实时计算模式和研究计算模式，并且两种模式结果互不影响。

（2）对实时计算模式可以通过周期计算、人工启动或者事件触发等启动计算，自动获取实时状态估计结果启动计算进行安全分析。

（3）对研究计算模式可以获取调度员潮流计算结果和历史方式，作为静态安全分析的初始方式进行安全分析。

（4）可以方便地设置系统电气元件设备及组合故障的开断扫描分析。

（5）提供方便快捷的多重预想故障定义工具，提供预想故障集的定义，方便用户按照自己的关注点进行多重故障的选择，对预想多重故障组合及设备的使用与否进行设置。

（6）提供了分类统计，分地区及分时段统计安全分析的越限结果功能，并可以方便地查询。

（7）支持多用户功能，各用户可以同时进行计算而不互相影响。

二、计算准备

对静态安全分析计算而言，总是在某一个初始的运行方式上进行的。这种初始方式可以是状态估计提供的实时运行方式，通过调度员潮流调整好的特殊方式，也可以是以往保存的历史运行方式。对实时计算模式而言都是自动获取最近一次状态估计收敛的断面作为初始运行方式进行计算，无须人工手动去获取的，因此本节所讲的初始方式准备只能在研究计算模式下使用。

1. 取实时方式

有两种方法获取状态估计的实时断面。在如图 10-23 所示的静态安全分析主画面上直接单击“取状态估计数据”按钮；或者在任意画面上切换到安全分析应用以后，在空白处单击右键，再单击“取状态估计结果”项。在完成状态估计的拷贝以后，静态安全分析的主画面上有相应的提示信息，断面时间也会相应地更新，厂站图上安全分析应用下显示的设备潮流与状态估计应用下显示的值一致。

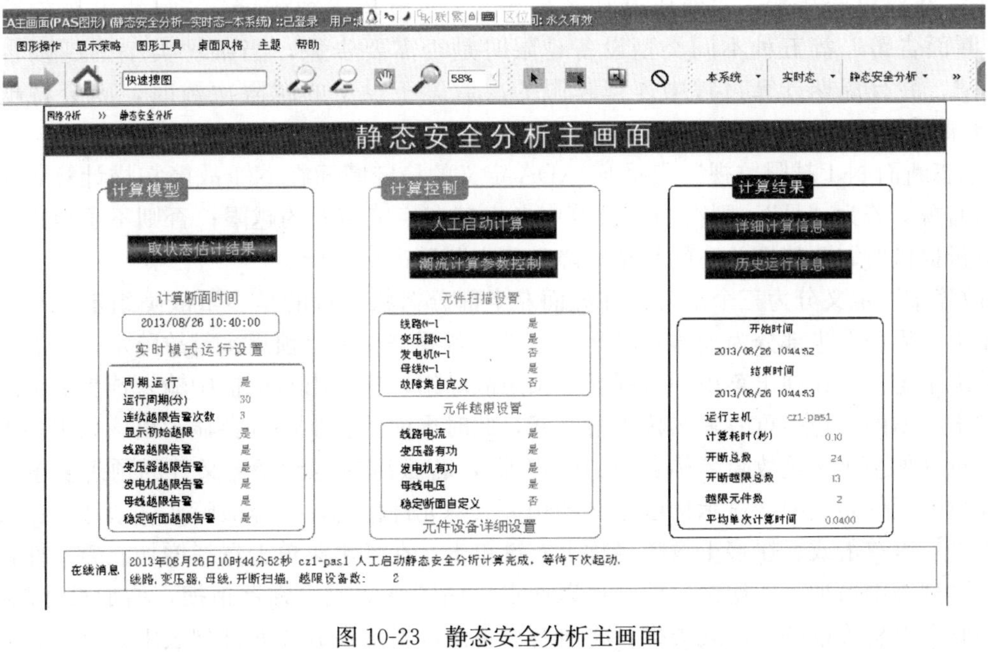

图 10-23　静态安全分析主画面

2. 取历史 CASE 数据

在静态安全的主画面上直接单击“取历史 CASE”按钮，弹出历史断面管理界面。选择数据类型为数据断面，通过菜单条可以输入起始日期、结束日期和当前应用［一般选择状态估计（PAS_RTNET）和调度员潮流（PAS_DPF）］来查询系统保存的CASE断面。按照需要查询日期及应用设定完成后就可以看到在选定范围内的断面信息索引。选中所关注的断面单击右键，在弹出的右键菜单中选择“取出断面”选项，应用名选择为“静态安全分析”，按确定以后就完成了将历史CASE断面读到本机对应的静态安全分析研究模式中。在完成历史数据读取后，静态安全分析的主画面上有相应的提示信息，断面时间也会相应地更新，厂站图上安全分析应用下显示的设备潮流与状态估计应用下显示的值一致。

3. 初始参数设置

静态安全分析初始参数设置包括实时模式计算运行参数的设置和自定义故障集、自定义断面和自动装置动作条件定义等方面。

实时模式计算运行参数的设置在图10-23所示静态安全分析主画面就可以设置，下面就具体含义做一个简单说明。

“周期运行”是静态安全分析是否周期计算的标志，若为“是”，则会按照周期进行计算。

“运行周期”是静态安全分析周期计算时的周期时间，以分钟为单位。

“连续越限告警次数”是静态安全分析计算中设备连续越限后告警门槛值，当达到设定值后会登录告警窗提示调度员。

“显示初始越限”如果置为“是”，则在开断结果中还会继续显示这些越限设备；如果置为“否”，则在开断结果中不会显示这些越限设备，仅在基态计算结果中显示。

实时模式安全分析在周期运行过程中，如果某个设备在连续几次的开断计算中都越限，可以通过设置将这些设备的越限情况登录到告警窗，供以后查询。在主画面上分别提供“线路电流告警”“变压器功率告警”“发电机出力告警”“母线电压告警”和“稳定断面告警”等五种不同类型设备越限时是否需要告警，当某种类型的越限告警设为“是”，并且周期计算过程中连续越限的次数等于设定的越限次数时，则会将越限的设备登录到告警窗。

“基态断面N-1越限监视”表示SCADA定义的稳定断面在N-1故障扫描计算中是否进行越限监视，若为“是”，则在N-1计算中考虑基态稳定断面的越限；否则不予考虑。静态安全分析提供对需要特别关注的复杂故障和稳定断面进行分析。

“故障集”定义分为三个部分：在界面左半部分树状布置的是多重故障组定义和预想故障集定义，界面右半部分为具体故障元件定义。若要增加一个预想多重故障定义，右键单击预想故障组定义，在弹出菜单中选择新增预想故障组，在弹出对话框中输入预想多重故障名称；双击新增的预想多重故障名称进行激活，此时界面的右半部分会显示出该预想多重故障基本信息（如预想多重故障名称、应用模式等），若激活的是已经定义好的预想多重故障名称，在故障元件列表中会显示出已定义的相关故障元件信息；具体故障元件增加，在故障元件列表中右键单击或者在多重故障名称上右键单击，在弹出菜单上选择增加故障元件，会在故障元件列表中增加一条记录，此时可以通过厂站图画面或检索器拖拽，增加具体的线路、变压器和发电机等设备。以此类推，将所有设备全部增加在故障元件列表中，就完后一个多重故障集的定义。

预想故障集是为不同需求的故障计算而增加的定义，其定义主要建立在预想多重故障已经定义好的基础上，实现对多重故障的多样化使用，如图10-24所示。若要新增一个故障集，右键单击预想故障集定义，在弹出菜单中选择新增预想故障集，若为修改一个故障集定义，则只需要双击被修改故障集名称，会弹出预想故障集定义对话框。界面分为左右两个部分，其中左边显示故障集信息和已选择需要计算多重故障信息，右半部分显示已定义而未选择的多重故障信息。故障集信息显示要定义或修改故障集名称，若为新增则需输入故障集名称。在已定义的多重故障信息列表中，选择需要该故障集进行控制计算的选择向左移动按钮，就可以增加到该故障集中。

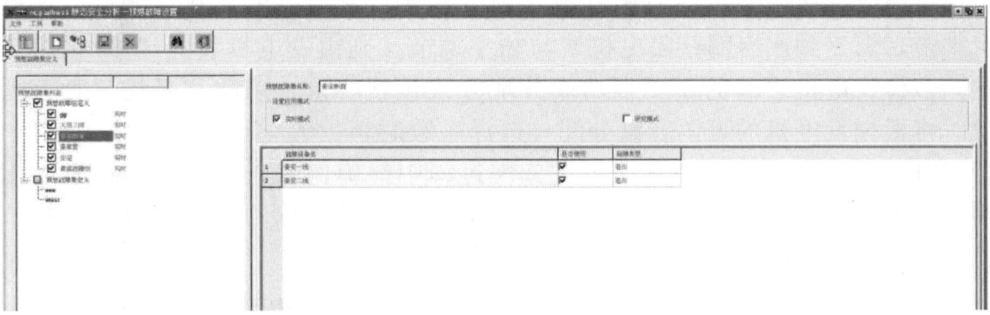

图 10-24　静态安全分析自定义故障设置界面

静态安全分析在对每个开断分析结束以后，除了检查线路电流、变压器容量、发电机出力和母线电压等单个设备的越限情况以外，还可以监视由线路和变压器组成需要重点关注的稳定断面有功。一般重要的稳定断面已经由 SCADA 统一设置，安全分析时可以直接使用。除了这些稳定断面以外，在进行安全分析时，还可以额外定义一些监视断面，通过单击主画面上的“自定义断面”按钮，弹出如图 10-25 所示自定义断面设置界面，可以方便地定义用户所关心的断面潮流。自定义断面界面的操作设置和多重故障集的定义界面一样，在此不再赘述。

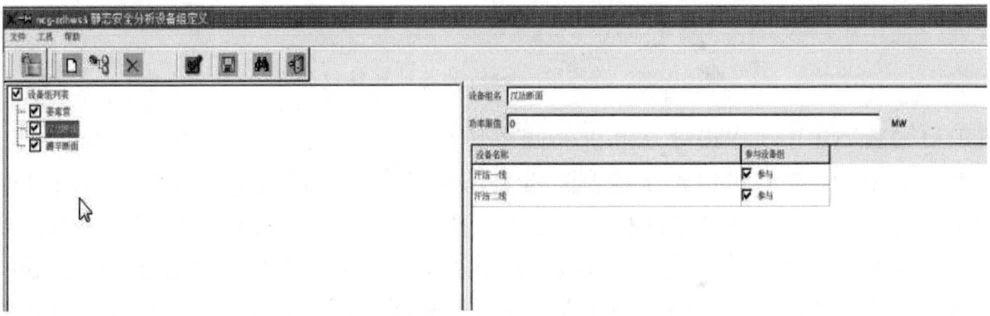

图 10-25　静态安全分析自定义断面设置界面

三、运行参数设置

1. 潮流计算参数

静态安全分析归根结底是进行潮流计算，因此不可避免要对潮流计算的一些参数进行控制。在如图 10-23 所示的主画面上单击“潮流计算参数控制”将图形切换至潮流参数管理界面，在潮流参数管理画面上既可以设置计算最大迭代次数、收敛判据、不平衡功率分配方式等计算参数信息，也可以设置发电机的参数。

如图 10-26 所示，图中靠上一张表列出了计算参数信息，设置方法为双击动态数据，在弹出对话框中进行设置操作。最大迭代次数是每进行一次潮流计算的迭代次数上限，设定值在 20～50 之间。平衡发电机为最大电气岛内的电压相角参考点，潮流计算时由程序自动确定，不需要用户设置。不平衡功率分配方式主要用于设置系统不平衡功率的分配方式，一般有以下四种方式，即平衡机吸收、多机容量分配、多机系数分配和多机平均分配。当选择平衡机吸收时，电网的不平衡功率（包括发电、负荷和网损）都将由平衡机吸收；当采用其他三种方式时，电网的不平衡功率将由多台发电机负责平衡，至于到底有哪些发电机参与功率调节，则由发电机表的“参与有功调节”域决定。多台发电机之间的不平衡功率分配方式包括容量、系数和平均三种方式。选择容量时将根据发电机的可调容量分配，选择系数时根据人工设置的系数按比例分配，选择平均时则平均分配不平衡功率。在分配过程中，确保发电机的出力在最大出力和最小出力范围内。参与计算的最小节点数设置主要用于计算的电气岛所含计算节点的最小值。收敛判据为潮流收敛时的最大功率偏差量值。

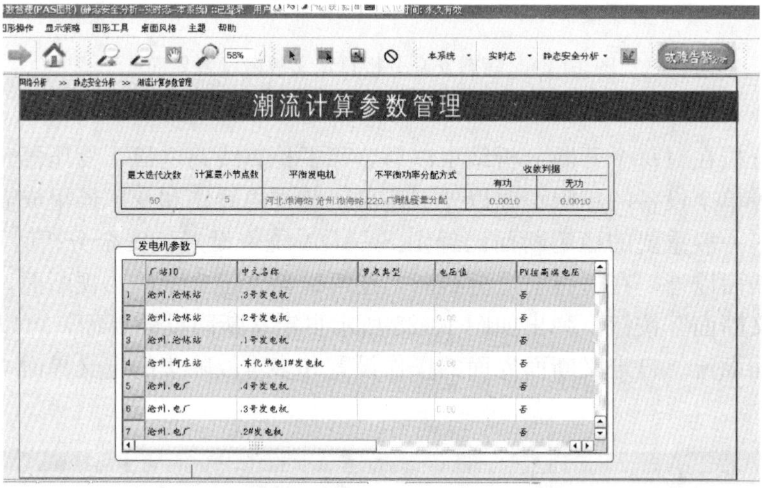

图 10-26　静态安全分析潮流计算参数设置

发电机参数列表中可以设置发电机的调节特性，包括节点类型（平衡节点、PQ 节点、PV 节点等)，对 PV 节点可以设定控制机端电压还是高压侧母线电压以及控制的目标电压值，对按指定系数参与有功调节的机组可以设置比例系数。这些特性的设置方法为：双击需要修改的单元格后选择菜单项或者输入数据后单击确定，再查看列表中所修改的数据，如果已经更新表示修改成功。同时列表中还提供了按照地区、厂站的快速查询功能，在列表名称栏对所需要筛选的列（如厂站或区域）单击右键，在弹出菜单中选择快速查询后在弹出的对话框中可以输入所需要的关键词进行筛选。

2. 元件开断扫描设置

静态安全分析软件在准备好待分析的初始运行方式断面以后，便可以进行大量的安全分析计算。可以进行分析计算的预想故障包括电气元件及组合的开断，而对哪种类型设备进行 N-1 就需要人工手动设置。目前该软件已经提供多种控制逻辑，从地区、电压等级及需要重点关注的设备等方面入手，可以满足不同用户的需求。

设备的 N-1 开断扫描目前提供了对线路、变压器、发电机、母线和自定义多重故障的开断故障分析。在图 10-23 所示主画面上列出了线路 N-1、变压器 N-1、发电机 N-1 和母线 N-1 的计算设置情况，其设置非常灵活方便。如果对哪种设备类型要进行开断安全分析，只要用左键双击信息结果的动态数据（是或者否），在弹出的对话框中直接选择“是”或“否”即可。

3. 元件越限监视设置

静态安全分析在开断计算过程中，可能会有很多设备越限，如果对有些设备越限不关心，通过参数设置可以不显示这些设备的越限。其具体设置分两级：在主画面上单击“设备越限监视控制”，在弹出的线路/变压器越限监视设置图上，如果线路电流越限监视置为“否”，则所有线路电流越限都不显示；如果置为“是”，并且每条线路的越限检验置为“是”，则该条线路越限会显示，否则也不显示。对于稳定断面、变压器、发电机和母线的越限，可以同样设置。

4. 元件设备详细设置

在对设备类型的开断扫描及越限监视进行设置后，还可以对具体设备的开断扫描和越限监视进行设置。单击主画面上的元件详细设置按钮将画面切换到设备详细设置界面，如图 10-27所示，就可以对需要安全分析的元件进行更为详细的设置。静态安全分析软件除了提供对线路、变压器、发电机、母线、故障组和断面设置之外，还可以按照地区进行设置，只要单击图 10-27 所示的区域按钮，就可以进行相应的设置。

图 10-27　静态安全分析潮流计算参数设置

四、计算结果分析

1. 安全分析计算启动

通过前面的各项设置操作之后，就可以启动静态安全分析软件进行计算。在图 10-23 静态安全分析主画面上单击“人工启动计算”按钮，或者在静态安全分析应用下的任一幅画面空白处单击右键，弹出菜单，再单击菜单项“启动安全分析”就可以开始进行静态安全分析计算，在主画面上有相应的提示信息显示。如果启动成功，则图 10-23 所示主画面的断面时间、计算开始时间和计算结束时间会自动刷新，同时在线消息会给出关于计算过程及结果的消息。同时在画面上也提供了诸如计算耗时、开断总数、开断越限总数和越限元件数等计算结果统计信息。

2. 详细计算信息

在一次完整的安全分析结束以后，可以对设备和断面的开断越限情况进行详细的查询和分析。单击静态安全分析主画面上的“详细计算信息”按钮，画面切换至详细计算信息的开断越限统计信息界面，如图 10-28 所示，详细计算信息包括了越限统计信息、设备开断信息、设备越限信息。在开断越限统计信息图的列表中给出了详细的开断越限统计信息，按照开断类型和越限类型进行统计，其中设备开断类型以行表示，设备越限情况以列显示，并且都有相应的总加量。列表中开断类型包括了线路 N-1、变压器 N-1、发电机 N-1、母线 N-1 或自定义故障，还有基态和总的计算信息。开断总数为对应于开断类型总的开断个数，越限总数为对应于开断类型的越限设备个数，线路越限数、变压器越限数、发电机越限数、母线越限数和断面越限数表示了对应开断类型下各类设备越限个数。

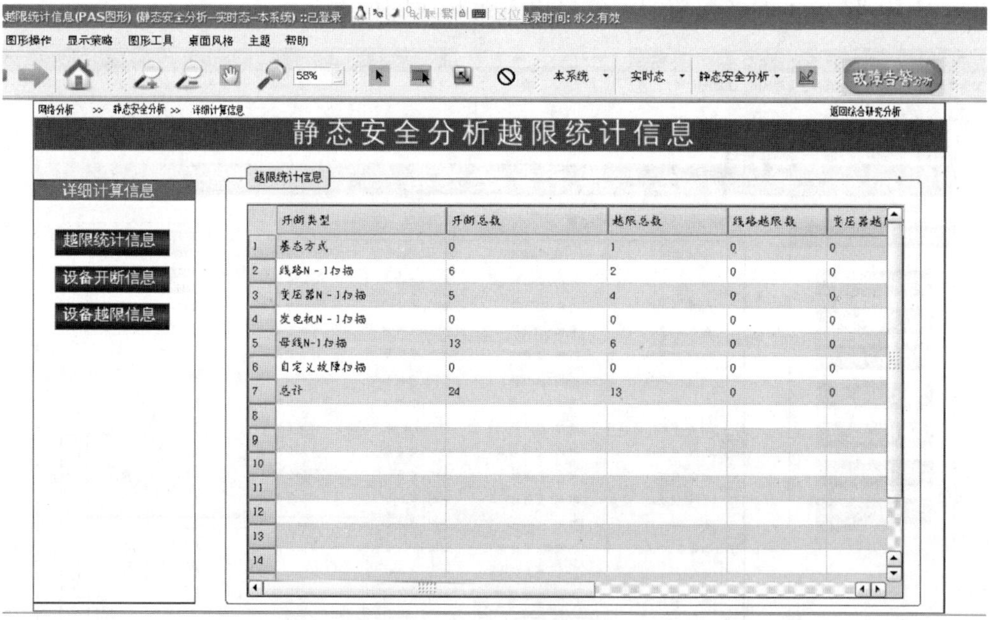

图 10-28　静态安全分析越限统计信息画面

在图 10-28 画面上单击“设备开断信息”按钮，就可以切换到按照设备开断计算统计的计算结果。图中开断信息列表提供了所有开断扫描设备信息，包括设备所属区域和厂站名称信息，以及开断扫描结果信息，如结果类型和越限元件数。区域和厂站名称为开断扫描时开断设备所属区域或厂站的描述，若为自定义故障、基态计算或总计信息时该项为空。设备名称为开断扫描时具体开断设备的描述，自定义故障时表示故障组的名称。开断结果显示为越限、失电等。越限元件数为当前开断的越限数量，是线路、变压器、发电机、母线和断面越限数量的总和。若要查看开断设备所影响的越限设备，只要在开断信息表中需要关注的开断设备单击右键选择查看列出具体信息，就可以在相关越限设备列表中查看详细信息。越限设备列表给出了设备越限时的计算值及越限率等信息。同时通过该表还可以与相关开断设备列表实现互动，若要关注越限设备由哪些设备开断所影响，只要对所关注越限设备单击右键查看列出对应开断设备就可以查看具体开断设备。也可以在开断设备列表对所关注开断设备单击右键选择查看列出对应越限设备查看详细越限信息。

同样，也可以单击“设备越限”按钮切换至越限信息功能界面，如图10-29所示，该功能主要体现了系统在进行开断扫描时主要受影响使其越限的设备信息。越限信息列表提供了设备名称及所属区域和厂站名称信息，同时还给出了具体越限类型、最大越限值和最大越限率等。其中越限类型主要按设备类型分类，如变压器功率、线路电流、发电机功率、母线电压和稳定断面功率等；而最大越限值和最大越限率为开断设备造成的最严重越限对应值。初始值为开断以前的初始潮流值，计算值为开断以后的计算潮流值，正常限值为设备或断面的正常限值。图中所示的相关开断设备和相关越限设备列表与越限统计信息功能相同，在此不再详述。

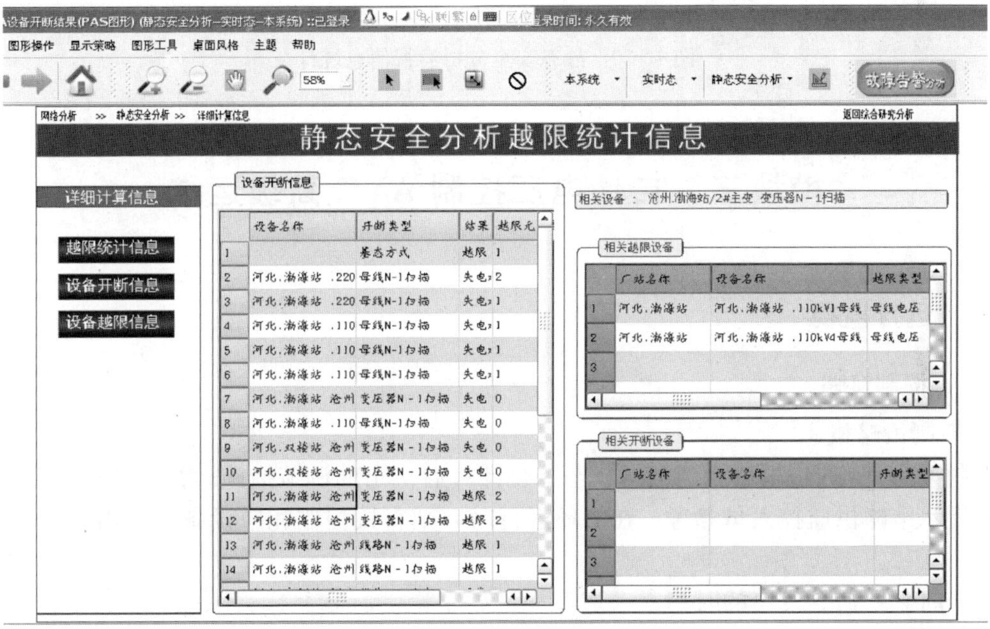

图10-29　静态安全分析开断信息统计

3. 运行信息查询

在主画面上单击“历史运行信息”按钮，切换至历史运行信息统计画面，如图10-30所示，主要包括使用记录信息、月统计信息和运行信息。其中使用记录信息列表记录了运行情况；月统计信息，按照月为时间段进行计算统计信息；运行信息主要包括计算时间、开断类型、开断总数、开断计算总数、扫描总时间、收敛次数和收敛率等。

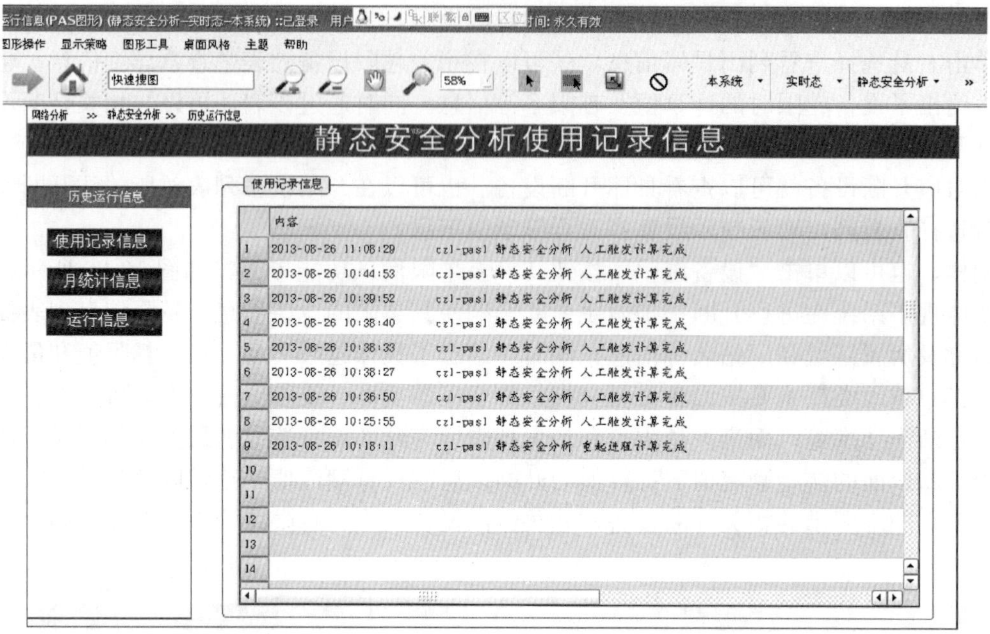

图 10-30 静态安全分析运行信息统计

模块三 自动电压控制 AVC 高级运维

一、运行监视

（一）控制策略

1. 控制策略概念

控制策略是 AVC 根据当前电网状态综合计算后得出的调节措施。在开环运行时，给出建议和提示策略供监控人员参考；在闭环运行时，则直接控制相应设备。其内容如图 10-31 所示。

命令时刻：命令发出的时刻。

厂站 ID：该命令所属厂站。

原因：命令发出的原因（如母线电压低，所属单元无功欠补等）。

措施：对该命令的响应措施（如投切电容器，调挡等）。

命令类型：开环运行时为“建议”；闭环运行时为“控制”，会下发遥控命令；若无调节措施，则为“提示”。

处理状态：对闭环运行时命令类型为“控制”的策略，发命令后在一定时间内若设备成功动作，则处理状态为“执行成功”，并记录执行时刻；否则处理状态为“执行失败”。处理状态对开环“建议”无意义。

执行时刻：闭环运行，且该策略执行成功时，展示该策略的执行时刻。

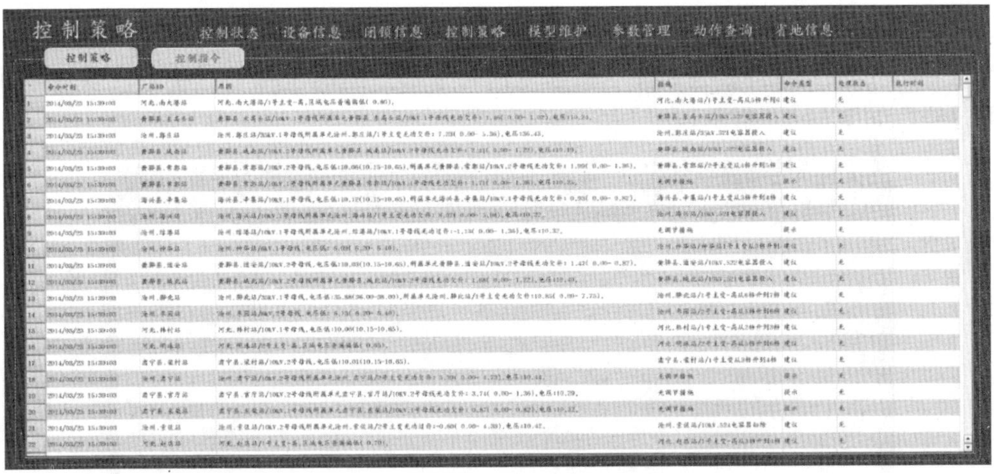

图 10-31　AVC 控制策略界面

2. 策略详细情况

在关注策略上右键单击，弹出菜单选择“显示详细情况”，AVC 控制策略如图 10-32 所示。

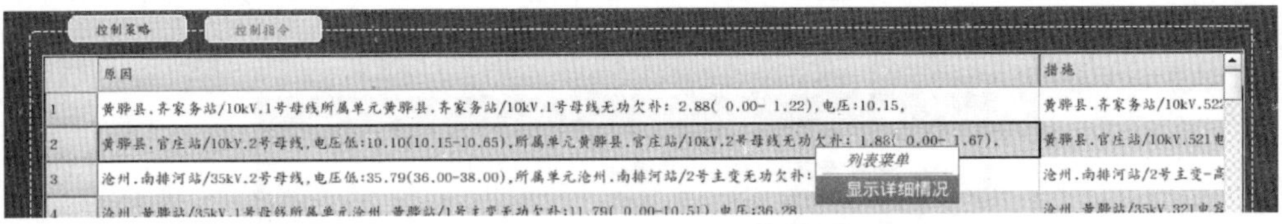

图 10-32　AVC 控制策略

弹出 AVC 控制策略如图 10-33 所示，当前策略显示，官庄站/10kV. 2 号母线：电压低，当前电压为 10. 10kV（电压限值为 10. 15～10. 65kV）；2 号母线无功欠补，当前无功 1. 88Mvar（无功限值为 0～1. 67Mvar），需要投入电容。按照容量及动作次数排序，首先考虑官庄站 521 电容器，预判通过，最终发控制策略，投入官庄站 521 电容器。

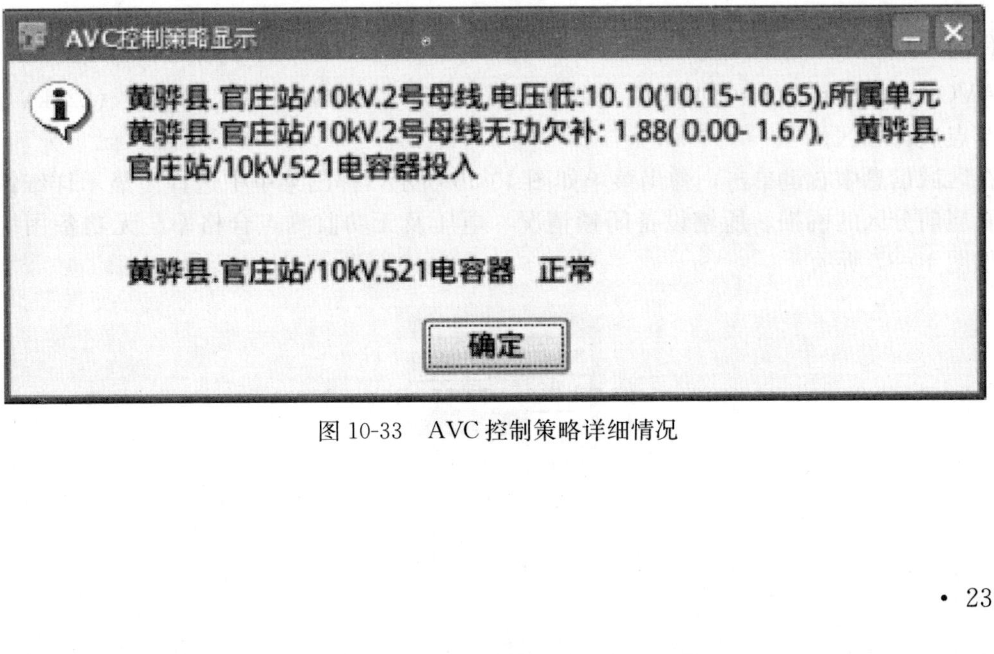

图 10-33　AVC 控制策略详细情况

（二）控制过程信息

AVC 控制过程信息界面列表显示当前电网每个节点的电压和无功状态，以及控制策略计算的过程，如图 10-34 所示。

图 10-34　AVC 控制过程信息

在任一节点记录上单击右键选择“显示详细情况”，可以看到该节点的控制策略计算过程情况，如图 10-35 所示。

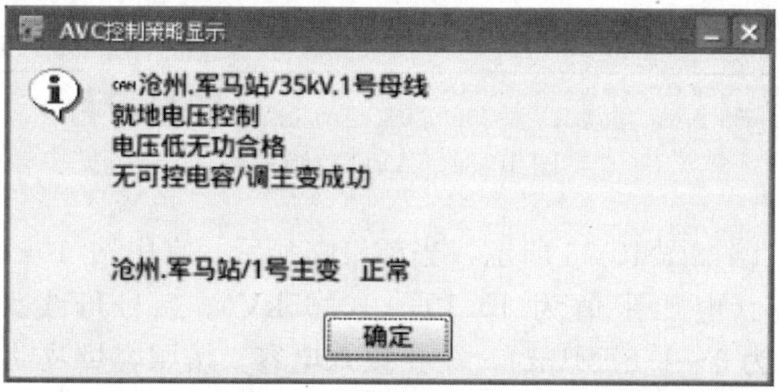

图 10-35　显示详细信息及节点策略计算过程信息

（三）分区总览

AVC 分区可设定关口类型为主变或者母线，即以 220kV 站主变或母线（220kV 母线）为根节点进行分区。

在区域信息中右键单击，弹出菜单如图 10-36 所示，弹出菜单中选择“显示详细情况”，可查看当前分区的网损、所辖设备闭锁情况、电压及无功监测点合格率、无功备用统计信息，如图 10-37 所示。

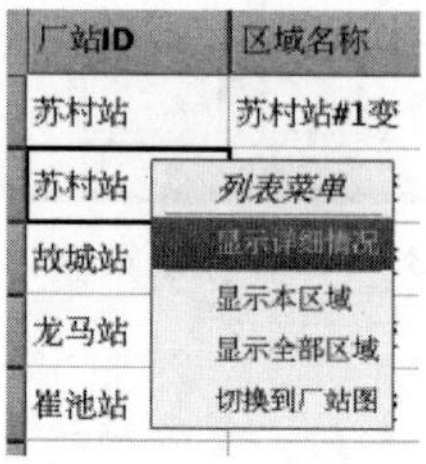

图 10-36　分区列表右键菜单

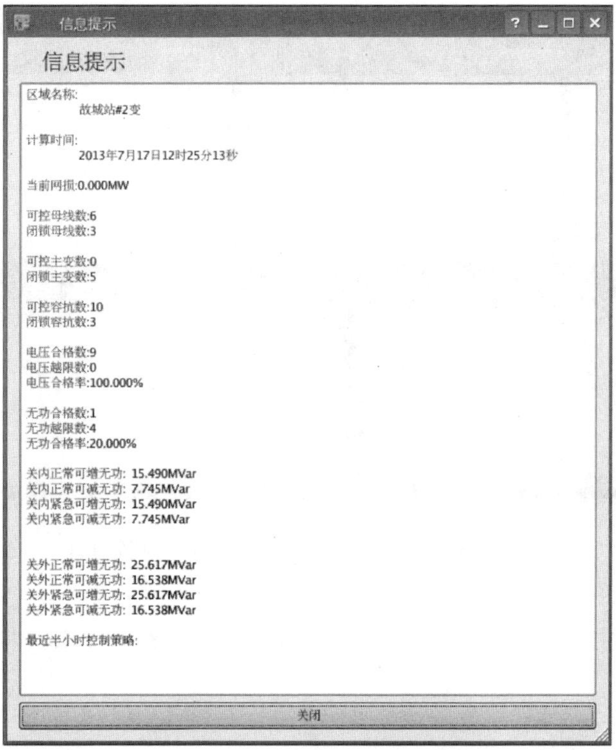

图 10-37　AVC 分区设备信息图

在厂站信息和其他设备信息表中也可以使用右键菜单显示详细信息，完成人工闭锁和解锁、解除告警及保护信号等操作。

（四）分区切换

在分区信息表中右键单击某一区域，在菜单中选择“显示本区域”，可查看该区域的详细信息，如图 10-38 所示。

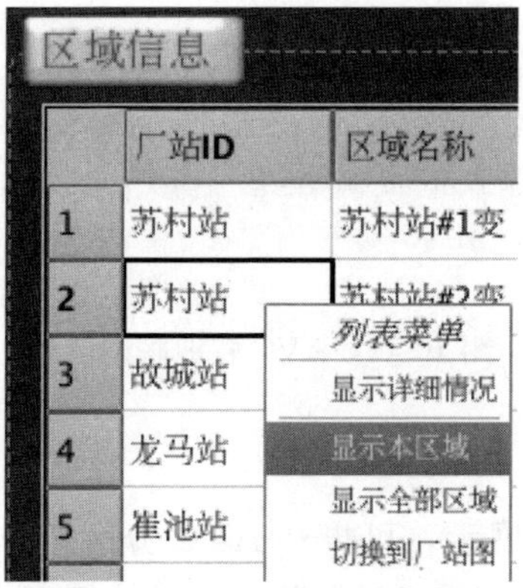

图 10-38　AVC 分区显示本区域

只显示当前分区的所属设备信息，如图 10-39 所示。

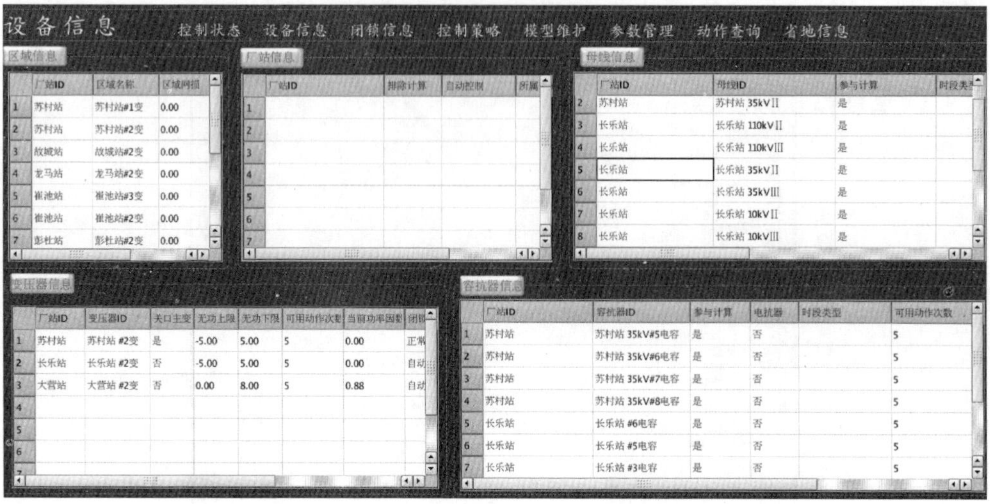

图 10-39　AVC 苏村站 2 号主变分区设备信息

可见苏村站 2 号主变分区内包含了苏村站 110kV Ⅱ母线和 10kV Ⅱ母线，下属长乐站和大营站设备。

(五) 省地联调监视

省地联调监视可浏览查看当前省地间的交换信息，如图 10-40 所示，主要有：

(1) 省调指令的下发时间，如果超时 15min，指令有效标志变为“否”。

(2) 每个关口统计的无功备用容量信息。

(3) 省调下发给每个关口的目标指令范围。

图 10-40　AVC 省地联调信息

(六) 分区拓扑展示

单击 AVC 主画面上的拓扑展示，可打开 AVC 分区拓扑展示工具，如图 10-41 所示。

通过分区拓扑展示工具可以查看 AVC 实时分区的情况，以及各节点的电压、无功和设备闭锁状态等相关信息。

在查找框内输入厂站中文拼音的首字母可以进行查找定位，比如希望查找“希望站”，可以输入“xwz”，单击“查找”即可。

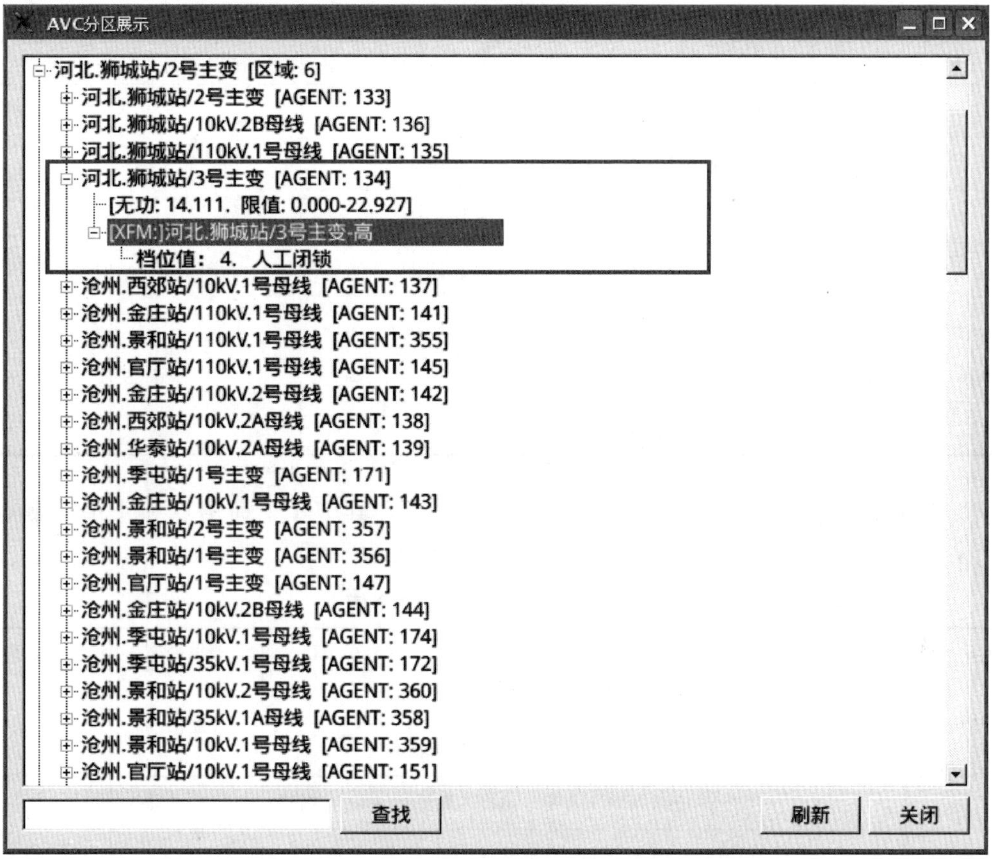

图 10-41　AVC 分区拓扑展示工具

二、系统维护

(一) 测试投运

在 AVC 厂站表中将新加入厂站的“排除计算”改为“否”，AVC 母线表、AVC 变压器表、AVC 电容器表中将新加设备的“参与计算”改为“是”，即可开始开环测试。

进行 AVC 闭环遥控测试前，首先确保 SCADA 遥控试验传动成功，建议首先使用测试态做遥控测试。

配置闭环测试的步骤如下：

(1) 将 AVC 遥控关系表中运行模式的“测试态”改为“运行态”。

(2) 将 AVC 主画面的自动控制改为“是”。

(3) 将控制状态图上该站的“开环”修改为“闭环”。

(4) 通过观察控制策略了解 AVC 系统的控制情况。

(二) 省地联调

1. 联调模式（河北省调）

(1) 省调下发地调：每个 220kV 主变下发 6 个值，功率因数及无功的上下限，主变高压侧有无功值；另外一个全局的省调指令时标参数。详见表 10-1。

表 10-1　省调下发的 7 个值

序号	测点名称	测点类型	参数类型
1	AVC 数据刷新时间	遥测	全局
2	临海站 AVC 1 号变压器功率因数上限		关口
3	临海站 AVC 1 号变压器功率因数下限		
4	临海站 AVC 1 号变压器无功指令上限		
5	临海站 AVC 1 号变压器无功指令下限		
6	临海站 AVC 1 号变压器有功		
7	临海站 AVC 1 号变压器无功		

（2）地调上送省调：每个 220kV 主变上送 8 个值，其中 4 个遥信点和 4 个遥测点；另外四个全局参数，其中 2 个遥信点和 2 个遥测点。详见表 10-2。

表 10-2　地调上送的 12 个值

序号	测点名称	测点类型	参数类型
1	沧州地调 AVC _ 是否可用	遥信	全局
2	沧州地调 AVC _ 是否采用省调 AVC _ 指令		
3	沧州地调 AVC110 变电站投入数	遥测	
4	沧州地调 AVC110 变电站在控数		
5	临海站 AVC _ 1 号主变无功上调闭锁信号	遥信	关口
6	临海站 AVC _ 1 号主变无功下调闭锁信号		
7	临海站 AVC _ 1 号主变是否介入地区 AVC		
8	临海站 AVC _ 1 号主变投入退出		
9	临海站 AVC 1 号变压器可投感性无功容量	遥测	
10	临海站 AVC 1 号变压器可切感性无功容量		
11	临海站 AVC 1 号变压器可投容性无功容量		
12	临海站 AVC 1 号变压器可切容性无功容量		

（3）所有数据均通过 SCADA/FES 转发，首先需在 SCADA 中定义相应测点，再在 FES 定义转发参数，最后关联至 AVC 中相应的表中。其数据流程如图 10-42 所示。

2. 联调参数设置

（1）功能参数。

全局参数："远方模式"用于设置整个系统是否投入省地联调模式。AVC 控制参数表中，在 AVC 主界面上也有。

关口参数："关口远方模式"用于设置某个关口是否投入省地联调模式。AVC 省地交换信息表中，对应于每个关口一个。

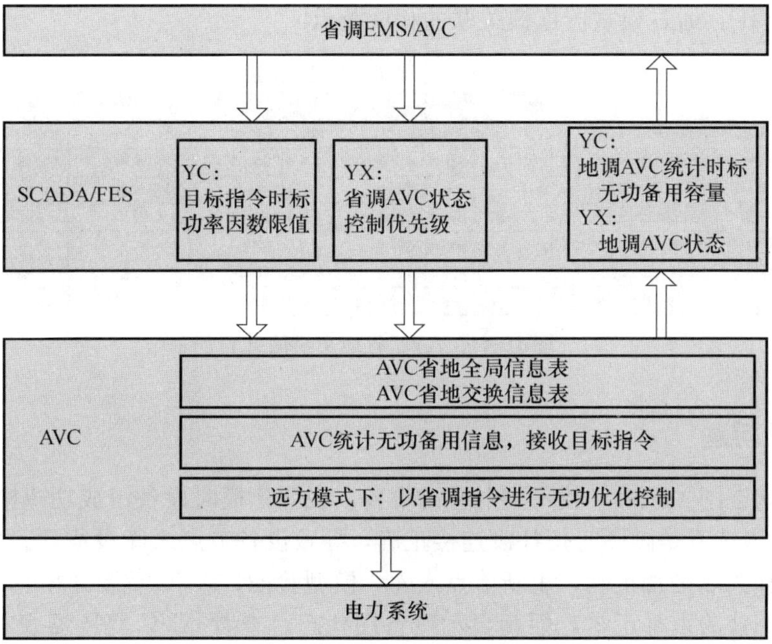

图 10-42　AVC 省地联调数据流程

（2）测点定义。

1）根据信息表在 SCADA 的其他遥信表、其他遥测表中定义测点，在前置中定义相应的转发参数等。

2）在 AVC 中进行测点关联。

3）AVC 省地全局信息表，如图 10-43 所示。

在省地全局信息表中，维护所有的全局交换信息。一般定义后不需要增减。

全局信息名称：通过菜单的方式选择。

测点 ID：通过检索器拖拽关联的相应测点。

站　所有电压类型　实时态　AVC_DVC　AVC省地全局信息表

序号	信息类型	关联测点ID
1	省调数据刷新时刻	沧州.AVC省局-接收 AVC数据刷新时间
2	闭环状态	沧州.AVC省局-转发1 沧州地调AVC_是否可用
3	远方状态	沧州.AVC省局-转发1 沧州地调AVC_是否采用省调AVC_指令
4	地调110变电站投入数	沧州.AVC省局-转发1 沧州地调AVC110变电站投入数
5	地调110变电站在控数	沧州.AVC省局-转发1 沧州地调AVC110变电站在控数

图 10-43　AVC 省地全局信息表

4）AVC 省地交换信息表如图 10-44 所示。

省地交换信息表用于定义每个 220 关口的参数，如果新增关口，需添加记录，并维护相应的参数。

厂站 ID：通过下拉菜单选择关口厂站名称。

主变 ID：通过检索器拖拽对应的关口主变。

其他 14 个 ID：通过检索器拖拽关联的相应测点。

序号	厂站ID	主变ID	[illegible]	[illegible]	[illegible]	[illegible]	[illegible]
1	河北.临海站	河北.临海站/1号主变	否	沧州.AVC省网-转...	沧州.AVC省网-转...	沧州.AVC省网-...	沧州.AVC省网-转发1 临...
2	河北.临海站	河北.临海站/2号主变	否	沧州.AVC省网-转...	沧州.AVC省网-转...	沧州.AVC省网-...	沧州.AVC省网-转发1 临...
3	河北.乐寿站	河北.乐寿站/2号主变	否	沧州.AVC省网-转...	沧州.AVC省网-转...	沧州.AVC省网-...	沧州.AVC省网-转发1 乐...
4	河北.乐寿站	河北.乐寿站/3号主变	否	沧州.AVC省网-转...	沧州.AVC省网-转...	沧州.AVC省网-...	沧州.AVC省网-转发1 乐...
5	河北.韩村站	河北.韩村站/1号主变	否	沧州.AVC省网-转...	沧州.AVC省网-转...	沧州.AVC省网-...	沧州.AVC省网-转发1 韩...
6	河北.韩村站	河北.韩村站/2号主变	否	沧州.AVC省网-转...	沧州.AVC省网-转...	沧州.AVC省网-...	沧州.AVC省网-转发1 韩...
7	河北.陈屯站	河北.陈屯站/1号主变	否	沧州.AVC省网-转...	沧州.AVC省网-转...	沧州.AVC省网-...	沧州.AVC省网-转发1 陈...

图 10-44　AVC 省地交换信息表

三、常见问题

（1）控制状态图关联时，找不到对应的设备。说明建模时设备没成功建模，估计该设备由于 PAS 属性未选或是画图时拓扑没连接正确，导致设备节点入库没成功。检查 PAS 属性是否选择和拓扑关系是否正确，重新节点入库，模型验证，AVC 重新建模。

（2）设备拓扑关系都正常，但却显示冷备用状态。查看 AVC 变压器表和 AVC 容抗器表“参与计算”是否选“是”。

（3）控制状态图上，关联的电压挡位等数据显示 0，但 SCADA 有值。先检查检索器关联的域是否正确，若关联没问题，一般是因为模型拓扑失电造成的。切换到“自动电压控制”下“拓扑着色”是否正常。若整厂站拓扑失电，查看是否进线开关刀闸断开，或是上级厂站开关刀闸断开，或上级厂站整厂站拓扑失电。

第十一章　网络基础及调度数据网

模块一　网络设备配置及调试（以 H3C 设备为例）

一、网络设备配置环境

可以通过 Console、AUX、Telnet 和 SSH 多种途径，搭建网络设备配置环境，H3C Comware 在上述配置方法中使用的命令行采用了配置权限的分级控制。Console 口登录界面如图 11-1 所示。

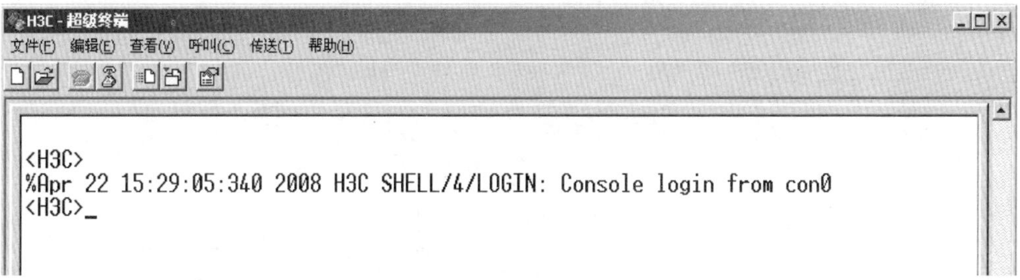

图 11-1　Console 口登录界面

SSH（Secure Shell，安全外壳）在无安全保证的网络上提供安全的远程登录等服务。由传输协议、验证协议和连接协议三部分组成，使用 TCP 端口 22，提供 Password 和 Publickey 两种验证方式。SSH 登录方式如图 11-2 所示。

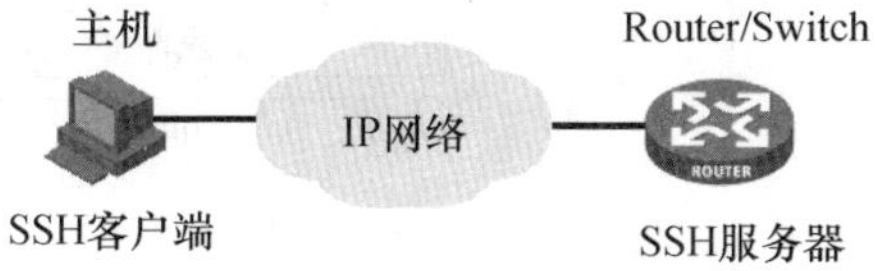

图 11-2　SSH 登录方式

二、命令行使用及常用命令

（一）命令视图

（1）用户视图：设备启动后的缺省视图，可查看启动后基本运行状态和统计信息。
（2）系统视图：配置系统全局通用参数的视图。
（3）路由协议视图：配置路由协议参数的视图。
（4）接口视图：配置接口参数的视图。

（5）用户界面视图：配置登录设备的各个用户属性的视图。

命令视图界面如图 11-3 所示，各种命令视图之间关系如图 11-4 所示。

```
* * * * * * * * * * * * * * * * * * * * * * * * * * * * * * * * * * * * * * *
* Copyright (c) 2004—2007 Hangzhou H3C Tech. Co., Ltd. All rights reserved  *
* Without the owner's prior written consent,                                *
* no decompiling or reverse-engineering shall be allowed.                   *
* * * * * * * * * * * * * * * * * * * * * * * * * * * * * * * * * * * * * * *
User interface con0 is available.
Please press ENTER.
<H3C>
%Apr 22 16: 44: 16: 802 2008 H3C SHELL/4/LOGIN: Consolelogin from con0
<H3C>
<H3C>system-view
System View: return to User View with Ctrl+Z.
[H3C] interface GigabitEthernet 0/0
[H3C-GigabitEthernet0/0] description to _ MyPC
[H3C-GigabitEthernet0/0] ip add 192. 168. 0. 1 255. 255. 255. 0
[H3C-GigabitEthernet0/0] quit
[H3C] user-interface vty 0 4
[H3C-ui-vty0-4] authentication-mode scheme
```

图 11-3　命令视图界面

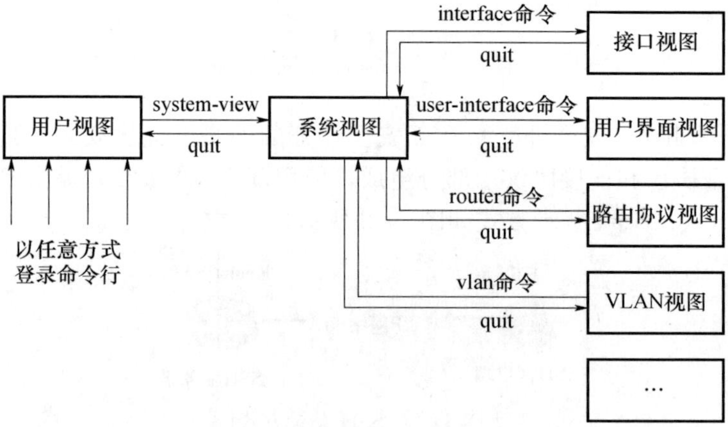

图 11-4　各种视图之间的关系

（二）命令行编辑功能

用<↑>或<Ctrl+P>快捷键调出上一条历史命令。

用<↓>或<Ctrl+N>快捷键调出下一条历史命令。

<Space>：继续显示下一屏信息。

<Enter>：继续显示下一行信息。

<Ctrl+C>：停止显示和命令执行。

常用命令行编辑功能见表 11-1。

表 11-1 常用命令行编辑功能

按键	功能
普通字符键	若编辑缓冲区未满，则插入到当前光标位置，并向右移动光标
<Backspace>	删除光标位置的前一个字符，光标前移
<←>或<Ctrl+B>	光标向左移动一个字符位置
<→>或<Ctrl+F>	光标向右移动一个字符位置
<Ctrl+A>	将光标移动到当前行的开头
<Ctrl+E>	将光标移动到当前行的末尾
<Ctrl+D>	删除当前光标所在位置的字符
<Ctrl+W>	删除光标左侧连续字符串内的所有字符
<Esc+D>	删除光标所在位置及其右侧连续字符串内的所有字符
<Esc+B>	将光标移动到左侧连续字符串的首字符处
<Esc+F>	将光标向右移到下一个连续字符串之前
<Ctrl+X>	删除光标左侧所有的字符
<Ctrl+Y>	删除光标右侧所有的字符

（三）常用的命令

1. 配置设备名称

[H3C] sysname ?

TEXT Host name (1 to 30 characters)

2. 配置系统时间

<H3C>clock datetime ?

TIME Specify the time (HH：MM：SS)

3. 显示系统时间

<H3C>display clock

4. 配置欢迎/提示信息

[H3C] header ?

incoming   Specify the banner of the terminal user-interface
legal   Specify the legal banner
login   Specify the login authentication banner
motd   Specify the banner of today
shell   Specify the session banner

5. 查看版本信息

<H3C>display version

6. 查看当前配置

<H3C>display current-configuration

7. 显示接口信息

<H3C>display interface

8. 显示接口 IP 状态与配置信息

<H3C>display ip interface brief

9. 显示系统运行统计信息

<H3C>display diagnostic-information

三、配置远程登录

(一) 路由器 Telnet 服务配置命令

1. 配置与网络相连端口的 IP 地址

[H3C-ethernet0/0] ip address ip-address { mask | mask-length }

2. 使能 Telnet 服务器端功能

[H3C] telnet server enable

3. 进入 vty 用户界面视图，设置验证方式

[H3C] user-interface vty first-num2 [last-num2]

[H3C-ui-vty0] authentication-mode { none | password | scheme }

4. 设置登录密码和用户级别

[H3C-ui-vty0] set authentication password { cipher | simple } password

[H3C-ui-vty0] user privilege level level

5. 创建用户、配置密码、设置服务类型、设置用户级别

[H3C] local-user username

[H3C-luser-xxx] password { cipher | simple } password

[H3C-luser-xxx] service-type telnet

[H3C-luser-xxx] level level

(二) 路由器 SSH 服务配置命令

1. 使能 SSH 服务器功能

[H3C] ssh server enable

2. 配置 SSH 客户端登录时的用户界面

[H3C-ui-vty0-4] authentication-mode scheme

[H3C-ui-vty0-4] protocol inbound ssh

3. 配置 SSH 用户

[H3C] local-user username

[H3C-luser-xxx] password { cipher | simple } password

[H3C-luser-xxx] service-type ssh

[H3C-luser-xxx] level level

4. 生成 RSA 密钥

[H3C] rsa local-key-pair create

5. 导出 RSA 密钥

[H3C] rsa local-key-pair export ssh2

6. 销毁 RSA 密钥

[H3C] rsa local-key-pair destroy

四、网络设备基本调试

(一) 调试的目的

(1) 按照初始目标组建配置完互联网络后，首先是检查网络的连通性。

(2) 为定位网络设备协议或控制参数的配置错误或运行故障，需要使用调试信息。

(3) ping 的实现原理及命令。ping 的实现原理如图 11-5 所示，使用 ping 命令如图 11-6 所示。

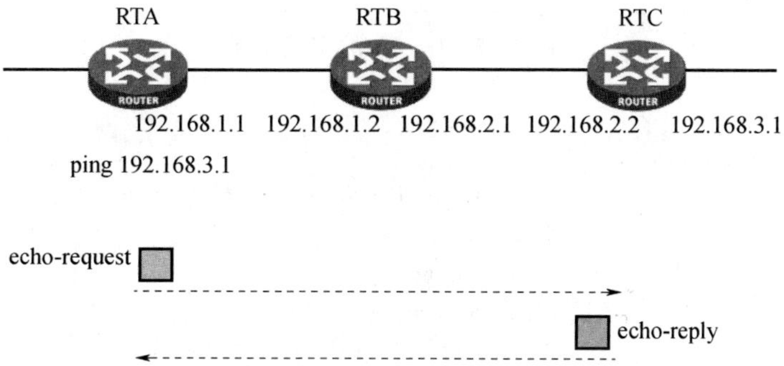

图 11-5　ping 的实现原理

```
<H3C>ping ?
-a              Select source IP address
-c              Specify the number of echo requests to be sent
-f              Specify packets not to be fragmented
-h              Specify TTL value for echo requests to be sent
-i              Select the interface to send the packets
-m              Specify the interval in milliseconds to send packets
-n              Numeric output only. No attempt will be made to lookup host addresses for symbolic names
-p              No more than 8 "pad" hexadecimal characters to fill out the sent packet. For example, -p f2 will
                fill the sent packet with f and 2 repeatedly
-q              Quiet output. Nothing will be displayed except for the summary lines.
-r              Record route. Include the RECORD _ ROUTE option in the ECHO _ REQUEST packets and
                display the route
-s              Specify the number of data bytes to be sent
-t              Specify the time in milliseconds to wait for each reply
-tos            Specify TOS value for echo requests to be sent
-v              Display the received ICMP packets other than ECHO-RESPONSE packets.
STRING<1-20>    IP address or hostname of a remote system ip IP Protocol
  ipv6          IPv6 Protocol
```

图 11-6　使用 ping 命令

(4) tracert 的实现原理及命令。tracert 的实现原理如图 11-7 所示，使用 tracert 命令如图 11-8 所示。

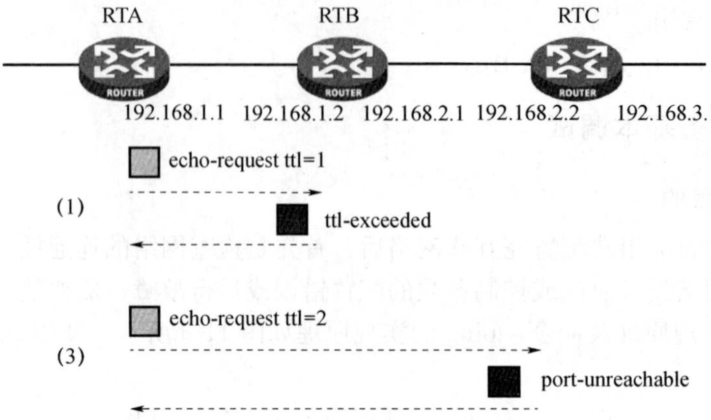

图 11-7　tracert 的实现原理

```
<H3C>tracert ?
-a                 Select source IP address
-f                 First time to live
-m                 Maximum time to live
-p                 UDP port number
-q                 Number of probe packets
-w                 Timeout in milliseconds to wait for each reply
STRING<1-20>       IP address or hostname of a remote system
```

图 11-8　使用 tracert 命令

（二）设备调试

对网络设备所支持的绝大部分协议和功能，系统都提供了相应的调试功能，帮助用户对错误进行诊断和定位。调试信息的输出由两个开关控制，输出开关状态示意图如图 11-9 所示。

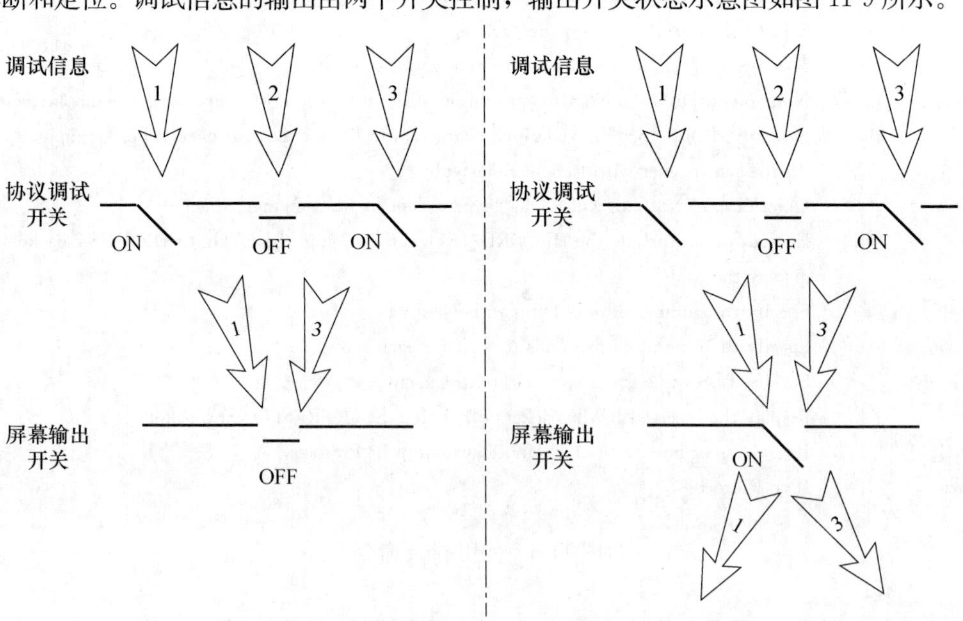

图 11-9　输出开关状态示意图

系统调试的操作

（1）开启控制台对系统信息的监视功能。

<H3C>terminal monitor.

（2）打开调试信息的屏幕输出开关。

<H3C>terminal debugging.

（3）打开模块调试开关。

<H3C>debugging module-name.

（4）显示调试开关。

<H3C>displaydebugging.

模块二　网络故障排查方法

一、故障排除综述

（一）网络故障一般分类

1. 连通性问题

包括：硬件、媒介、电源故障；配置错误；设备兼容性问题。

2. 性能问题

网络拥塞、到目的地不是最佳路由、供电不足、路由环路、网络不稳定。

（二）网络故障处理流程（图 11-10）

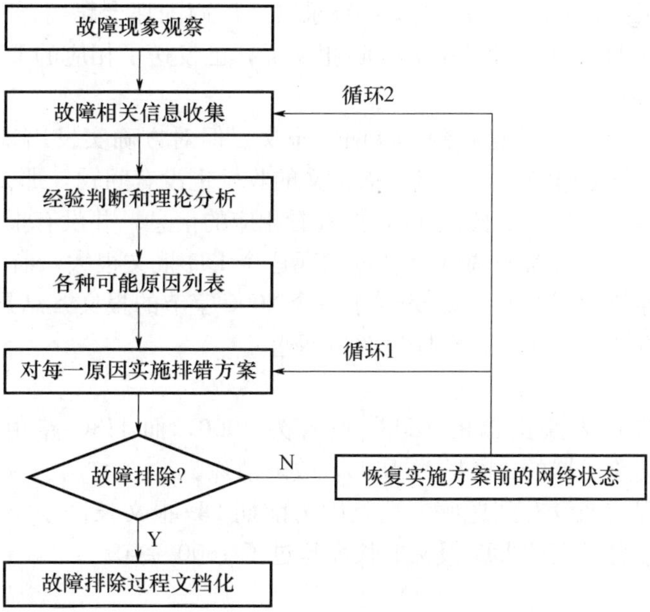

图 11-10　网络故障处理流程图

二、常用诊断工具及相关案例

(一) ping 命令

用于检查 IP 网络连接及主机是否可达。

ping 命令在 H3C 系列路由器 comware 平台格式如下:

ping [-Rdnqrv] [-c count] [-p pattern] [-s packetsize] [-t timeout] host

-a ping 报文中使用的源 IP 地址。

-c ping 报文的个数,缺省值为 5。

-t 设置 ping 报文的超时时间,单位为毫秒,缺省值为 2000。

-s 设置 ping 报文的大小,以字节为单位,缺省值为 56。

使用一般的 ping 命令,缺省是发送 5 个报文的,超时时长是 2000ms。如果 ping 不通情况发生,最好能够用带参数-c 和-t 的 ping 命令再执行一遍,如:ping -c 20 -t 4000 ip-address,即连续发送 20 个报文,每个报文的超时时长为 4000ms,这样一般可以判断出到底是连通性问题还是性能问题。

案例 1: 使用大包 ping 对端进行 MTU 不一致的故障处理。

故障现象:

使用 H3C 路由器与其他厂商的某路由器互联,并运行 OSPF 协议。数据配置完毕后,一切正常,设备运转稳定。但两个月后,网络中断。

登录到两台路由器上,发现双方连接正常,可以相互 ping 通对端地址。但 OSPF 协议中断;登录 H3C 路由器查看邻居状态,发现邻居状态机处于 Exstart 状态。打开相应的 debug 开关查看相应的报文信息,发现双方都可以收到 Hello 报文,但 H3C 路由器发送 DD 报文后,一直没有收到对方回应的 DD 报文;登录其他厂商的那台路由器,打开相应的 debug 开关,发现对方收到 H3C 路由器发送的 DD 报文后,已发送了相应的 DD 报文予以回应。

原因分析:

初步断定,H3C 路由器没有收到 DD 回应报文,但对方确实发出来了。既然可以接收到 Hello 报文说明链路是通畅的,而且多播报文的收发也没有问题,那么有可能是对方发送的 DD 报文有错误导致 H3C 路由器拒收,但查看相应的信息,并没有报告接收到错误的 DD 报文。仔细查看某厂商路由器的调试信息,发现这个 DD 报文很大,有 2000 多字节。会不会是由于报文太大导致的问题?试着 ping 了一个 2000 字节的报文,结果不通。那么故障原因很可能是由于双方的 MTU 不一致导致大包不通。

处理过程:

检查配置,发现对方路由器的 MTU 设置为 4000,而 H3C 路由器的 MTU 设置为 1500,于是修改对端路由器的 MTU 为 1500,故障消除。

那么为什么工程初期没有问题呢?这是因为前期 DD 报文长度小于 1500 字节,而后来网络扩容导致路由信息过多使 DD 报文的长度超过了 1500 字节。

建议和总结:

由于 ping 缺省报文是 56 个字节,所以显示的 ping 通信息只是表示 56 字节的报文可以通而并不一定表示其他大小的报文仍旧可以通。所以,应当善于使用 ping 的其他参数来进行故障处理。

案例 2: A 能 ping 通 B,B 就一定能 ping 通 A 吗?

故障现象：

在 RouterA 上配置一条指向 2.0.0.0/8 的静态路由：

[H3C] ip route-static 2.0.0.0 255.0.0.0 1.1.1.1

在 RouterA 上 ping 路由器 RouterB 的以太网地址 2.2.2.2，显示可以正常 ping 通；但是在 RouterB 上 ping 路由器 RouterA 的以太网地址 3.3.3.3，却无法 ping 通。

原因分析：

由于在 RouterB 上没有相应的配置到 3.0.0.0/8 路由，所以在 RouterB 上 ping 不通 RouterA 的以太网地址 3.3.3.3。但是为何在 A 上可以 ping 通 2.2.2.2 呢？同样是没有回程路由。打开路由器上的 IP 报文调试开关发现，原来从 RouterA 上发出的 ICMP 报文的源地址填写的是 1.1.1.1 而不是 3.3.3.3，由于两台路由器的 s0 口处于同一网段，所以响应报文可以顺利到达 RouterB。

建议和总结：

A 能够 ping 通 B，则 B 一定能够 ping 通 A（不考虑防火墙的因素），这句话的对错取决于 A 和 B 到底是指主机还是指路由器。如果是指两台主机，这句话是正确的。如果是指两台路由器，那就是错误的，因为路由器通常会有多个 IP 地址。现在就有如下问题：当从一台路由器上执行 ping 命令它发出的 ICMP Echo 报文的源地址究竟选择哪一个呢？实际情况是路由器选择发出报文的接口的 IP 地址。

（二）tracert 命令

tracert 命令用于测试数据报文从发送主机到目的地所经过的网关，主要用于检查网络连接是否可达，以及分析网络什么地方发生了故障。

tracert 命令在 H3C 系列路由器格式如下：

tracert [-a ip-address] [-f first _ TTL] [-m max _ TTL] [-p port] [-qnqueries] [-w timeout] host

-a 指定一个发送 UDP 报文的源地址。

-f 指定初始报文的 TTL 大小，缺省值为 1。

-m 指定最大 TTL 大小，缺省值为 30。

-p 目的主机的端口号，缺省值为 33434。

-q 每次发送的探测报文的个数，缺省值为 3。

-w 指明 UDP 报文的超时时间，单位为毫秒，缺省值为 5000。

tracert 利用 IP 报文的 TTL 域在每经过一个路由器的转发后减 1，当 TTL=0 时则向源节点报告 TTL 超时这个的特性。tracert 首先发送一个 TTL 为 1 的 UDP 报文，因此第一跳发送回一个 ICMP 错误消息以指明此数据报不能被发送（因为 TTL 超时），之后 tracert 再发送一个 TTL 为 2 的报文，同样第二跳返回 TTL 超时，这个过程不断进行，直到到达目的地，此时由于数据报中使用了无效的端口号（缺省为 33434）此时目的主机会返回一个 ICMP 的目的地不可达消息，表明该 tracert 操作结束。tracert 记录下每一个 ICMP TTL 超时消息的源地址，从而提供给用户报文到达目的地所经过的网关 IP 地址。

案例 1：使用 tracert 命令定位不当的网络配置点。

故障现象：

某校园网中，RouterB 和 RouterC 同属于一个运行 RIPv2 路由协议的网络，主机 4.0.0.2 访问数据库服务器 5.0.0.2，用户抱怨访问性能差。

登录到RouterC，使用带参数的ping远端服务器5.0.0.2，显示如下：

[RouterC] ping -c 10 -s 4000 -t 6000 5.0.0.2

PING 5.0.0.2：4000 data bytes，press CTRL _ C to break

Reply from 5.0.0.2：bytes=4000 Sequence=0 ttl=249 time = 552 ms

Reply from 5.0.0.2：bytes=4000 Sequence=1 ttl=249 time = 5733 ms

Reply from 5.0.0.2：bytes=4000 Sequence=2 ttl=249 time = 552 ms

Reply from 5.0.0.2：bytes=4000 Sequence=3 ttl=249 time = 5714 ms

……

原因分析：

上面的ping显示出一个规律：奇数报文的返回时长短，而偶数报文返回时长很长（是奇数报文的10倍多）。可以初步判断奇数报文和偶数报文是通过不同的路径传输的。现在需要使用tracert命令来追踪不同的路径。在RouterC上，tracert远端RouterA的以太网接口5.0.0.1。

[RouterC] tracert -q 8 5.0.0.1

traceroute to 5.0.0.1 (5.0.0.1) 30 hops max，40 bytes packet

1 4.0.0.1 6 ms 4 ms 4 ms 4 ms 4 ms 4 ms 4 ms 4 ms

……

5 3.0.0.2 20 ms 16 ms 15 ms 16 ms 16 ms 16 ms 16 ms 16 ms

6 5.0.0.1 30 ms 278 ms 25 ms 279 ms 25 ms 278 ms 25 ms 277 ms

RouterC (config) #

从上面的显示可看到，直至3.0.0.2，UDP探测报文的返回时长都基本一致，而到5.0.0.1时，则发生明显变化，呈现奇数报文时长短，偶数报文时长长的现象。于是判断，问题发生在RouterB和RouterA之间。

通过询问该段网络的管理员，得知这两台路由器间有一主一备两串行链路，主链路为2.048Mbit/s（s0口之间），备份链路为128kbit/s（s1口之间）。网络管理员在此两路由器间配置了静态路由。

RouterB上如下配置：

[RouterB] ip route-static 5.0.0.0 255.0.0.0 1.0.0.2

[RouterB] ip route-static 5.0.0.0 255.0.0.0 2.0.0.2

RouterA上如下配置：

[RouterA] ip route-static 0.0.0.0 0.0.0.0 1.0.0.1

[RouterA] ip route-static 0.0.0.0 0.0.0.0 2.0.0.1

于是问题就清楚了。例如RouterB，由于管理员配置时没有给出静态路由的优先级，这两条路由项的优先级就同为缺省值60，于是就同时出现在路由表中，实现的是负载分担，而不能达到主备的目的。

处理过程：

进行静态路由配置更改。

RouterB上进行如下更改：

[RouterB] ip route-static 5.0.0.0255.0.0.0 1.0.0.2（主链路仍使用缺省优先级60）

[RouterB] ip route-static 5.0.0.0 255.0.0.0 2.0.0.2 100（备份链路的优先级降低至100）

RouterA上进行如下更改：

[RouterA] ip route-static 0.0.0.0 0.0.0.0 1.0.0.1

[RouterA] ip route-static 0.0.0.0 0.0.0.0 2.0.0.1 100

这样，只有当主链路发生故障时，备份链路的路由项才会出现在路由表中，从而接替主链路完成报文转发，实现主备目的。

在两台路由器上运行动态路由协议，如 OSPF 等，但不要运行 RIP 协议（因为 RIP 协议仅以 hop 作为 Metric 的）。

建议和总结：

本案例的目的不是解释网络配置问题，而是用来展示 ping 命令和 tracert 命令的相互配合来找到网络问题的发生点。尤其在一个大的组网环境中，维护人员可能无法沿着路径逐机排查，此时，能够迅速定位发生问题的线路或路由器就非常重要了。

案例 2： 使用 tracert 命令发现路由环路。

故障现象：

三台路由器均配置静态路由，完成后，登录到 RouterA 上 ping 主机 4.0.0.2，发现不通。

[RouterA] ping -c 6 -t 5000 4.0.0.2

PING 4.0.0.1：56　data bytes，press CTRL _ C to break

Request time out

Request time out

Request time out

Request time out

Request time out

Request time out

[RouterA] tracert 4.0.0.2

traceroute to 4.0.0.2 (4.0.0.2) 30 hops max，40 bytes packet

1 1.0.0.1 6 ms　4 ms　4 ms (RouterB)

2 1.0.0.2 8 ms　8 ms　8 ms (RouterA)

3 1.0.0.1 12 ms　12 ms　12 ms (RouterB)

4 1.0.0.2 16 ms　16 ms　16 ms (RouterA)

……

原因分析：

从上面的 tracert 命令的显示可以立即发现，在 RouterA 和 RouterB 间产生了路由环路。由于配置的是静态路由，基本可以断定是 RouterA 或 RouterB 的静态路由配置错误。

检查 RouterA 的路由表，配置的是缺省静态路由：ip route-static 0.0.0.0 0.0.0.0 1.0.0.1，没有问题。

检查 RouterB 的路由表，配置到 4.0.0.0 网络的静态路由为：ip route-static 4.0.0.0 255.0.0.0 1.0.0.2，下一跳配置的是 1.0.0.2，而不是 3.0.0.1。这正是错误所在。

处理过程：

修改 RouterB 的配置如下：

[RouterB] no ip route-static 4.0.0.0 255.0.0.0 1.0.0.2

[RouterB] ip route-static 4.0.0.0 255.0.0.0 3.0.0.1

故障处理完成。

建议和总结：

tracert 命令能够很容易发现路由环路等潜在问题。当路由器 A 认为路由器 B 知道到达目的地的路径，而路由器 B 也认为路由器 A 知道目的地时，就是路由环路发生了。使用 ping 命令只能知道接收端出现超时错误，而 tracert 命令能够立即发现环路所在，如果 tracert 命令两次或者多次显示同样的接口。

当通过 tracert 命令发现路由环路后，如果配置为静态路由，则可以肯定是手工配置有问题。配置为单动态路由协议，有可能是地址聚合产生的问题；配置为多动态路由协议，有可能是路由引入产生的问题。

（三）display 命令

display 命令是用于了解路由器的当前状况、检测相邻路由器、从总体上监控网络、隔离因特网络中故障的最重要的工具之一。几乎在任何故障处理和监控场合，display 命令都是必不可少的。

display version 命令将帮助用户收集下列信息：

comware 软件版本，是哪一系列的路由器，设备运行时间，处理器的信息，RAM 的容量，配置寄存器的设置，固件的版本，引导程序的版本。

1. display current-configuration 与 display saved-configuration 命令

current-configuration 用于查看当前的配置信息。display saved-configuration 用于显示 NVRAM 或 Flash 中的路由器配置文件，即路由器下次上电启动时所用的配置文件。

current-configuration 是路由器目前正在运行的配置文件，当更改某一配置时，current-configuration 会立即改变；如果不使用 save 命令将改变保存到启动配置文件 saved-configuration 中，路由器重启时该改动将丢失。因此请注意修改运行配置并验证正确后，应当将之保存到启动配置文件中。

强烈建议网络维护或管理人员保存一份启动配置文件的拷贝存放到路由器以外的其他设备上。这有以下几点好处：

（1）将使维护人员能够迅速配置一个替代的路由器。

（2）这个保存在外部的文本文件也可以按上述规定的格式脱机编辑，然后使用 Download config 命令加载到路由器上。

（3）可以将该配置文件通过 E-mail 形式发给技术支持人员，以帮助定位配置问题。

2. display interfaces 命令

display interfaces 命令可以显示所有接口的当前状态，如果只是想查看特定接口的状态，请在该命令后输入接口类型和接口号，例如：display interfaces serial 0 命令将查看串口 0的运行状态和相关信息。

3. display tech-support 命令

display tech-support 命令将显示系统基本信息，包括版本信息、当前配置信息、接口信息、内存信息、接口流量信息等。对于复杂的故障问题，网络维护人员可以拷贝该命令的输出信息发给技术支持人员，使之了解当前路由器的总体情况。

（四）reset 命令

1. reset 命令的作用

reset 命令用于清空当前的统计信息以排除以前积累的数据的干扰。

2. reset counters interface 和 reset ip statistics 命令

对于二层帧收发的各计数器的刷新必须使用 reset counters interface，可通过 display interfaces 命令来观察；对于三层报文的收发统计，可使用 reset ip statistics 来刷新，通过 display ip interface 命令来观察。

3. reset 命令适用场合

许多情况下，需要使用带参数的 ping 命令来测试链路的通断，同时在一段时间内 ping 后，通过 display interfaces 或 display ip interface 命令来查看端口报文的收发及 CRC 校验等情况的正确与否，从而分析报文的收发在什么地方出现了问题。但 display 命令的显示值是自从路由器运行以来（或上次 reset 后）的所有统计值，这个值是无法分析的。因此，实际需要进行的步骤为：首先使用 reset 命令清空统计值，然后使用一系列 ping 命令使路由器端口收发报文，最后使用 display 命令来查看统计值。

（五）debug 命令

H3C 系列路由器提供大量的 debug 命令，可以帮助用户在网络发生故障时获得路由器中交换的报文和帧的细节信息，这些信息对网络故障的定位是至关重要的。

尽量在网络使用的低峰期或网络用户较少时使用，以降低 debug 命令对系统的影响。不要轻易使用类似 debug all 之类将产生大量输出的命令。仅当寻找某些类型的流量或故障并且已将故障原因缩小到一个可能的范围时，才使用某些特定的 debug 命令。

案例 1：忘记关闭 debug 开关引起的路由器报文转发速度变慢的故障处理。

故障现象：某电信局安装了 H3C 路由器作为接入服务器的出口网关，一段时间运转良好。某日用户反映该设备的速度明显变慢。执行 ping 操作，ping 对端路由器设备，所用时间为正常的 2 倍多。

原因分析：初步分析可能有以下几种原因，线路质量不好、对端设备问题导致回应较慢；自身配置错误、网络繁忙、软硬件故障。

处理过程：检查线路，没有发现问题；ping 与之相连的其他路由器设备，故障依旧，说明对端设备无问题；对照以前运转良好时备份的 current-configuration 文件，检查路由器上的配置，没有错误；当时并非上网高峰期，且只是变慢，而无丢包，应当不是网络负荷问题；查该路由器的日志信息，发现其中记录了大量的收发 IP 报文的信息，执行命令 display debugging 命令，发现该路由器的 debug ip packet 处于打开状态。由于设备需要记录每一个被转发的 IP 报文，大大降低了路由器的处理速度，导致变慢。关闭该 debug 开关后，故障解决。

案例 2：通过串口 telnet 到路由器，在该串口上打开 debug 命令产生问题。

当远程调试 H3C 路由器时，有时需要通过某个串口 telnet 上该路由器，如果该串口上的链路层协议封装的是 FR、PPP 等，千万不能打开该串口相应的链路层调试开关（可以打开其他串口的链路层调试开关），否则由于数据流量太大，会使该串口的协议 down 掉。如果链路层协议是 X. 25，则没有这个限制。

三、故障处理常用方法

（一）分层故障处理法

所有模型都遵循相同的基本前提，当模型的所有低层结构工作正常时，它的高层结构才能正常工作。在确信所有低层结构都正常运行之前，解决高层结构问题完全是浪费时间。

在一个帧中继网络中，由于物理层的不稳定，帧中继连接总是出现反复失去连接的问题，这个问题的直接表象是到达远程端点的路由总是出现间歇性中断。这使得维护工程师第一反应是路由协议出问题了，然后凭借着这个感觉来对路由协议进行大量故障诊断和配置，其结果是可想而知的。如果维护工程师能够从 OSI 模型的底层逐步向上来探究原因的话，维护工程师将不会做出这个错误的假设，并能够迅速地定位和排除问题。

物理层关注点：电缆、连接头、信号电平、编码、时钟和组帧，这些都是导致端口处于 down 状态的因素。

数据链路层关注点：数据链路层负责在网络层与物理层之间进行信息传输；规定了介质如何接入和共享；站点如何进行标识；如何根据物理层接收的二进制数据建立帧。封装的不一致是导致数据链路层故障的最常见原因。可以使用 display interfaces 命令初步判断数据链路层是否存在故障。

网络层关注点：地址错误和子网掩码错误是引起网络层故障最常见的原因；网络中的地址重复是网络故障的另一个可能原因。另外，路由协议是网络层的一部分，在较复杂的网络中是排错重点关注的内容。

（二）分块故障处理法

H3C 系列路由器 current-configuration 文件的组织结构，是以全局配置、物理接口配置、逻辑接口配置、路由配置等方式编排的。可以以此作为故障定位提供一个原始框架，当出现一个故障案例现象时，可以把它归入上述某一类或某几类中，从而有助于缩减故障定位范围。

管理部分：路由器名称、口令、服务、日志等。

端口部分：地址、封装、cost、认证等。

路由协议部分：静态路由、RIP、OSPF、BGP、路由引入等。

策略部分：路由策略、策略路由、安全配置等。

接入部分：主控制台、Telnet 登录或哑终端、拨号等。

其他应用部分：语言配置、VPN 配置、Qos 配置等。

当使用 display ip routing-table 命令时，结果只显示出了直连路由，那么问题可能发生在哪里呢？根据上述的分块，发现有三部分可能引起的故障：路由协议、策略、端口。如果没有配置路由协议或配置不当，路由表就可能为空；如果访问列表配置错误，就可能妨碍路由的更新；如果端口的地址、掩码或认证配置错误，也可能导致路由表错误。

（三）分段故障处理法

如果两个路由器跨越电信部门提供的线路而不能相互通信时，分段故障处理法是有效的：主机到路由器 LAN 接口；路由器到 CSU/DSU 接口；CSU/DSU 到电信部门接口；WAN 电路；CSU/DSU 本身问题；路由器本身问题。

目前路由器在网上较多的一种应用是通过 DDN 专线连接，这种应用对路由器来说配置并不太复杂，而问题多容易出现在线路和 Modem 方面。以下是对这种组网实际调试中的一些经验。正常情况下，Modem 上指示灯状态为 PWR（电源指示灯）、RTS、DCD 三个灯常亮，TD、RD 在有数据收发时闪烁。两侧路由器连上并完成配置后，S 口应激活，线路协议应激活，双方可以相互 ping 通。当出现问题时，可按照以下步骤进行测试：

在Router1上打开调试开关。以封装PPP为例，在全局模式下输入debug ppp packet命令。

将Modem A上的ANA键按下。此时Modem的RTS、DCD、TEST常亮，在Router1上能看到大量经过环回的LCP层收发消息包。此时表示Modem A和Router1之间连接正常。

将Modem A的REM键按下。此时若灯状态同上，路由器上看到的debug消息也同上，则表示从Router1到Modem B之间连接正常。

请本地数据局在节点机C上进行环回，观察是否有环回的数据包。

请对端数据局在节点机D上向本端进行环回，观察是否有环回的数据包。

对端将Modem F的DIG键按下，若能看到环回的数据包，则表示从Router1一直到Modem F都正常。若不通，可以在Router2上重复以上操作步骤，直至找出有问题的一段。

（四）替换法

替换法是在检查硬件是否存在问题时最常用的方法。当怀疑网线有问题时，可以更换网线；当怀疑接口模块有问题时，可以更换一个其他接口模块。

模块三　调度数据网配置维护

一、调度数据网网管配置

数据网网管平台界面如图11-11所示。

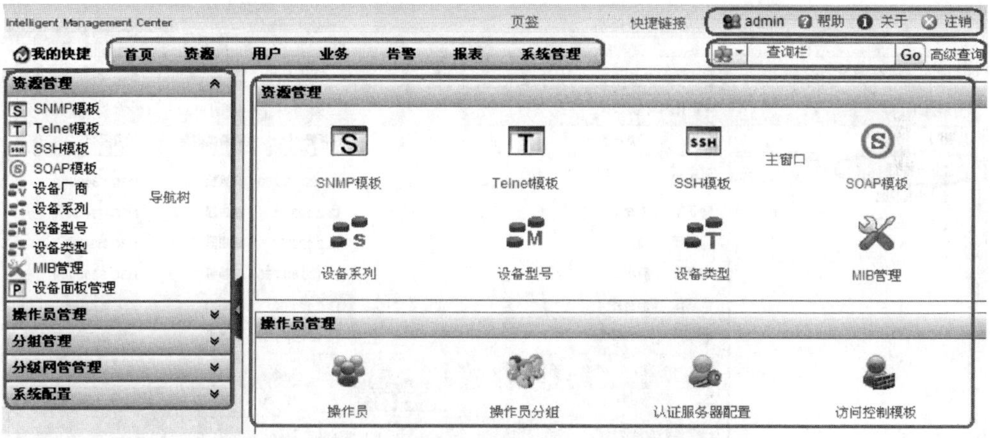

图11-11　数据网网管平台界面

页签：选择不同页签，可以进入平台不同的功能模块。

导航树：包含了系统所有功能的菜单项，选择不同的菜单项后，右侧主窗口出现相应的操作界面。

主窗口：显示当前的操作信息，并提供相应的功能按钮和链接（如增加、删除等）。

快捷链接：提供了该操作员有权限操作的功能链接。

查询栏：提供了对用户、设备的查询功能。

网管网元添加操作如下：

在“资源”页面单击“增加设备”选项，出现增加设备视图，网元添加界面如图11-12

所示，在“增加设备”视图中，按照以下信息依次填写即可。

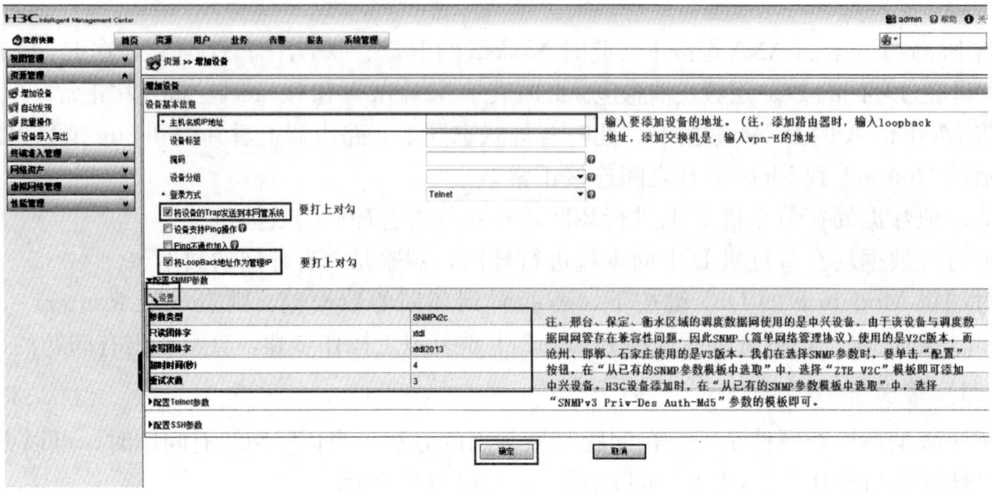

图 11-12　网元添加界面

网元添加成功后，在相应的平面视图界面添加相应的设备，设备添加界面如图 11-13 所示。例如在“邢台调度数据网一平面”增加相应的设备方法如下：进入“邢台调度网一平面”视图；右键单击空白区域，选择“增加设备到本视图”；选择“IP 视图”；在右边的预览区，选择相应的设备（按住 Shift 可以选择多台设备）；单击⊡按钮，然后单击“确定”，添加完成。

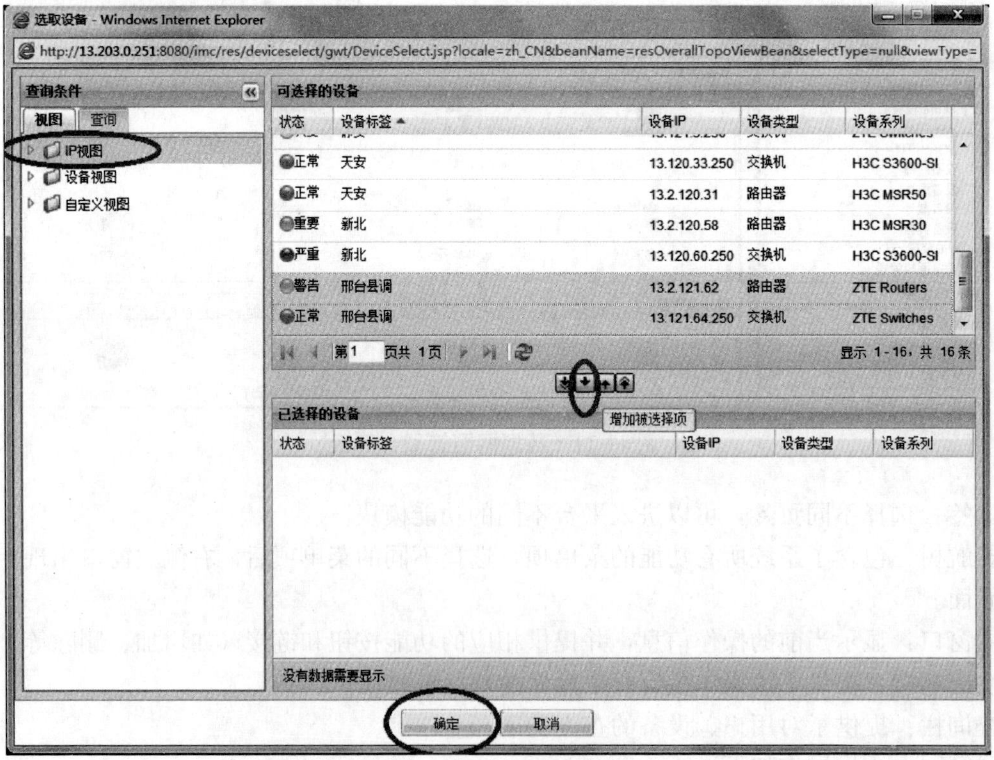

图 11-13　设备添加界面

网管网元状态说明：

绿色——表示设备运行良好，无须关注。

红色+？——表示设备链路中断或掉电，该站点业务处于中断状态，需要关注。

红色——表示设备有紧急告警，需关注该站点的紧急告警是何原因引起的。

黄色——表示设备有重要告警，需关注该站点的重要告警是何原因引起的。

蓝色——表示设备有警告告警，无须关注。

二、数据网设备配置要求

（一）IP 地址分配

国家电网调度数据网地址空间为 1.0.0.0 到 254.0.0.0，以一个 A 类地址为单元进行分配，河北省接入网地址空间为 13.0.0.0/8。根据用途，IP 地址分为网络（组网）地址和应用（主机）地址两大类，其中网络地址由网络标识地址（Loopback）、网络设备互联链路地址组成，应用系统地址由包括厂站在内的各不同的应用系统接入数据网络的地址组成。

1. 网络标识地址

为调度数据网每一个网络设备分配 Loopback0 管理地址，保持网络设备在网络中拥有唯一 ID。启用 2.0.0.0 为第二平面骨干网网络标识和管理地址，启用 13.2.0.0 为省调和地调接入网网络标识和管理地址。具体地址分配参见《河北电力调度数据网应用地址规范》。

2. 网络设备互联链路地址

为网络设备之间互联的地址，应考虑汇聚，按子区和自治域成块分配。启用 3.0.0.0 为第二平面骨干网网络互联链路地址，启用 13.3.0.0 为河北省调和地调接入网网络互联链路地址，第二平面骨干网与接入网跨域互联地址在 3.0.0.0 中分配。具体地址分配参见《河北电力调度数据网应用地址规范》。

3. 应用系统地址

为各应用系统分配的地址。具体地址分配参见《河北电力调度数据网应用地址规范》。

4. 保留地址

本方案中未涉及的 IP 地址为保留地址。目前网络使用的 10.0.0.0 地址作为第二平面网的保留地址空间，以备在特殊情况下使用。

5. IP 地址汇聚

从调度可用地址空间分析，网络地址可达数万，因此，地址必须进行有效控制，在地址编码时应考虑地址汇聚的可能。地址汇聚通常在各分区的边界处（ABR 和 ASBR），区内网络地址及边界地址按分区分配，以便在分区边界汇聚。由于在运行中存在分区分裂或不稳定等问题，汇聚将产生路由问题，因此汇聚应以网络分区的稳定性和完整性为基础。域间 VPN 业务地址，在跨域互联时，也应考虑地址汇聚。

（二）应用系统接入方式

1. 调度控制中心端应用接入方式（图 11-14）

2. 厂站端应用接入方式

厂站部署两套网络设备分别接入不同的接入网实现流量的负载分担和路由备用，如图 11-15所示。

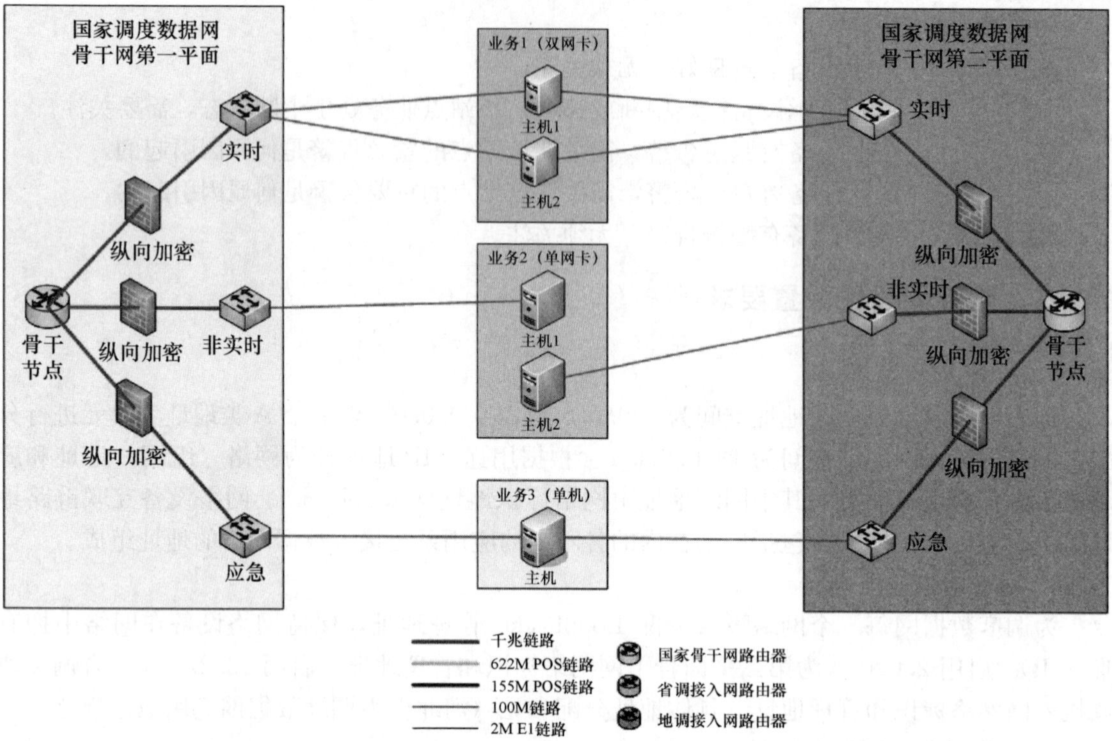

图 11-14　主站端接入示意图

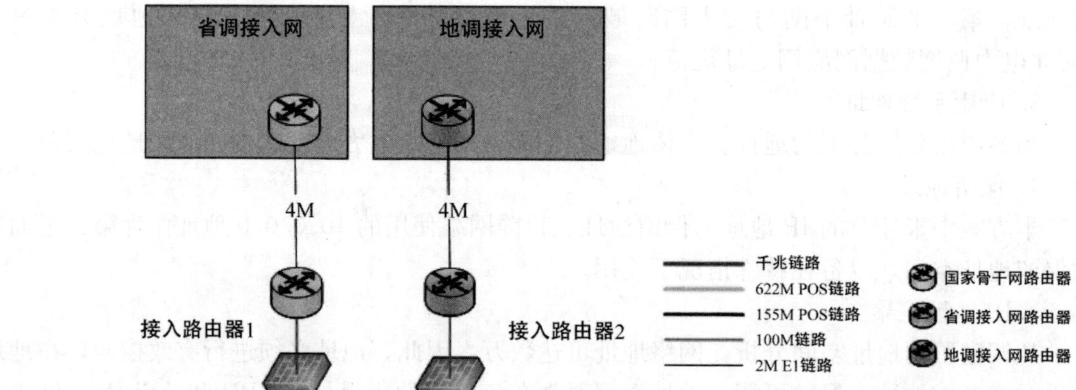

图 11-15　厂站端接入示意图

3. 接入网设备配置原则

（1）省调接入网：由省调区域内的省调直调厂站（单机）和省调直调厂站组成（单机）。

（2）地调接入网：由地调区域内的网调直调厂站（单机）和地县调直调厂站组成（双机）。

（3）厂站按双机配置，分别接入不同的接入网中，通过对调度厂站双覆盖，实现网络互备，达到高可靠性要求。

（4）充分利用现有设备，在满足可靠性的前提下节约投资。

三、数据网测试流程及方法

（一）数据网测试流程（图 11-16）

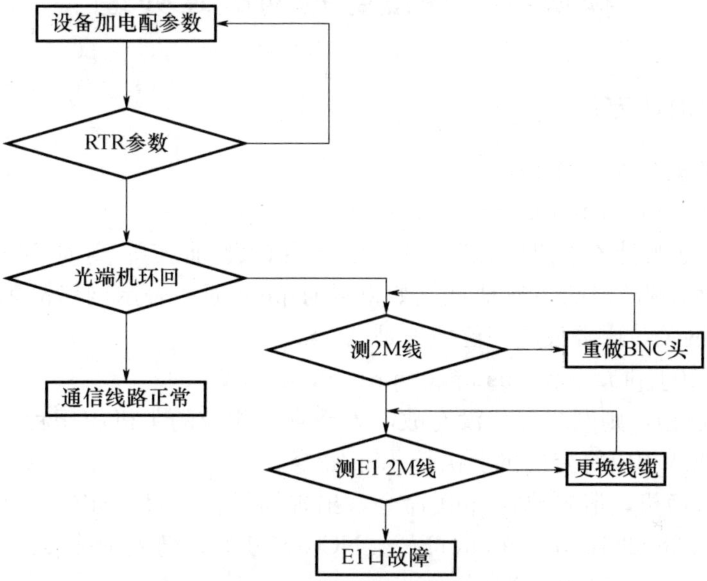

图 11-16　数据网测试流程图

（1）设备安装加电。安装好路由器和交换机，分别对设备进行加电测试，看 POWER 和 RUN 灯是否闪烁正常，一般情况此处不会出现故障。

（2）配置路由器和交换机参数。在路由器用户视图中 ping 内部 IP 地址，看是否联通。

（3）测试路由器到光配线架。在配线架上将链路环回，LINK 灯常亮，ACK 灯闪烁。

输入：display interface ser1/0/0 命令。

显示：lookback0 detected（检测到环回）。

（二）网络测试方法

1. 测试网络通断情况

在路由器中 ping 对端接口的 IP 地址。

dis ip rout 查看路由表是否已经有了相应路由。

dis bgp peer 查看 BGP 邻居是否已经 Established。

2. 测试业务通断情况

在路由器中输入 ping-vpn-interface vpn1 10. 13. *. * 。

用笔记本模拟现场业务计算机，将笔记本接到 2、3、4 口：

IP 地址：第一个 VPN 的第二地址。

掩码：255.255.255.224。

网关：第一个 VPN 的第一个地址。

ping 10.13.＊.＊。

将笔记本接到 9、10 口：

IP 地址：第二个 VPN 的第二地址。

掩码：255.255.255.224。

网关：第二个 VPN 的第一个地址。

ping 10.13.＊.＊。

模块四　调度数据网故障处理

一、故障的确认方法

在地调设备上键入如下命令：

[HB-R] ping -vpn-instance vpn1 ＊.＊.＊.＊

vpn1 表示目的地址在实时 VPN 中，如果目的地址在非实时 VPN 中则为 vpn2。10.80.154.250 为出现故障的主机地址。如果没有 ping 通，表示网络故障。继续使用该命令 ping 该主机的网关，通常最后一位地址是.254。

[HE-SJZ-NE40] ping -vpn-instance vpn1 10.80.154.254

如果能够 ping 通，则网络部分没有故障，请查询相应的主机应用程序。如果无法 ping 通，则请登录到地调相应的交换机上执行 ping 命令。

登录到实时交换机，请先执行 quit 命令，出现提示符<HE-SJZ-NE40>之后，执行命令：telnet 10.80.228.226，出现提示符：<NCC-S3-1>，键入命令 su，键入密码。执行 ping 命令：ping 10.80.154.254 即可。

登录到非实时交换机，请先执行 quit 命令，出现提示符<HE-SJZ-NE40>之后，执行命令：telnet vpn-instance vpn2 10.80.228.130。出现提示符：<NCC-S3-3>，键入命令 su，键入密码。执行 ping 命令：ping 10.80.＊.＊即可。

如果仍旧无法 ping 通，则按照如图 11-17 所示的流程进行故障排查。

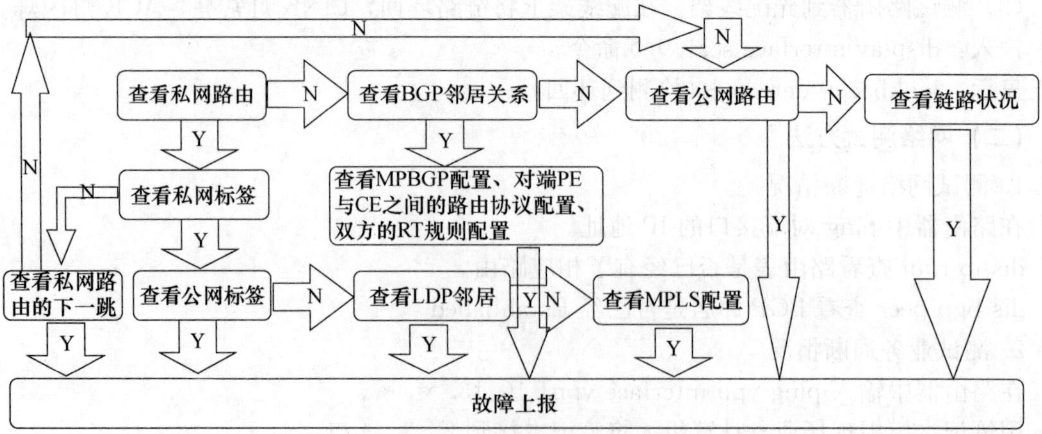

图 11-17　故障排查流程图

二、故障的排查方法

（一）查看私网路由

在地调设备上查看是否存在相应的私网路由，使用命令：

[HE-SJZ-NE40] display ip routing-table vpn-instance vpn1 10.80.93.0

Destination/Mask　ProtocolPre　CostNexthopInterface

10.80.93.0/24　BGP　256　0 10.5.21.250　InLoopBack0

如果路由存在，则查看私网路由的标签；如果路由不存在，则查看 BGP 的邻居关系。

（二）查看私网标签

如果私网路由存在，可使用下面的命令来查看该私网路由对应的标签是否存在。

[HE-SJZ-NE40] display bgp vpnv4　vpn-instance vpn1 routing-table 10.80.93.0

Route Distinguisher：30000：201

BGP routing table entry information of 10.80.93.0/24

Age　　　　：1183h05m

From　　　：10.5.21.250（10.5.21.250）

State　　　：valid，internal，active，

Nexthop　　：10.5.21.250

Origin　　 ：INC

As-path　　：（null）

Local-pref　：100

Extend Community：

vpn-target　：30000：201

vpn-target　：30000：801

In/Out label　：-/1027

同时登录到对端设备上查看该标签是否为对端设备分配的标签。如果私网标签不存在，则查看私网路由的下一跳；如果存在，则查看公网标签。

（三）查看公网标签

查看整个 LSP 上的所有设备是否已经为两个 PE 的 loopback 地址正确的分配了公网标签，相关命令：display mpls lsp include A.B.C.D。查看每台设备的入标签是否为其下一跳的出标签。在地调设备上执行如下命令：

<HE-SJZ-NE40>display mpls lsp include 10.5.21.250

NO　　FEC NEXTHOPI/O-LABEL　　OUT-INTERFACE

1　10.5.21.250/320.5.3.10　-----/1827　Mp-group10/0/20

telnet 到 10.5.3.10 设备上，再执行相同的命令：

<NE-R-1>display mpls lsp include 10.5.21.250

NO FEC　NEXTHOP I/O-LABEL　　OUT-INTERFACE

5 10.5.21.250/32　10.5.120.21827/3　Eth4/1/0

telnet 到 10.5.120.2 设备上，再执行相同的命令：

[LN-R] display mpls lsp include 10.5.21.250

NO FEC NEXTHOP I/O-LABEL OUT-INTERFACE

1 10.5.21.250/32 127.0.0.1 3/----- -------

如果公网标签正确，则故障上报；如果不正确，则查看 LDP 邻居的情况。

(四) 查看 LDP 邻居

如果公网标签不存在，查看两台相邻的 PE 或 P 路由器之间是否正确建立了 LDP session 地调上执行如下相关命令：

<HE-SJZ-NE40>display mpls ldp session

Session State：Operational

Local LDP ID：10.5.80.250：0； Peer LDP ID：10.5.20.250：0

TCP Connection：10.5.3.9 <- 10.5.3.10

Session State：Operational

Session Role：Passive

Session existed time：59 days 8 hours 29 minutes 36 seconds

KeepAlive Packets Sent/Received：205116/205115

Negotiated Keepalive hold time：60 Peer PV Limit：0

LDP Basic Discovery Source（（A）means active）：

Mp-group10/0/20（A）

查看该公网路由下一跳对应的 LDP 邻居是否已经建立，即状态机是否为 Operational。如果结果正确，则故障上报；如果不正确，则查看 MPLS 配置。

(五) 查看 MPLS 配置

查看相邻的设备上是否在全局使能了 MPLS，以及在相应的接口上使能了 LDP。全局命令：

mpls lsr-id 10.5.80.250

mpls ldp

在接口上启动 LDP Session：

interface Ethernet4/1/0

mpls

mpls ldp

如果配置正确，则故障上报；如果配置不准确，则修改。

(六) 查看私网路由的下一跳

如果该路由存在，则需要查看路由的下一跳是否正常。该路由的下一跳是指该路由所在的网调、省调或者厂站设备的 loopback 地址。例如：如果发现某条东北网调的路由没有，则对应的下一跳地址就是：10.5.20.250（东北 1 的 NE40 设备的 loopback 地址）。使用命令：

[HE-SJZ-NE40] dis ip routing-table 10.5.21.250

Destination/MaskProtocol PreCostNexthopInterface

10.5.21.250/32OSPF102610.5.3.10 Mp-group10/0/20

注意：该条路由必须是 32 位掩码（/32）的路由才有效。如果路由下一跳正常，则故障上报；如果不正常，则需要查看公网路由。

（七）查看公网路由

查看公网路由实际上与查看私网路由的下一跳方法一致，但需要注意的是：要在沿途所有的设备上都执行该条命令，查看是否沿途所有设备上的该条路由都是 32 位掩码的精确路由。

[XXX-R] dis ip routing-table 10.5.21.250

Destination/Mask　Protocol PreCostNexthop Interface

10.5.21.250/32 OSPF 10 26　10.5.3.10　Mp-group10/0/20

如果公网路由正常，则查看 BGP 的公网部分配置；如果不正常，则查看链路状态。

（八）查看 BGP 邻居关系

如果该条路由不存在，则需要查看 BGP 协议的邻居关系是否正常。确定了该条路由的来源（该条路由的来源就是指该条路由的下一跳，判断方法同上）之后，使用命令：

[HE-SJZ-NE40] display bgp vpnv4 all peer

Peer　AS-num　Ver　Queued-Tx　Msg-Rx　Msg-Tx　Up/Down State

10.5.80.240　30000　4 0 2945629382　4729h06m Established

10.5.20.250　30000　40 26293784729h05m Established

10.5.80.254　30000　4　0 1 420404729h05m Established

查看该邻居的状态是否为"Established"，其他状态都不正常。如果邻居关系正常，则查看 MP-BGP 配置，否则查看公网路由。

（九）查看 MP-BGP 配置

查看 MP-BGP 配置，以及对端 PE 与 CE 之间的路由协议配置、双方的 RT 规则配置；查看 VPNV4 下的 MP-BGP 配置，是否激活了对端的邻居。

ipv4-family vpnv4

peer ibgpr enable

peer ibgpr reflect-client

peer 10.5.21.250 group ibgpr

对于该路由所属的 VRF，是否将该 VRF 的路由发布到 BGP 中：

ipv4-family vpn-instance vpn1

import-route direct

本端 RT 的 import 属性是否至少包含了与对端设备的一个 export 属性；反之亦然。

本端设备的 RT 配置情况：

ip vpn-instance vpn1

route-distinguisher 30000：801

vpn-target 30000：801 export-extcommunity

vpn-target 30000：801 import-extcommunity

对端设备的 RT 配置情况：

ip vpn-instance vpn1

route-distinguisher 30000：801

vpn-target 30000：801 export-extcommunity

vpn-target 30000：801 import-extcommunity

如果配置正确，则故障上报；如果配置不正确，则修改配置。

(十) 查看链路状况

由于地调网络已经配置完毕，并正常运行了很长时间，所以配置上应该不会存在错误，绝大多数的问题应该是由链路故障导致的。使用命令：

```
[HE-SJZ-NE40] display ip interface brief
down: administratively down
(l): loopback
(s): spoofing
Interface IP Address    Physical Protocol Description
Mp-group10/0/51   10.5.3.41   up   up     NCC-SC-M
Mp-group11/0/4010.5.3.25   up   up     NCC-CC-M
Mp-group11/0/60 10.5.3.57   up   up     NCC-NW-M
Serial4/0/0: 0 unassigned   up   up     NCC-EC-1
Serial4/0/1: 0 unassigned   up   up     NCC-EC-2
Serial4/0/2: 0 unassigned   up   up     NCC-NF-1
Serial4/0/3: 0 unassigned   up   up     NCC-NF-2
Serial4/0/7: 0 10.5.180.5   up   up     NCC-dm-1
Serial5/0/0: 0 unassigned   up   up     NCC-NC-1
```

查看是否存在到状态为 down 的接口，如果存在，则通知通信人员查询；如果不存在，则上报故障。

三、故障的处理方法

(一) 配置文件及系统软件的事前保存

(1) 对于地调网络中运行的 NE40 路由器设备，配置文件要事先保存在两块主控板的 Flash、两块主控板的 CF 卡、两块主控板的硬盘中。

(2) 对于地调网络中运行的 NE40 路由器设备，系统软件要事先保存在两块主控板的 CF 卡、两块主控板的硬盘中。由于系统软件较大，无法存放在 Flash 中。

(3) 对于地调网络中运行的 2600/3600/MSR5040 路由器设备、3526E/3026E 交换机设备，配置文件及系统软件要事先保存在 Flash 中。

(4) 为了防止发生由于设备硬件故障导致的配置文件丢失，需要对配置文件及系统软件额外保存在当地机房指定的一台 PC 或服务器上（只保存本地设备的配置）、地调维护中心的一台 PC 或服务器上（保存全网设备的配置）、华三 3Com 公司技术服务部门维护人员处（保存全网设备的配置）。

(二) 紧急情况下的软件复位

由软件缺陷引发的故障，通常可通过软件复位进行解决。

(1) 判断哪台设备是故障设备？由于软件故障的情况比较复杂，精确的定位故障设备有一定的难度。通常可以通过故障的影响范围来强调。比如，全网所有连接地调的业务都出现故障，则故障设备很可能在地调处；如果整个网调内部或与地调之间的业务出现故障，而其他网调正常，则故障设备很可能在网调处；如果故障局限在某个省，其他省都正常，则故障设备很可能在省调。

（2）判断故障设备是路由器还是交换机？由于交换机上没有启用复杂的协议，仅仅配置了 VLAN、静态路由、VRRP 等简单应用，出现软件故障的概率很小。通常故障发生在路由器上。以下方法可以简单快速地定位故障是否发生在交换机上：登录到故障节点的路由器上，在发生故障的 VPN 下，使用路由器与该交换机相连的接口地址作为源地址 ping 对端路由器相同 VPN 下与交换机系列的接口地址。如果可以 ping 通，则很可能故障发生在交换机上；如果仍旧无法 ping 通，在故障很可能发生在路由器上。

（3）对地调和网调，如何判断故障发生在路由器 1 还是路由器 2？地调和网调为了冗余备份，配置了两台路由器。故障时需要精确判断故障发生在哪一台设备上。在进行网络设计时，通常访问地调和省调的流量通过路由器 1，访问网调厂站的流量通过路由器 2。可以查看故障时达到本网调厂站的业务是否正常来确定故障设备。如果访问连接在路由器 2 下的厂站的业务正常，则故障很可能发生在路由器 1 上，反之则可能发生在路由 2 上。由于网络路由选择的不确定性及交换机 VRRP 主用设备的选择等因素的影响。该条判断条件不能确保正确。

（4）通过软件命令重启设备。对 NE40 路由器设备，在网管工作站 SSH 远程登录，或通过 console 口进入配置界面，输入重启命令 reboot。软件重启后设备需要重新启动相关配置及协议，这个过程需要 5min 左右。如果重启了经判断可能发生故障的设备后仍然有故障，则依次重启故障节点中的其他设备，如另一台路由器或交换机。

（三）紧急情况下的硬件复位

如果由于密码忘记或没有终端无法进入操作界面等原因导致无法使用软件复位的命令时，可以使用硬件复位的方式重启设备。对 NE40 路由器，电源开关在机箱背面（连接各种线缆的一面）的下方，关闭电源后，等待 10s 左右再打开电源；对于 2600/3600/MSR5040 路由器，电源开关在机箱背面（连接各种线缆的一面），关闭电源后，等待 10s 左右再打开电源；对 3526E/3026E 系列交换机设备，由于没有电源开关，需要直接拔下电源插头，等待 10s 左右再插上电源插头。

硬件复位由于会产生较大的冲击电流，对一些运行时间过长的设备可能会导致无法重启，通常不建议进行硬件复位。

（四）板卡硬件故障排查

通过执行命令 display system device 可以查看当前板卡的运行情况。正确的显示信息应该是：good。如果该槽位已经插上了板卡，但仍旧显示 unkown，则表明该板卡故障。由于 NE40 已经配置了双主控板，一块发生故障时，可以自动切换到另一块主控板。如果由于该主控板故障复杂，导致设备不停轮流复位，可以将故障主控板暂时拔出。接口板故障时，如果设备上插有备用的接口板，则需要将故障接口板的前插板拔出，更换为新的前插板。在进行接口板插拔时需要戴上防静电手腕。

由于硬件板卡的更换较为复杂，建议在不需要紧急恢复业务的情况下，由厂家的工程师操作。

（五）系统崩溃后恢复

如果系统崩溃或有其他情况，导致配置文件或系统文件丢失，需要使用 FTP 协议将事先保存在其他介质上的文件上传到路由器，恢复系统运行。

1. FTP 环境的搭建

将配置文件拷贝到 PC 上，路由器作为 FTP Server，PC 作为 FTP Client。选取路由器上的一个以太网口，配置 IP 地址，该 IP 地址与 PC 的 IP 地址在相同网段。使用以太网线（注意：必须使用交叉线）连接路由器与 PC，并确保两者之间可以相互 ping 通。

在路由器上启用 FTP Server 功能，并配置 FTP 用户名和口令，FTP 登录后的工作目录为硬盘根目录。

```
<H3C> system-view                    //进入系统配置模式
[H3C] ftp server enable              //路由器启动 FTP server
[H3C] aaa                            //启动 aaa 认证
[H3C-aaa] local-user ne password simple ne    //设置 FTP 的用户名和密码
[H3C-aaa] local-user ne service-type ftp   //设置服务类型是 FTP
[H3C-aaa] local-user ne ftp-directory hda1：//上传的文件保存在硬盘上
[H3C-aaa] quit
```

2. 以 FTP 方式登录路由器

为了方便起见，可以把需要上传的系统文件、配置文件事先放在 PC C 盘的根目录下，PC 作为 FTP 的 clinet 端，登录到路由器上。将配置文件、系统文件上传到路由器。

```
C：\>ftp 10.10.10.11（路由器的 IP 地址）
Connected to 10.10.10.11.
220 FTP service ready.
User (10.10.10.11：(none))：ne（输入用户名 ne）
331 Password required for ne.
Password：ne（输入密码 ne）
230 User logged in.
ftp> put NE05-NE08E-NE40E-comware330-0506.09.CC hda1：/
ftp> put comware.cfg hda1：/
ftp> bye
```

3. 重新设置系统启动时加载的系统及配置文件

```
<H3C>startup system-software cfcard：/ne05-ne08e-NE40e-comware330-0506.09.cc
<H3C> startup system-software cfcard：/ne05-ne08e-NE40e-comware330-0506.09.cc slave-board
<H3C> startup saved-configuration flash：/ncccomwarecfgnew.cfg
<H3C>dis startup
```

第十二章 UPS 运维

模块一 UPS 的高可靠性供电方案

通过对 UPS 工作原理的了解，UPS 本身已经具备了双路的电源供电备份，具备较高的系统可靠性，可以满足一般信息设备对电源可靠性的要求。但是随着近年来信息数据几何倍数地快速增长以及具有高度重要性，在某些特别重要的场合，单一的 UPS 供电已经无法满足客户对电源可靠性的要求，必须有更好的电源供电方案来确保这些重要数据及网络的安全。

以下介绍三种在工程应用中可以十分有效地提高可靠性的方法：UPS 主从机并联“热备份”供电方式、输出主从备份式、冗余并联备份供电方式。用户在进行高可靠供电系统设计时，可以根据负载的供电要求选择合适的高可靠供电方案。

一、UPS 主从机并联“热备份”供电方式

UPS 主从机并联“热备份”供电方式示意图如图 12-1 所示。其模式是由 2 台 UPS 组成的，在正常运行条件下，主 UPS 将承担起全部关键负载的供电，备机不承担任何负载。一旦主机供电的负载转换到静态旁路上，备机将即刻接受主机的全部负载。因此，必须仔细选取并联模块，以确保它能够迅速承担起负载。如果它不能完成该任务，它自身或许可以转换到静态旁路，但这样一来，便使得该配置方案所提供的冗余保护消失殆尽。

UPS 主从机并联“热备份”模式的优点：

（1）产品的选择很灵活，可以混用不同制造商或不同型号的产品。

（2）具备 UPS 容错功能。

（3）对于主备机系统而言，相对比较经济，安装方式简单可靠。

UPS 主从机并联“热备份”模式的缺点：

（1）在正常情况下，备机 UPS 工作于 0%负载情况下，因而运营成本提高了。

（2）主机 UPS 转换到旁路时，备机 UPS 必须能够处理突然的负载变化（因为备机 UPS 往往长期工作在 0%负载的条件下。并非所有 UPS 都能执行该任务，因此旁路的选择至关重要）。

（3）每个系统一条负载总线，因而存在单故障点。

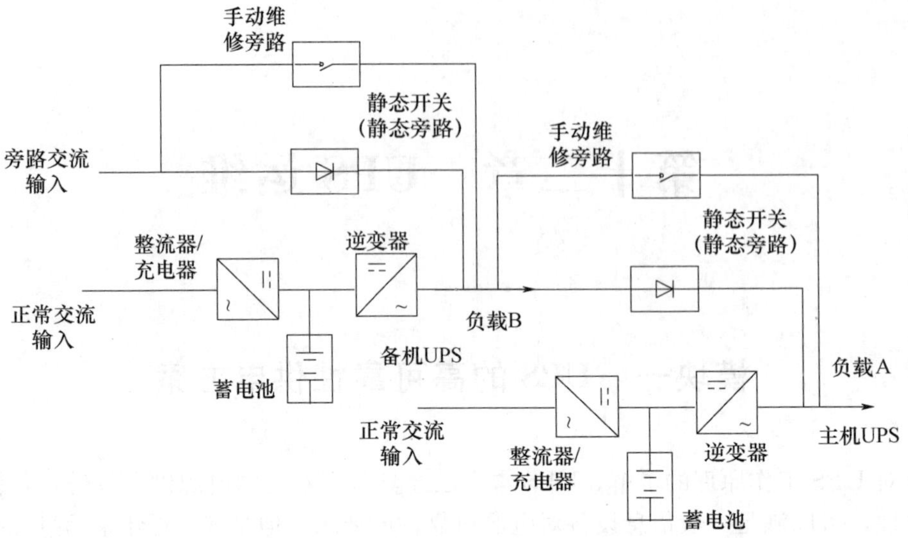

图 12-1　UPS 主从机并联“热备份”供电方式示意图

二、输出主从备份式

输出主从备份式示意图如图 12-2 所示。以在线式 UPS 为例，两台 UPS 的输出同时送到冗余转换器，经冗余转换器再给负载供电；正常时冗余转换器分配主输入的电源（UPS1）对负载供电，当主输入电源故障时，冗余转换器快速将负载转移到备份输入的电源上，完成负载的冗余供电；在主输入电源维修完成后，再输入到冗余转换器后，冗余转换器又将负载重新转移回到由主输入电源供电的模式。任何的转换过程都是不间断的，可以保证负载设备的稳定安全运行。

三、冗余并联备份供电方式

两台 UPS 的输出同时送到并联配电柜上进行直接的并联，共同均分负载电流，不存在主从关系。当某台 UPS 出现故障时，该机将自动退出并联系统，负载电流 100%由剩余的一台 UPS 供电，输出不间断；在故障机维修完成后，可以将修复的 UPS 单元在线并入，继续对负载进行冗余供电，完成并联系统的在线热维护。冗余并联备份供电方式示意图如图 12-3所示。

冗余并联备份供电方式的缺点：

（1）两台并联的 UPS 是有环流的，两台并联的 UPS 输出电源会有一定的相差，因此并联 UPS 系统的输出电源质量有所下降。

（2）当其中一台 UPS 发生故障时，静态旁路误导通的情况，存在故障扩散和窜扰的可能。

（3）冗余并联必须是同型号、同功率的 UPS 并联。

冗余并联备份供电方式的正常运行状态：负载由 UPS1 和 UPS2 的整流器-逆变器向负载共同供电，同时向各自的电池组充电，每台 UPS 的逆变器各带 50%的负载运行。冗余并联备份供电方式的正常运行状态示意图如图 12-4 所示。

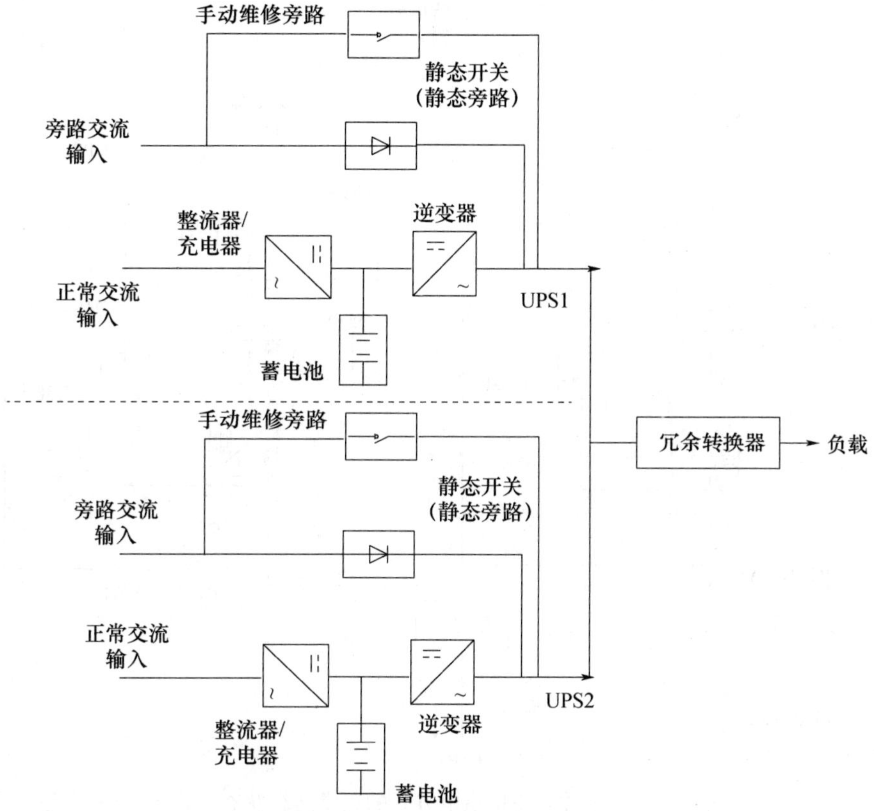

图 12-2　输出主从备份式示意图

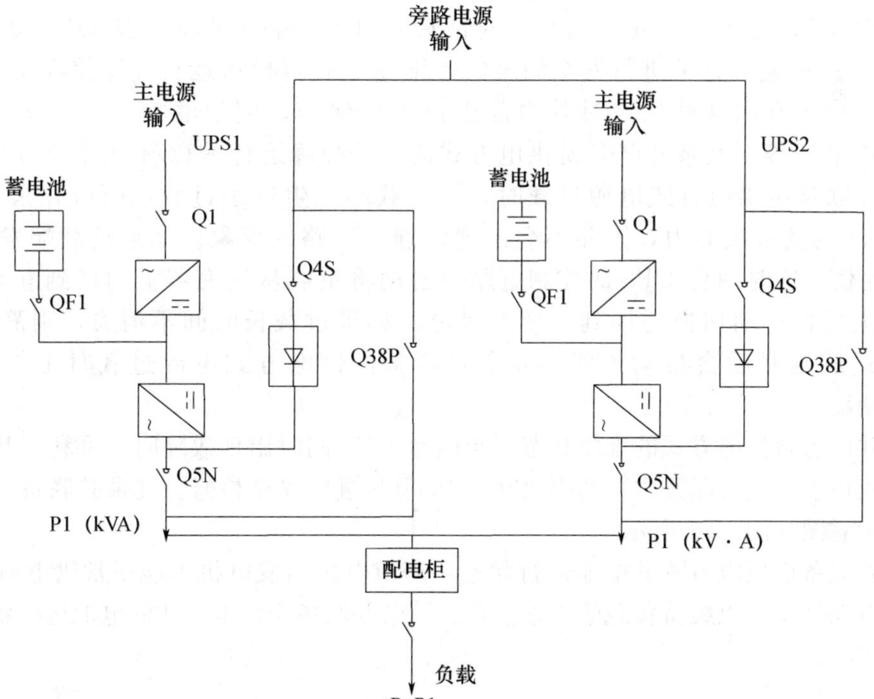

图 12-3　冗余并联备份供电方式示意图

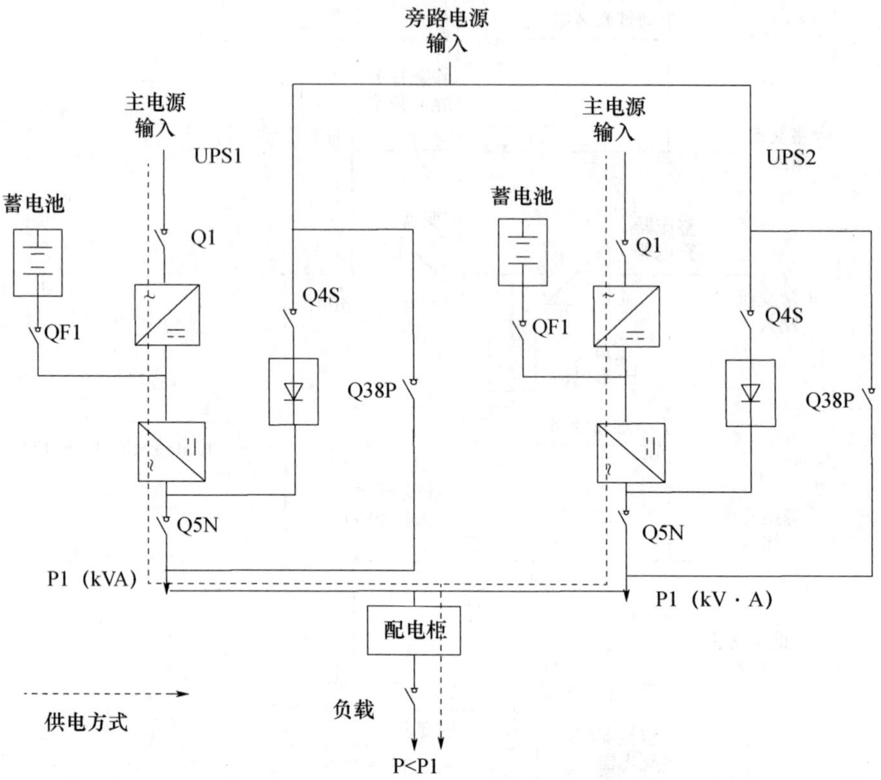

图 12-4　冗余并联备份供电方式的正常运行状态示意图

当冗余并联备份供电方式中一台 UPS 故障时（例如 UPS1），会自动退出运行，由剩下的一台 UPS 带 100％负载运行。对故障的 UPS 可通过断开其 Q1、QF1、Q4S、Q3BP 和 Q5N 等隔离开关进行安全的维修，维修之后再投入运行。即使在 UPS 没有发生故障时，也可利用这种状态对其内部进行维护保养，例如清扫灰尘、紧固连接件、检测或更换电池等。冗余并联备份供电方式的一台故障运行示意图如图 12-5 所示。

冗余并联备份供电方式电源过载时，当负载端发生较小过载，两台冗余的 UPS 已具有 2×150％的过载能力，因此不会出现转静态旁路的现象。如果负载端发生了大于 300％的过载，这时两台 UPS 的控制电路会自动将负载从逆变器上切换到静态旁路上，当过载消失后再自动切换返回到逆变器供电。如果过载长时间不消失，则静态开关经过一定的过载延时后会自动关闭。冗余并联备份供电方式电源过载时工作示意图如图 12-6所示。

冗余并联备份供电方式的维修状态：当两台 UPS 同时出现故障时，可利用其手动维修旁路向负载供电，同时断开内部的隔离开关对 UPS 进行安全检修。冗余并联备份供电方式维修状态示意图如图 12-7 所示。

冗余并联备份供电方式的电池运行状态：当市电包括发电机不能正常供电时，UPS 的电池组会自动放电，以维持负载的正常运行。冗余并联备份供电方式的电池运行状态示意图如图 12-8 所示。

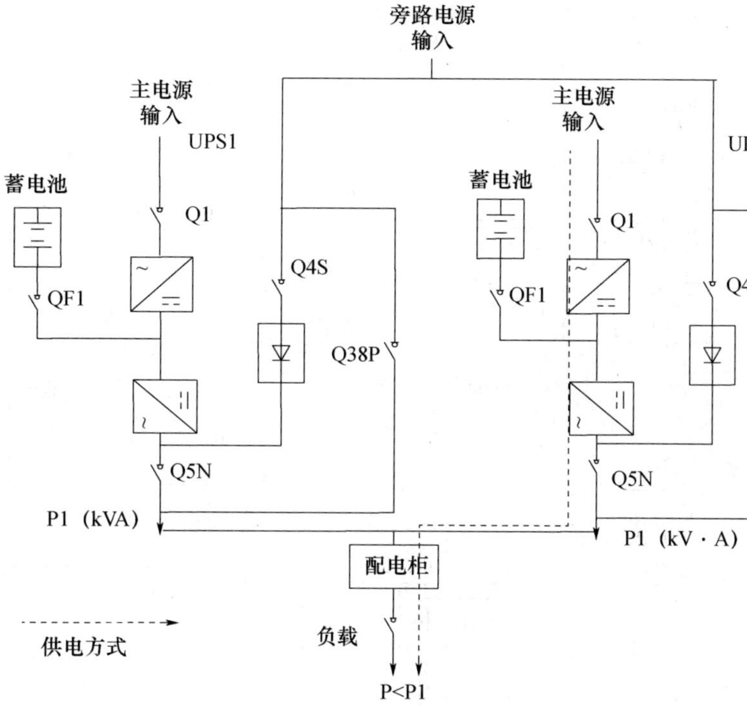

图 12-5　冗余并联备份供电方式的一台故障运行示意图

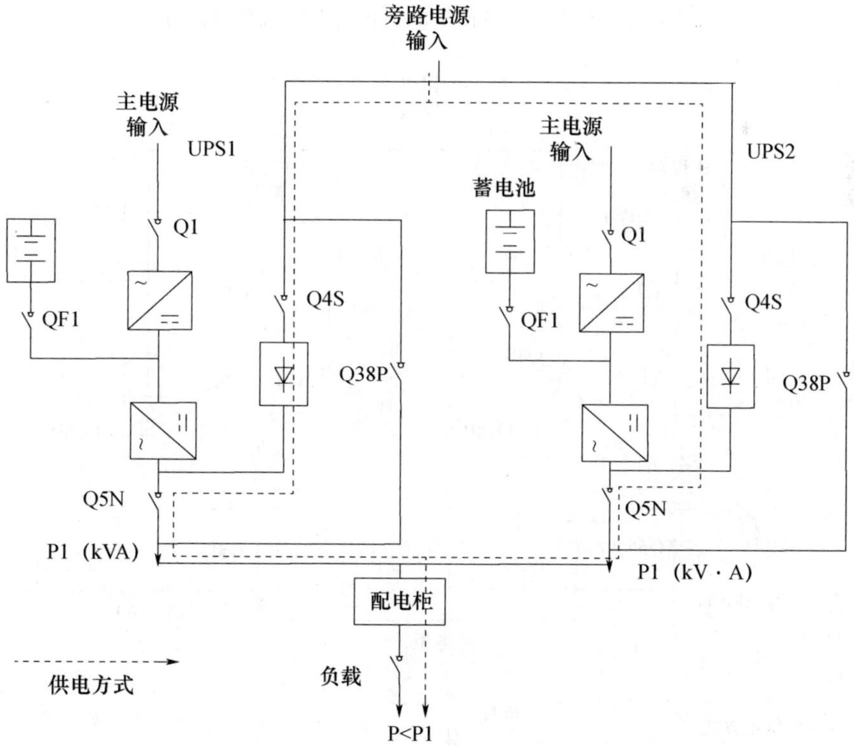

图 12-6　冗余并联备份供电方式电源过载时工作示意图

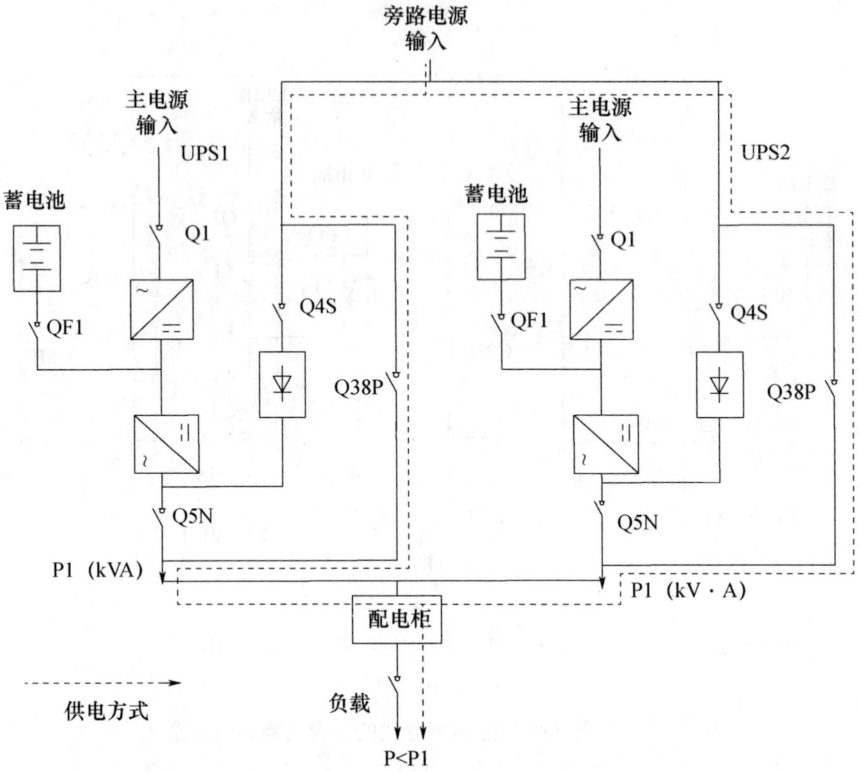

图 12-7　冗余并联备份供电方式的维修状态示意图

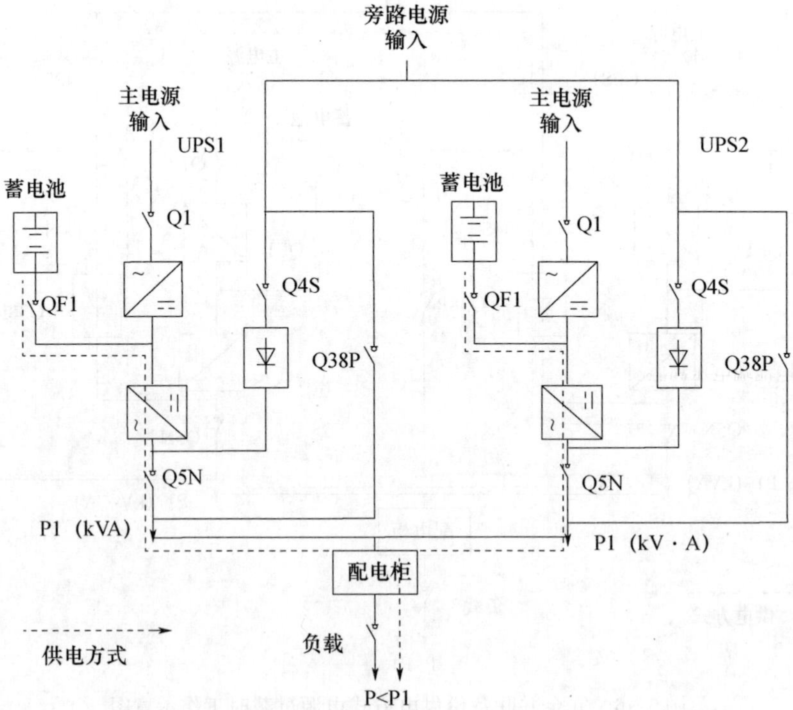

图 12-8　冗余并联备份供电方式的电池运行状态示意图

四、三种提高可靠性方案的比较（表 12-1）

表 12-1　三种供电方式提高可靠性比较表

比较项目	串联备份供电方式	输出主从备份方式	冗余并联供电
可靠性	一般	高	高
主从逻辑关系	有，且不易调换，需要厂家才可完成	有，容易调换，用户即可完成	取决于并联控制方式：可能有，不能调换
负载切换时间	10ms	5ms	0ms
相互通信	不需要	不需要	有线并机时需要；无线并机调试时需要，工作后可以取消
增容性	没有增容	没有增容	可依比例增容

模块二　蓄电池的维护与故障处理

一、蓄电池的维护

蓄电池日常检查及维护主要是定期对电池进行检查，如果有性能异常、卡壳盖子龟裂、变形等损坏及漏液情况发生时，要更换电池；检查电池时，如发现有灰尘等外观污染情况时，请用水或温水浸湿的布片进行清扫，避免使用化纤布片。浮充电充电时，电池充电过程中总电压或指示盘上电压表的指示值偏离基准值（2.25×电池单格数），或单个电池充电过程中端子电压偏离基准值时（±0.05V/单格）应调查原因并作处理。

蓄电池组例行监测项目见表 12-2，蓄电池单体的环境温度-充电电压对照表见表12-3。

表 12-2　蓄电池组例行监测项目表

检测项目	周期	步骤、要求
检测单体电池端电压和温度	1 个月	逐只测试蓄电池电压差<0.6V 连续浮充状态下温度不高于 30℃
检查各电池连接条	3 个月	连接条、电缆连接紧固、无氧化、腐蚀
检查电池安全阀、极柱	1 个月	安全阀、极柱无酸雾逸出和漏液痕迹
检查电池壳体	1 个月	壳体无变形、开裂、无漏液痕迹
清洁电池外观	3 个月	电池外表无积灰、无漏液痕迹
放电性能检查	6 个月	逐台对 UPS 主机进行放电测试，模拟交流停电，由蓄电池供电 30min，观察蓄电池供电情况是否正常，然后恢复交流供电观察整流器运行情况是否正常

表 12-3 蓄电池单体的环境温度-充电电压对照表

操作温度（℃）	浮充电压（V）/单体	均衡充电电压（V）/单体
0	2.37	2.47
5	2.34	2.44
10	2.31	2.41
15	2.29	2.39
20	2.27	2.37
25	2.25	2.35
30	2.23	2.33
35	2.21	2.31
40	2.18	2.28

二、蓄电池故障处理

（一）蓄电池蓄漏液

引起蓄电池漏液的可能原因及处理方法如下：

1. 电池外壳破损

处理方法：与生产厂家联系更换。

2. 排气阀损坏或者极柱密封不严

处理方法：通知厂家现场处理或更换电池。

3. 浮充电压过高或者电池温度过高

处理方法：检查浮充电压的设置值并进行重新调整；检查环境温度，如果高于 30℃应调整空调系统。

（二）浮充电压不均匀

引起浮充端电压不均匀的原因及处理方法如下：

1. 电池内阻不均匀

处理方法：对该电池组进行均衡充电 12～24h，如果仍不能排除，单独对低电压进行活化处理或更换。

2. 电缆、连接条连接不良

处理方法：紧固连接螺栓，清除氧化、锈蚀的连接面。

3. 充电器输出电压偏低

处理方法：检查充电器输出电压设定值，重新调整其输出电压。

（三）蓄电池组放电时间短

引起电池组放电时间短的可能原因如下：

1. 电池欠充

处理方法：均衡充电 12～24h。

2. 充电电压偏低

处理方法：检查整流开关电源输出电压设定值，重新调整其输出电压。

3. 个别电池损坏

处理方法：更换故障蓄电池。

4. 蓄电池老化

处理方法：如果不良电池数量超过总量的 20%，更换蓄电池组。

(四) 电池极柱温度过高

电池极柱温度过高的可能原因如下：

1. 连接螺栓松动，接触电阻大

处理方法：检查连接螺栓并拧紧。

2. 极柱与连接条、电缆接触面腐蚀

处理方法：清除接触位置的腐蚀并涂硅脂或凡士林防锈。

(五) 电池外壳温度过高

1. 浮充电压过高

处理方法：检查充电器的浮充电压设置值，并重新调整浮充电压。

2. 电池内部存在微短路

处理方法：更换故障电池。

(六) 电池端电压不稳定

引起蓄电池电压忽高忽低的可能原因如下：

1. 连接条或者连接螺栓松动

处理方法：检查连接条及螺栓的接触，并拧紧螺栓。

2. 充电器故障，输出电压不稳

处理方法：维修充电器。

3. 蓄电池内部连接不良

处理方法：更换故障电池。

4. 交流供电不稳定，引起蓄电池组频繁出现充、放电

处理方法：解决引起交流供电不稳定的原因。

(七) 单体电池外壳膨胀

引起外壳膨胀的可能原因如下：

1. 浮充电压过高

处理方法：检查整流开关电源输出电压，重新调整浮充电压设置值。

2. 均充电压太高或者均充时间太长，引起电池温度过高

处理方法：检查整流开关电源的均充设置，并重新调整。

3. 电池充电器的初始电流过大

处理方法：调整充电器的最大充电电流不大于 $0.25C_{10}\text{A}$。

4. 蓄电池表面积尘过多，引起排气不畅

处理方法：对蓄电池进行除尘。

模块三　UPS 的使用和维护

为保证 UPS 及所带负载正常运行和人身安全，正确使用 UPS 很重要。

(1) UPS电源在初次使用或久放一段时间后再用时，必须先接入市电，利用UPS自身的充电电路，对UPS蓄电池进行补充充电。对小功率UPS来说，一般充电时间在10h左右，待蓄电池容量达到饱和后，方可投入正常使用；其次，要确定市电电压的波动范围与所选UPS输入电压变化范围相符合。在连接UPS时也要注意，UPS输入必须接地，且接地电阻不超过4Ω。

(2) UPS的开、关机步骤必须正确。UPS内部的功率元件都有一定的额定工作电源，冲击电流过大，会使功率元件寿命缩短甚至烧毁。因此，开机时，应先开启UPS的市电开关，再逐一打开负载开关。开负载时也是从冲击电流大的负载向冲击电流小的负载逐一开启，不允许将所有负载同时开启，更不能带载开机。关机时，先逐个关闭负载，再关闭UPS开关，最后关闭UPS市电开关。同样，也不能带载关机。

(3) UPS不可过载。为保证UPS正常工作，很重要的一点就是UPS不能过载运行。小功率UPS产品不同于大型UPS有冗余设计，它只能在其标称的输出功率范围内正常运行。因此，如果UPS过载运行，在蓄电池供电过程中由于逆变器的过载保护功能，UPS会因过载而中断输出，从而造成不必要的损失。小功率UPS适合接容性负载，如PC、扫描仪等，但却不适合接感性负载。因为感性负载的启动电流往往会超过额定电流的3～4倍，这样就会引起UPS的瞬时超载，影响UPS的寿命。

(4) UPS不宜满载。虽然每台UPS标有额定功率，但一般情况下，建议后备式UPS选取额定功率的60％～70％负载量；在线式UPS选取额定功率的70％～80％负载量。因此，最好不要按照UPS标称的额定功率使用。长期处于满载状态，会造成UPS逆变器及整流滤波器的过热，影响UPS的使用寿命。

(5) UPS要远离热源。环境温度对UPS的影响很大，UPS内的蓄电池在10～25℃环境下工作为宜。当环境温度升高时，电池本身固有的“存储”寿命会逐渐缩短。所以，UPS应避免靠近暖气等热源，同时也要避免阳光直射。环境温度也不能过低，如果温度过低，如低于5℃时，会导致电池释放的电量大幅度减少。此外，保持UPS工作环境的清洁，当UPS在浑浊的环境下工作时，空气中漂浮的有害灰尘一旦进入UPS，会对其内部器件造成腐蚀或短路，从而影响UPS的正常工作甚至损坏。

(6) UPS需定期保养。通常情况下，每1～3个月需要对UPS进行一次检查，测量其电池的端电压和内阻。如果单个电池的端电压低于其最低临界电压或电池内阻大于80mΩ时，应进行均衡充电或更换电池。如果市电长期不停电，需要定期人为断电一次，让UPS带负载放电，就可以使UPS电源在逆变状态下工作一段时间，以激活蓄电池的充放电能力，延长其使用寿命。

模块四　如何选择UPS

如何才能为现场设备配备合适的电源系统，主要从确定UPS的容量、UPS的选型、后备时间这三个方面考虑。

一、确定UPS的容量

首先要确认UPS带载设备的功率，然后确认UPS的功率。一般建议负载功率占到UPS功率的30％～80％。如果负载太大，如果同时启动时可能会造成UPS电源过载；负载太小，不但造成了浪费，对电池的性能不利。

例如：设备负载的功率与功率因数：负载 $P=50$（kW），输出功率因数$\cos\varphi_{出}=0.8$，设定的 UPS 最佳负载率 $\lambda=80\%$，计算 UPS 需要的额定容量（S）。

UPS 额定容量：

$$S=\frac{P}{\cos\varphi\times\lambda}=\frac{50}{0.8\times80\%}=78\ (\text{kV}\cdot\text{A}) \tag{12-1}$$

二、UPS 的选型

目前市场上常见的工作方式有后备式、在线互动式、在线双变换（线纯在线）这三种，具体如下：

（1）后备式的 UPS，不带稳压，市电与电池转换时有转换时间，一般用于个人计算机保护，或对 UPS 电源性能要求不高的情况下使用，此类型的 UPS 功率段一般较小。

（2）在线互动式，不带稳压，市电与电池转换时有转换时间，但有调压功能，一般用于配线间或微型机房，保护服务器及网络设备等，此类型的 UPS 功率段一般在 5kV·A 以下。

（3）在线双变换 UPS，市电与电池转换时无转换时间，无切换时间一般也是用于保护服务器或网络设备以及机房里的其他设备，此类型的 UPS 功率段从小到大都有，跨度比较大（1～1000kV·A），目前市场上较为常见。

以上几种 UPS 电源的性能从高到低依次为：在线双变换、在线互动式、后备式。价格一般与性能成正比。如果用于个人计算机，那么选择后备式 UPS 就可以；如果用于服务器，则应该在在线互动式与在线双变换中来选择，选择应该按以下条件来进行：

1. 设备要求

看设备是否需要很高精度的供电，首先可查看负载设备的铭牌上的标识或询问设备厂家，如果需要高精度的供电，则需要选择在线双变换的 UPS；其次是看负载类型，有的负载是不允许供电有闪断，如继电器类的设备或开关信号的设备，若您为这种类型的设备配备在线互动式的 UPS，那么就有可能在 UPS 市电与电池切换时，负载有断电或误动作，因此对于这类的设备应该选择在线双变换 UPS。如果您的设备没有以上两个要求，则可以继续下面步骤。

2. 当地电网

如果当地电网质量相对较好，也就是说平时电压波动较小，这个时候就可以考虑选择在线互动式的 UPS；但是如果当地电网质量较差，电压波动较大，那么建议使用在线双变换的 UPS，这是由于这类型的 UPS 对市电的适应能力要好于在线互动式。

三、后备时间

UPS 后备时间的长短决定了在输入电源故障时，UPS 能持续供电的时间，直接决定 UPS 电源中蓄电池的容量的大小。下面将介绍如何确定所需蓄电池容量大小的计算方法。

电池容量公式：

$$Q=\frac{S\times T_1\times\cos\varphi_{出}}{\eta\times\cos\varphi_{入}\times \text{K}\times N\times U} \tag{12-2}$$

式中：$S=80$（kV·A），$T_1=1$（h）；$\cos\varphi_{出}=0.8$；蓄电池 1h 放电系数 $\eta=0.6$，$\cos\varphi_{入}=0.98$，UPS 逆变效率 $K=0.94$，蓄电池只数 $N=32$（只），单只蓄电池电压 $U=12$（V）。

例如：

后备时间设定 $T_1=1$（H），80kV・A 某品牌工频机 UPS 电池电压 $U=32\times12=384$（V）。

$$Q=\frac{S\times T_1\times\cos\varphi_{出}}{\eta\times\cos\varphi_{入}\times K\times N\times U}=\frac{80\times1000\times1\times0.8}{0.6\times0.98\times0.94\times32\times12}=302(\text{A}\cdot\text{h})\tag{12-3}$$

拟选 100AH/32×12V 蓄电池组，302/100≈3，每台 UPS 配备 100A・h/32×12V 蓄电池 3 组。

参考文献

［1］王首顶．IEC 60870-5 系列协议应用指南［M］．北京：中国电力出版社，2008.
［2］张春辉．调度自动化主站系统运行维护［M］．北京：中国水利水电出版社，2017.
［3］国家电力调度控制中心．调度自动化主站系统培训教材［M］．北京：中国电力出版社，2017.
［4］吴文传，张伯明，孙宏斌．电力系统调度自动化［M］．北京：清华大学出版社，2011.
［5］王士政．电力系统控制与调度自动化［M］．2 版．北京：中国电力出版社，2016.
［6］何国军．电力系统自动化系统运维管理系统［M］．重庆：重庆大学出版社，2018.